从新手到高手

Visio
2016 图形设计
从新手到高手

吕 咏 葛春雷 编著

清华大学出版社

北 京

内 容 简 介

Visio 2016 是微软公司研发的办公软件之一，是目前市场中主流的绘图软件。本书由浅入深地介绍使用 Visio 2016 制作商业图形、图表和流程图的方法，详细介绍使用 Visio 设计不同类型流程图的经验与过程。

全书共分为 19 章，内容涵盖 Visio 2016 学习路线图、管理绘图文档、应用形状、添加文本、应用主题与样式、应用图像、应用图表、应用部件和对象、应用 Visio 数据、构建常规图表、构建流程图、构建日程安排图、构建商务图、构建网络图、构建地面和平面布置图、构建工程图、构建软件和数据库图、Visio 协同办公、自定义 Visio 应用等。

本书图文并茂，基础知识与实例相结合，易学易懂，结构清晰，实用性强，案例经典，适合项目管理人员、办公自动化人员、高校师生及计算机培训人员使用，也是 Visio 爱好者的必备参考书。

图书在版编目（CIP）数据

Visio 2016 图形设计从新手到高手/吕咏，葛春雷编著. —北京：清华大学出版社，2016（2024.1重印）
（从新手到高手）

ISBN 978-7-302-43245-6

Ⅰ. ①V… Ⅱ. ①吕… ②葛… Ⅲ. ①图形软件 Ⅳ. ①TP391.41

中国版本图书馆 CIP 数据核字（2016）第 041525 号

责任编辑：冯志强
封面设计：杨玉芳
责任校对：徐俊伟
责任印制：杨 艳

出版发行：清华大学出版社
      网　　址：https://www.tup.com.cn, https://www.wqxuetang.com
      地　　址：北京清华大学学研大厦 A 座　　邮　编：100084
      社 总 机：010-83470000　　邮　购：010-62786544
      投稿与读者服务：010-62776969, c-service@tup.tsinghua.edu.cn
      质量反馈：010-62772015, zhiliang@tup.tsinghua.edu.cn
印 装 者：三河市龙大印装有限公司
经　　销：全国新华书店
开　　本：190mm×260mm　印　张：24.5　插　页：2　字　数：710 千字
      （附光盘 1 张）
版　　次：2016 年 10 月第 1 版　　印　次：2024 年 1 月第 9 次印刷
定　　价：59.80 元

产品编号：068243-01

前　　言

Visio 2016 是微软公司推出的新一代商业图表绘制软件，界面友好、操作简单、功能强大，便于用户以可视化的方式处理、分析和交流复杂信息或系统，以便做出更好的业务决策。Visio 2016 增加了多种功能以提高用户绘制图形的效率，改进了形状样式，使绘图更加快捷。另外，它还提供了通过数据控制矢量图形的功能，用户可以直接为矢量图形添加数据表和制作数据图形，增强了图形与数据库之间的关联。

本书是一本典型的案例教程，由多位经验丰富的 Visio 图形设计师编写，立足于企事业办公自动化和数字化，详细介绍了各种商业图形的设计方法。

1．本书内容介绍

全书系统全面地介绍 Visio 2016 的应用知识，每章都提供了丰富的实用案例，本书共分为 19 章，内容概括如下：

第 1 章全面介绍 Visio 2016 学习路线图，包括 Visio 发展史、Visio 2016 版本介绍、Visio 2016 新增功能、Visio 2016 界面介绍、Visio 2016 快速入门等内容。

第 2 章全面介绍管理绘图文档，包括创建绘图文档、管理绘图页、美化绘图页、设置文档页面、保护绘图文档等内容。

第 3 章全面介绍 Visio 应用形状，包括形状概述、获取形状、编辑形状、排列形状、连接形状、美化形状、形状的高级操作等内容。

第 4 章全面介绍添加文本，包括创建文本、编辑文本、设置字体格式、设置段落格式等内容。

第 5 章全面介绍应用主题与样式，包括应用主题、自定义主题、应用样式、自定义图案样式、应用超链接等内容。

第 6 章全面介绍应用图像，包括插入图片、编辑图片、调整图片效果、设置图片格式等内容。

第 7 章全面介绍应用图表，包括创建图表、编辑图表、设置图表格式、设置图表布局等内容。

第 8 章全面介绍应用部件和文本对象，包括使用公式和标注、使用容器、使用批注、使用墨迹等内容。

第 9 章全面介绍应用 Visio 数据，包括定义形状数据、导入外部数据、使用数据图形、使用形状表数据、创建数据报告、使用图例显示等内容。

第 10 章全面介绍构建常规图表，包括常规图表概述、构建框图、构建层级树、构建三维块图、构建扇状图等内容。

第 11 章全面介绍构建流程图，包括构建基本流程图、构建跨职能流程图、构建工作流和工作流程图、构建其他流程图表等内容。

第 12 章全面介绍构建日程安排图，包括构建日历、构建日程表、构建甘特图、构建 PERT 图表等内容。

第 13 章全面介绍构建商务图，包括构建图表、构建组织结构图、构建灵感触发图、构建数据透视图表等内容。

第 14 章全面介绍构建网络图，包括构建基本网络图、构建详细网络图、构建机架图、构建记录目录服务图等内容。

第 15 章全面介绍构建地面和平面布置图，包括构建建筑图、构建建筑附属图、构建空间设计图等内容。

第 16 章全面介绍构建工程图，包括构建机械工程图、构建电气工程图、构建工艺流程图等内容。

第 17 章全面介绍构建软件和数据库图，包括构建网站图、构建 UML 模型、构建软件开发图等内容。

第 18 章全面介绍 Visio 协同办公，包括发布绘图、共享绘图、Visio 协同其他软件、打印绘图文档等内容。

第 19 章全面介绍创建与管理站点，包括自定义快速访问工具栏、自定义功能区、自定义模板、自定义模具等内容。

2．本书主要特色

❑ **系统全面，超值实用** 全书提供了 36 个练习案例，通过示例分析、设计过程讲解 Visio 2016 的应用知识。每章穿插大量提示、分析、注意和技巧等栏目，构筑了面向实际的知识体系。采用了紧凑的体例和版式，相同的内容下，篇幅缩减了 30% 以上，实例数量增加了 50%。

❑ **串珠逻辑，收放自如** 统一采用三级标题灵活安排全书内容，每章都配有扩展知识点、便于用户查阅相应的基础知识。内容安排收放自如，方便读者学习图书内容。

❑ **全程图解，快速上手** 各章内容分为基础知识和实例演示两部分，全部采用图解方式，图像均做了大量的裁切、拼合、加工，信息丰富，效果精美，阅读体验轻松，上手容易。让读者翻开图书的第一感就获得强烈的视觉冲击。

❑ **书盘结合，相得益彰** 本书使用 Director 技术制作了多媒体光盘，提供了本书实例完整素材文件和全程配音教学视频文件，便于读者自学和跟踪练习图书内容。

❑ **新手进阶，加深印象** 全书提供了 85 个基础应用案例，全面加深 Visio 2016 的基础知识应用方法的讲解。每个案例都提供操作简图与操作说明，并在光盘中配以相应的基础文件，以帮助用户完全掌握案例的操作方法与技巧。

3．本书使用对象

本书从 Visio 2016 的基础知识入手，全面介绍 Visio 2016 面向应用的知识体系，并制作了多媒体光盘，图文并茂，能有效吸引读者学习。本书适合作为高职高专院校学生学习使用，也可作为计算机办公应用用户深入学习 Visio 2016 的参考书。

参与本书编写的人员除了封面署名人员之外，还有于伟伟、王翠敏、张慧、冉洪艳、刘红娟、谢华、夏丽华、谢金玲、张振、卢旭、王修红、扈亚臣、程博文、方芳、房红、孙佳星、张彬、张书艳、马海霞、王志超、张莹等人。

编　者

2016 年 8 月

Visio 2016

目　　录

第 1 章

Visio 2016 学习路线图

　　Visio 是一款专业的办公绘图软件，具有简单性与便捷性等强大的关键特性，便于 IT 和商务人员就复杂信息、系统和流程进行可视化处理、分析和交流。Visio 不仅可以将用户的思想、设计与最终产品演变成形象化的图像进行传播，而且还可以帮助用户创建具有专业外观的图表，以便理解、记录和分析信息、数据、系统和过程。除此之外，Visio 还具有文本编辑功能，可以使文档的内容更加丰富，更容易克服文字描述与技术上的障碍，让文档变得更加简洁、易于阅读与理解。在本章中，将详细介绍 Visio 的应用领域、新增功能等基础知识。

1.1 Visio 概述

对于第一次接触 Visio 的用户来讲，在使用 Visio 绘制图表和模型之前，需要先来了解一下 Visio 的发展史、应用领域、组成元素等基础知识，以便为用户后期制作专业的 Visio 文档奠定基础。

1.1.1 Visio 发展史

Visio 公司成立于 1990 年，最初公司名为 Axon。其创始人为杰瑞米（Jeremy Jaech）、戴夫（Dave Walter）和泰德·约翰逊。

1992 年，公司更名为 Shapeware。同年 11 月，公司发布了用于制作商业图标的专业绘图软件 Visio 1.0，该软件一经面世立即取得了巨大的成功。2000 年微软公司收购了 Visio 公司，从此 Visio 成为微软 Office 办公软件中一个新的组件。随后，微软相继开发了多种版本的 Visio，其最主要的几个版本的具体情况如下图所示。

1.1.2 Visio 2016 版本介绍

微软公司于 2015 年 9 月 23 日正式推出了 Office Visio 2016 版本。Office Visio 2016 中包含了 3 个类型的版本，分别为 Visio 2016 标准版、Visio 2016 专业版和 Visio Pro for Office 365 版。

1. Visio 2016 标准版

Visio 2016 标准版拥有丰富的内置模具和强大的图表绘制功能，包含用于业务、基本网络图表、组织结构图、基本流程图和通用多用途图表的模具。它可以使用一组丰富的全新和经过更新的形状和模具，轻松地创建多重用途的图表。

在该版本中，用户还可以利用丰富的效果和主题自定义具有专业外观的图表，并通过直观的体验执行图表中的常用活动，保留形状的元数据和链接。

另外，用户可以通过浏览器共享图表以扩大其使用范围，同时可通过 SharePoint 中的 Visio Services 与未安装 Visio 的用户共享信息。

2. Visio 2016 专业版

Visio 2016 专业版拥有 70 个内置模板和成千上万个形状，可以让个人和团队轻松地创建和共享专业和多用途的图表，从而简化复杂的信息。该版本不仅包含了 Visio 2016 标准版版本中的全部功能，还拥有经过更新的形状、模板和样式，以及具有多名用户同时处理一个图表和将图表链接到数据的功能。

在 Visio 2016 专业版中，用户可以使用所选择的表示法记录流程，并通过内置的 20 多个流程模型一站式地解决 BPMN 2.0、SharePoint 工作流、价值流映射和 EPC 等方案。同时，还可以利用子流程来创建更加直观的图表，从而达到促进团队合作的目的。

Visio 2016 专业版还支持"信息权限管理"，有助于防止信息泄露。除此之外，该版本还增加了 Office 式体验创新功能，用户可以充分体验暗色主题、操作说明搜索及图表创建和协作需要等创新。

3．Visio Pro for Office 365

Visio Pro for Office 365 可以通过 Office 365 订阅最新服务，并可利用 Visio 专业版 2016 的所有功能。另外，该版本还允许各用户在多达 5 台运行 Windows 10、Windows 8 或 Windows 7 的电脑上安装 Visio，并且保证在订阅期间自动安装更新（包括功能和安全更新）。除了自动安装更新之外，用户还可以使用集中化策略延后安装，以方便用户测试更新与系统的兼容性。

在该版本中，用户还可以通过 Microsoft Skype for Business 或 Microsoft Lync 和 Skype for Business Online 提供的状态和即使消息（IM）与 Office 365 进行集成。

通过上述描述，用户已经初步了解了 Visio 各版本的具体情况。每种版本功能的比较情况，如下表所述。

功　　能	Visio 2016 标准版	Visio 2016 专业版	Visio Pro for Office 365
图表制作轻松入门	●	●	●
迅速自定义和完成图表	●	●	●
利用 Office 体验创新	●	●	●
通过浏览器基于统一的版本进行交流	●	●	●
迅速创建专业图表	◐	●	●
高效地定义、强化和民主处理流程	◐	●	●
通过数据链接使图表更加生动	○	●	●
使用图表更轻松地进行团队协作	○	●	●
使用 Microsoft 文件保护技术保护图表安全	○	●	●
享受 Office 365 的优势	○	○	●

表注：○=无　●=有　◐=部分

1.1.3　Visio 应用领域

Visio 已成为目前市场中最优秀的绘图软件之一，其强大的功能与简单操作特性受到广大用户青睐，广泛应用于如下众多领域中。

1．商务

Visio 为用户提供了 EPC 图表、ITIL 图、TQM 图、六西格玛图、因果图、审计图、故障树分析图、营销图表等 14 种商务模块，以协助用户制作出专业且美观的商务图表。

在该类型的模板中，除了可以运用图表和营销图表清晰、逻辑地显示和分析绘图数据，以及运用组织结构图以图形的方式直观地表示组织中的人员、业务及部门之间的结构与关系之外，还可以运用灵感触发图使杂乱无章的信息流转换为易读且清晰，以及运用价值流图系统地评价生产、组装、运输、销售都因素的价值所在。

另外，Visio 还提供了类似 Excel 数据分析功能的数据透视图表模板，以帮助用户创建可视化分析的数据分层图。

2．地图和平面布置图

在日常工作中,地图和平面布置图属于比较常用的绘图类型。以往用户经常使用 CAD 等专业绘图软件来绘制地图和平面类型的布置图,但随着 Visio 的可视化操作及绘图功能的不断加强,大多用户已逐渐弃用 CAD 等软件,而采用 Visio 进行绘图。

Visio 提供了专业的地图和平面布置图模块,在该模块中用户可以绘制办公室布局、家居设计图、工程布局图和空间规划等一些常用建筑平面和规划图。

另外,还可以通过 Visio 中的地图和平面布置图类模板,根据实际情况快速、形象地绘制各种类型的地图和方向图。

除了上述图表之外,该模板还包括 HVAC 控

制逻辑图、HVAC 规划、三维方向图、办公室布局、天花板反向图、家居规划、工厂布局、现场平面图、电气和电信规划、管线和管道平面图等 14 种图形模块。

3．工程

Visio 为用户提供了用于构建工程图的工程类模板,以帮助用户构建机械、电气和工艺流程图图表。在工程类模板中,不仅可以通过数百个可以配置的形状轻松实现用户想要的各类工程图表,还可以以部件和组件图所要求的精度摆放这些形状,并用连接线来定义工艺流程图所表达的关系。

除此之外,在该类型的模板中还包含了一些构建模型的工具,以帮助用户在参见组件的情况下记录模型中的元素,并在 Visio 绘图中或以纲要形式查看你的模型。例如,可以运用"管道和仪表设备图"来制作一些工作流程图。

除了上述图表中使用的工艺流程图、管道和仪表设备图图表之外,该类型的模板中还包括基本电气、工业控制系统、流体动力、电路和逻辑电路、

系统、部件和组件绘图等图表。

4．常规

对于日常生活中需要绘制的一些简单的图表，用户可以使用 Visio 中的常规模板绘制。常规图表是 Visio 图表世界的基本元素，也是构建各类绘图文档的主力军，它不仅易于创建，而且还能表达数量惊人的信息。

Visio 中的常规图表不包含专业化的模具或加载项，通常由二维和三维形状组合而成。用户使用该类型的模板，可以使用基本形状和具有透视效果的 3D 形状构建精美的图表。例如，运用"框图"模板制作一个市场调查步骤图，可以形象地展示完整市场调查中所涉及的具体步骤。

除了使用"框图"制作基本流程图和步骤图之外，用户还可以使用层级树或扇状图表，构建更加专业化的组合图表。例如，运用"多树枝"形状树的主干与分支来制作一个"工作评定方法"图表。

5．日程安排

日程安排图是一种用于排定、规划、跟踪与管理项目日程活动的图表，广泛应用于日程安排和项目管理中。

Visio 内置了日历、日程表、甘特图和 PERT 图这 4 种日程安排图表模板，以方便用户在记录日程事物、计划安排等一系列日程计划的同时，可以快速、准确地控制和管理项目进程及创建项目报告。

6．流程图

Visio 中的流程图是最常见的绘图类型之一，被广泛应用到各个领域中。Visio 内置了基本流程图、跨职能流程图、工作流程图等 9 种流程图模板，以方便用户快速构建各种类型的流程图。

流程图不仅可以以图形的方式直观地显示流程中的结构与元素，还可以直观地显示组织中的人员、操作、业务及部门之间的相互关系。

7．网络

随着计算机技术的不断发展，网络已逐渐成为日常工作的必备元素，而网络配置图和网络布线图等一些网络图的绘制也成为常见的工作之一。

Visio 为用户提供了强大的网络图模板，包含了用于记录高层网络设计的基本网络图模板、用于记录详细网络设计的详细网络图模板、用于记录服务目录服务器的 LDAP 目录，以及用于机架网络设备摆放的机架模板。另外，用户还可以将网络图作为架构层的设计图，用来取代 UML 部署图。

8．软件和数据库

Visio 为用户提供了强大的软件和数据库模板，用于规划网站的结构与导航、维护和刷新现有网站的状态，以及查看当前网站内容、组织及断链情况。

另外，还可以创建记录软件系统的 UML 类图表、数据流图表、程序结构图、COM 和 OLE 等图表。

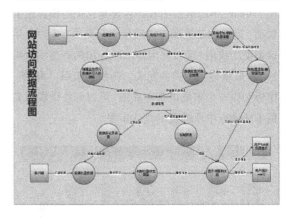

1.2 Visio 2016 新增功能

Visio 2016 是一个功能强大的绘图应用程序，可以直观地创建各种类型的关系图。最新版本的 Visio 不仅在界面上有所改进，而且在其数据链接、信息管理和图形形状方面也增加和改进了不少功能。下面将简单介绍一下 Visio 2016 的新增功能。

1.2.1 新增 Visio 主题

相对于旧版本中的单一主题色彩来讲，Visio 2016 版本中新增加了多彩的 Colorful 主题，将更多色彩丰富的选择加入其中，包括彩色、深灰色和白色 3 种色彩颜色，其风格与 Modern 应用类似。

用户可通过执行【文件】|【选项】命令，在弹出的对话框中设置【Office 主题】选项，来选择需要使用的彩色主题。

在【Visio 选项】对话框中选择 Office 主题样式，并单击【确定】按钮之后，系统将会自动在当前界面中应用最新的 Office 主题色彩。如下图所示的主题样式便是"彩色"主题。该主题样式主要以"蓝色"颜色来显示【快速访问工具栏】和选项卡区域，而以"灰色"颜色来显示选项组、形状窗口等区域。

1.2.2　新增数据和信息管理功能

在 Visio 2016 专业版中，用户只需执行【数据】|【外部数据】|【快速导入】命令，便可以连接到 Excel 数据图表。在连接 Excel 数据图表时，需要确保值和文本之间的一对一匹配项，以及图表中的每个形状不存在于 Excel 中。

另外，在 Visio 2016 专业版中，新增了信息权限管理（IRM）功能，以帮助用户放置泄露敏感信息。只需执行【文件】|【信息】命令，在展开的列表中单击【保护图表】按钮，选择【限制访问】选项，便可以指定哪些用户可以查看，以及哪些用户可以更改该文件。

1.2.3　新增 Clippy 助手功能

在 Visio 2016 中，增加了 Clippy 的升级版 Tell Me。Tell Me 是全新的 Office 助手，可以帮助用户快速查找或搜索一些帮助。

正常情况下 Clippy 助手像传统搜索栏一样，被当成一项选项放置于界面选项卡栏中。当用户将鼠标移至该上方时，系统会以高亮样式进行显示。

而当用户单击"告诉我您想要做什么"文本时，系统将会自动弹出"试用"列表，帮助用户选择相应的搜索内容。例如，插入 CAD 形状、添加背景等。

1.2.4　新增初学者图功能

Visio 2016 为用户提供了初学者图，用户没必

要从创建空白画布开始来一个一个地创建各个形状，只需执行【文件】|【新建】命令，选择相应的模板类型和初学者图即可。新增的初学者图包括审计图、基本流程图、基本网络图、甘特图等 15 种模板。

例如，执行【文件】|【新建】命令，在展开的列表中选择【基本流程图】选项。

然后，在弹出的【创建】对话框中，选择【垂直流程图】选项，单击【创建】按钮即可。

1.2.5　改进的多种图形形状

Visio 2016 专业版中更新了办公室布局形状、平面布置图形形状、IEEE 标准电气图形状，以及现代家庭计划形状等形状，从而帮助用户制作出更加专业化和现代化的各类图形图表。

1．改进的平面布置图形状

在 Visio 中，执行【文件】|【新建】|【平面布置图】命令，打开该模板。在该模板的【形状】窗

格中，用户会发现新版本中该模板中的形状有别于旧版本中的形状。Visio 2013 和 Visio 2016 版本中该类形状的对比如下图所示。

2．改进的现代家庭计划形状

Visio 2016 专业版中还为用户改进了用于设计厨房和浴室的家庭计划形状。该类形状被存储于家具规划类模板中。当用户需要使用这些具有现代设计理念的形状时，则需要执行【文件】|【新建】|【家居规划】命令。Visio 2013 和 Visio 2016 版本中该类形状的对比如下图所示。

3．改进的 IEEE 标准电气图形状

在 Visio 2016 专业版中，电器基本模板中的形状是符合 IEEE 标准的，相对于旧版本中该类型的形状更具有可读性。用户只需执行【文件】|【新建】|【基本电气】命令，即可查看最新版的 IEEE 标准电气图形状。改进的 IEEE 标准电气图形状除了具有自动连接形状顶端的功能之外，还具有自动

添加形状编号的功能。Visio 2013 和 Visio 2016 版本中该类形状的对比如下图所示。

4．改进的办公室布局形状

新版 Visio 改进了办公室布局模板，开发人员重新设计了相关的办公室布局形状，使得该模板中

的形状相对于旧版本中的形状更加具有现代化气息。用户可通过执行【文件】|【新建】|【办公室布局】命令，来查看最新的办公室布局形状。Visio 2013 和 Visio 2016 版本中该类形状的对比如下图所示。

1.3　Visio 2016 界面介绍

安装完 Visio 2016 之后，首先需要认识一下 Visio 2016 的工作界面。Visio 2016 与 Word 2016、Excel 2016 等常用 Office 组件的窗口界面大体相同。相对于旧版本的 Visio 窗口界面而言，更具有美观性与实用性。

1.3.1 快速访问工具栏

快速访问工具栏是一个包含一组独立命令的自定义的工具栏,用户不仅可以向快速访问工具栏中添加表示命令的按钮,还可以从两个可能的位置之一移动快速访问工具栏。

1. 设置显示位置

Visio 2016 为用户提供了放置多项常用命令的快速工具栏,通过启用快速工具栏右侧的下拉按钮,可以将快速工具栏的位置调整为在功能区的下方,或在功能区的上方显示。

2. 添加其他命令

默认状态下快速工具栏中只显示"保存""撤销"与"恢复"3 种命令,用户可通过启用快速工具栏右侧的下拉按钮,在列表中选择相应命令的方法,为工具栏添加其他命令。

> **注意**
>
> 右击快速访问工具栏中的命令图标,执行【从快速访问工具栏删除】命令,即可删除该命令。

3. 自定义快速访问工具栏

当快速工具栏下拉列表中的命令无法满足用户的操作需求时,用户可启用快速工具栏下拉列表中的【其他命令】命令,弹出【Visio 选项】对话框。选择相应的命令,单击【添加】按钮即可。

> **注意**
>
> 右击快速访问工具栏,执行【自定义快速访问工具栏】命令,即可弹出【Excel 选项】对话框。

1.3.2 功能区

Visio 2016 中的功能区取代了老版本中的菜单命令,并根据老版本菜单命令的功能划分为开始、插入、设计、数据、进程、审阅和视图等选项卡,而每种选项卡下面又根据具体命令划分了多种选项组。

1. 隐藏功能区

在 Visio 2016 中,用户可通过双击选项卡名称的方法,来打开或隐藏功能区。另外,右击选项卡区,执行【折叠功能区】命令,即可隐藏功能区。

> **注意**
>
> 折叠功能区之后,用户右击选项卡区,再次执行【折叠功能区】命令,即可显示功能区。

2．使用快捷键

用户还可以在打开 Visio 2016 的窗口中，按下 Alt 键，打开功能区快捷键。根据相应的快捷键执行选项卡命令，并在选项组中执行对应命令的快捷键。

注意

在默认情况下，或在没有启动输入法的状态下，用户可以通过按下"/"键来显示功能区的快捷键。

3．使用对话框启动器

选项组中所列出的命令都是一些最常用的命令，用户可通过启用选项组中的【对话框启动器】按钮，在打开的对话框中执行更多的同类型命令。例如，单击【开始】选项卡【字体】选项中的【对话框启动器】按钮，便可以打开【文本】对话框。

1.3.3　任务窗格

任务窗格用来显示系统所需隐藏的任务命令，该窗格一般处于隐藏位置，主要用于专业化设置，例如设置形状的大小和位置、形状数据、平铺和扫视等。

在 Visio 2016 中，用户可通过执行【视图】|【显示】|【任务窗格】命令，在其列表中选择相应选项，来显示各种隐藏命令。

1.3.4　绘图区

绘图区位于窗口的中间，主要显示了处于活动状态的绘图元素，用户可通过执行【视图】选项卡中的各种命令，来显示绘图窗口、形状窗口、绘图自由管理器窗口、大小和位置窗口、形状数据窗口等窗口。

1．绘图窗口

绘图窗口主要用来显示绘图页，用户可通过绘图页添加形状或设置形状的格式。对于包含多个形状的绘图页来讲，用户可通过水平或垂直滚动条来查看绘图页的不同区域。另外，用户可以通过选择绘图窗口底端的标签，来查看不同的绘图页。

为了准确地定位与排列形状，可以通过执行【视图】|【显示】|【网格】命令或执行【视图】|【显示】|【标尺】命令，来显示网格和标尺。

其中，标尺显示的单位会根据绘图类型与使用的比例尺度而改变。当用户使用框图时，标尺将以"英寸"为基本度量值，当用户使用"场所"时，标尺将以"英尺"为基本度量值。

执行【设计】|【页面设置】|【对话框启动器】命令，在弹出的【页面设置】对话框中，激活【页属性】选项卡，在【度量单位】下拉列表中选择相应的单位即可。

2．形状窗口

形状窗口中包含了多个模具，用户可通过拖动模具中的形状到绘图上的方法，来绘制各类图表与模型。用户可根据绘图需要，重新定位【形状】窗口或单个模具的显示位置。同时，也可以将单个模具以浮动的方式显示在屏幕上的任意位置。

另外，用户还可以对【形状】窗口进行以下设置：

❏ **添加模具** 可以通过单击【更多形状】按钮，在列表中选择相应选项的方法，为【形状】窗口添加模具。

❏ **显示快速形状** 可以通过单击【快速形状】按钮，来显示当前页面中所有模具中的形状。

❏ **添加搜索选项** 可以通过激活【搜索】选项卡，在【搜索形状】文本框中输入形状名称，单击【搜索】按钮即可显示搜索内容。

❏ **设置窗口大小** 直接拖动【形状】与【绘图】窗口间的垂直分隔条即可。

❏ **设置显示信息** 右击【形状】窗口的标题栏，在快捷菜单中选择相应的选项，即可更改显示在【形状】窗口中的信息。

3．大小和位置窗口

在设置含有比例缩放的绘图时，【大小和位置】窗口将是制作绘图的必备工具。

可通过执行【视图】|【显示】|【任务窗格】|【大小和位置】命令，显示或隐藏【大小和位置】窗口。在该窗口中，用户可以根据图表要求来设置或编辑形状的位置、维度或旋转形状。【大小和位置】窗口中所显示的内容，会根据形状的改变而改变。

4．绘图资源管理器窗口

　　用户可通过执行【开发工具】|【显示/隐藏】|【绘图资源管理器】命令，来显示或隐藏【绘图资源管理器】窗口。该窗口具有分级查看的功能，可以用来查找、增加、删除或编辑绘图中的页面、图层、形状、形状范本、样式等组件。

5．形状数据窗口

　　用户可通过右击形状，执行【数据】|【显示/隐藏】|【形状数据窗口】命令，来显示或隐藏【形状数据】窗口。该窗口主要用来修改形状数据，其具体内容会根据形状的改变而改变。

门宽	900 mm	
门高	2100 mm	
门类型	单扇门	
门在墙壁内的偏移	居中	
门开启百分比	50	
门编号		
防火等级		
基本标高		

Visio 1.4 Visio 快速入门

　　Visio 可以帮助用户轻松地可视化、分析与交流复杂的信息，并可以通过创建与数据相关的 Visio 图表来显示复杂的数据与文本，这些图表易于刷新，并可以轻松地了解、操作和共享企业内的组织系统、资源及流程等相关信息。

1.4.1　Visio 组成元素

　　Visio 利用强大的模板（Template）、模具（Stencil）与形状（Shape）等元素，来实现各种图表的绘制功能。其中，模板相当于整个图表，其中包含模具和形状等绘制元素。

1．模板和模具

　　模板是一组模具和绘图页的设置信息，是一种

专用类型的 Visio 绘图文件，是针对某种特定的绘图任务或样板而组织起来的一系列主控图形的集合，其扩展名为.vstx。每一个模板都由设置、模具、样式或特殊命令组成。模板设置绘图环境，可以适合于特定类型的绘图。在 Visio 中，为用户提供了网络图、工作流图、数据库模型图、软件图等各种模板，这些模板可用于可视化和简化业务流程、跟踪项目和资源、绘制组织结构图、映射网络、绘制建筑地图以及优化系统。用户只需执行【文件】|【新建】命令，选择相应的模板类型即可。

模具是指与模板相关联的图件或形状的集合，其扩展名为.vssx。模具中包含了图件，图件是指可以用来反复创建绘图的图形，通过拖动的方式可以迅速生成相应的图形。用户在 Visio 中的【形状】窗口中，激活【模具】选项卡，便可以查看该模板中的模具内容。

2．形状

形状是在模具中存储并分类的图件，预先画好

的形状叫做"主控形状"，主要通过拖放预定义的形状到绘图页上的方法进行绘图操作。形状具有内置的行为与属性，"行为"可以帮助用户定位形状并正确地连接到其他形状；"属性"显示用来描述或识别形状的数据。

在 Visio 中，用户可以通过手柄来定位、伸缩及连接形状。形状手柄主要包括下列几种：

- ❑ **Selection 手柄** 使用该手柄可以改变形状的尺寸或增加连接符。该手柄在选择形状时会显示红色或蓝色的盒状区。
- ❑ **Rotation 手柄** 使用该手柄可以标识形状上的粘附连接符和线条的位置，其标识为蓝色的 X。
- ❑ **Control 手柄** 使用该手柄可以改变形状的外观，该手柄在某些形状上显示为黄色钻石形状。
- ❑ **Eccentricity 手柄** 使用该手柄可以通过拖动绿色的圆圈的方法，来改变弧形的形状。

3．连接符

在 Visio 中，形状与形状之间需要利用线条来连接，该线条被作为"连接符"。连接符会随着形状的移动而自动调整，连接符的起点和终点标识了形状之间的连接方向。

Visio 将连接符分为直接连接符与动态连接符，直接连接符是连接形状之间的直线，可以通过拉长、缩短或改变角度等方式来保持形状之间的连

接。而动态连接符是连接或跨越连接形状之间的直线的组合体，可以通过自动弯曲、拉伸、直线弯角等方式来保持形状之间的连接。用户可以通过拖动动态连接符的直角顶点、连接符片段的终点、控制点或离心率手柄等方式来改变连接符的弯曲状态。

1.4.2　快速了解 Visio

Visio 是一款便于 IT 和商务人员对复杂信息、系统和流程进行可视化处理、分析和交流的绘图软件。具有专业外观的 Visio 图表，可以促进用户对一些系统和流出等复杂信息的深入了解。

对于大多数的图形软件来讲，在绘制过程中都需要依赖一定的艺术技能，而在使用 Visio 时则可以以可视方式进行操作，用户只需根据构思打开相应的模板类型，并将相应的形状拖放到绘图页中，即可完成绘制操作，充分体现了更为简单、更为快捷的操作特点。下面，通过 4 种最为常见的图表类型，来快速介绍一下 Visio 绘制图表的操作方法。

1. 工作流程图

通过流程图，可以以图形的方式直观地显示流程过程中的结构与元素，以及组织中的人员、操作、业务及部门之间的相互关系。例如，在"风险评估流程图"图表中，可以使用"基本流程图"模板，以图表的方式显示风险评估过程和相关负责人。在绘制该图表时，用户需要执行下列操作。

（1）执行【文件】|【新建】命令，选择【基本流程图】选项，打开该类型的模板。

（2）将相应的形状添加到绘图页中，并根据构思流程排列各个形状。

（3）在形状中输入文本，并设置文本的大小、字体颜色。

（4）为形状添加连接线，并设置连接线的形状样式。

（5）应用"离子"主题效果，并设置变体效果。

（6）设置"货币"背景样式，并添加边框和标题样式。

2. 灵感触发图

灵感触发图可以将思维过程图形化，以便进行规划、解决问题、制定决策和触发灵感。例如，在"行销计划策略思维图"图表中，以灵感触发图的样式显示了行销计划的整个实施计划。

在绘制该图表时，用户需要执行下列操作。

（1）执行【文件】|【新建】命令，选择【灵感触发图】选项，创建该类型的模板。

（2）添加"主标题"形状，输入标题文本，并设置文本格式。

（3）添加多个二级、三级和四级"副标题"形状。

（4）将图表样式设置为"马赛克1"样式，并添加图例形状。

（5）设置主题、背景、边框和标题样式，并修改标题文本。

3．组织结构图

组织结构图是一种表示企业内多个部门或机构相互之间的联系关系及结构层次的示意图表。通过企业组织结构图，用户可以迅速了解企业的部门结构及组织情况，并做出优化调整。例如，在"公司组织结构图"中，以上下结构显示了公司内的人员组织情况。

在绘制该图表时，用户需要执行下列操作。

（1）执行【文件】|【新建】命令，选择【商务】选项，并在展开的列表中选择【组织结构图向导】选项。

（2）在弹出的对话框中，选择【分层组织结构图】选项，并单击【创建】按钮。

（3）删除提示形状，修改组织结构图中各形状中的文本内容。

（4）添加边框和标题形状，并修改标题名称。

4．因果图

因果图又名鱼骨图，是一种发现问题"根本原因"的分析方法，又是一种透过现象看本质的分析方法。因果图具有简捷实用、深入直观的特点，其外形像鱼骨，问题或缺陷显示在"鱼头"外侧，而鱼骨中的鱼刺则按出现机会多寡列出产生问题的一些可能性原因，以说明各个原因之间的相互影响度。例如，在"货品延迟因果分析图"图表中，则以鱼骨图形的形式表现出货品延误的因果关系。

在绘制该图表时，用户需要执行下列操作。

（1）执行【文件】|【新建】命令，选择【商务】选项，在展开的列表中选择【因果图】选项，创建模板。

（2）添加"类别1"形状，调整形状大小并输入说明性文本。

（3）添加"主要原因 1"形状，输入说明性文本。

（4）添加"主要原因 2"形状，输入说明性文本。

（5）添加"鱼骨"形状，调整大小和位置。

（6）设置图表主题、背景、边框和标题，并修改标题名称。

Visio 1.5 Visio 2016 窗口简介

Visio 2016 提供了多窗口模式，允许用户使用
两个甚至更多的 Visio 窗口，达到同时在不同位置

工作的目的，从而提高用户的工作效率。另外，用户还可以通过改变多窗口显示方式的方法，来查看所有窗口中的内容。

1.5.1　新建窗口

新建窗口的作用是为 Visio 创建一个与源窗口完全相同的窗口，以便用户对相同的图表进行编辑操作。

在 Visio 2016 中，执行【视图】|【窗口】|【新建窗口】命令，系统会自动创建一个与源文件相同的文档窗口，并以源文件名称加数字 2 的形式进行命名。

1.5.2　重排和层叠窗口

当用户新建窗口，或同时打开多个 Visio 窗口时，要想同时查看所有的窗口内容，还需要重排和层叠窗口。

1．重排窗口

默认情况下，Visio 只显示一个窗口。重排窗口，是堆叠打开的窗口以便可以同时查看所有的窗口，一般情况下系统会以水平方向并排排列窗口。

此时，同时打开两个窗口，执行【视图】|【窗口】|【全部重排】命令，并排查看两个文档窗口。

2．层叠窗口

层叠窗口是查看在屏幕中重叠的所有打开的窗口，一般情况下系统会以上下显示的方式层叠窗口。为了使窗口适应阅读习惯，可以执行【视图】|【窗口】|【层叠】命令，改变窗口的排列方式。

1.5.3　切换窗口

在 Visio 中，除了通过重排和层叠窗口的方法，来查看不同窗口内的图表之外，用户还可以通过切换窗口的方法来查看不同的窗口。

同时打开多个 Visio 文档，并以普通方式显示一个窗口内容。然后，执行【视图】|【窗口】|【切换窗口】命令，在其级联菜单中选择相应的选项即可。

另外，为了便于操作，用户还可以将【切换窗口】命令添加到【快速访问工具栏】中，便于日常操作。在【窗口】选项组中，右击【切换窗口】命令，执行【添加到快速访问工具栏】命令，即可将该命令添加到【快速访问工具栏】中。

> **注意**
> 将【切换窗口】命令添加到【快速访问工具栏】中之后，可右击该命令，执行【从快速访问工具栏删除】命令，删除该命令。

1.5.4 设置显示比例

Visio 2016 为用户提供了页宽、适应窗口大小和显示比例 3 种调整窗口显示比例的方法，便于用户根据图表的大小和内容，来调整窗口的显示比例。

1．页宽

页宽可以将窗口缩放到使页面与窗口同宽的地步，方便用户详细查看图表的具体内容。用户只

需执行【视图】|【显示比例】|【页宽】命令，即可显示该显示样式。

2．适应窗口大小

适应窗口大小是将窗口缩放至使整个页面适合并填满窗口的状态，执行【视图】|【显示比例】|【适应窗口大小】命令即可。

> **注意**
> 用户也可以单击状态栏右侧的【调整页面以适合当前窗口】按钮，来设置适应窗口大小的显示比例状态。

3．缩放比例

Visio 为用户提供了自定义缩放比例的功能，以帮助用户查看具体的图表。

一般情况下，用户执行【视图】|【显示比例】|【显示比例】命令，或单击状态栏中的【缩放级别】按钮，在弹出的【缩放】对话框中，设置缩放比例，单击【确定】按钮即可。

注意

用户还可以使用键盘和鼠标来自定义缩放比例。按住 Ctrl 键的同时滚动鼠标上方的滚动轮即可缩放窗口。

第 **2** 章

管理绘图文档

　　管理绘图文档是 Visio 绘制各类图表的首要工作，主要包括创建、编辑以及保存、保护和打印绘图文档等一系列操作。Visio 2016 中的绘图文档是根据图表用途和领域来进行划分的，方便用户根据所绘图表类型选择相应的绘图模板。此外，用户还可以根据所绘图表的大小，新建、删除或指定绘图页，以满足绘图中的一些特殊需求。在本章中，将详细介绍创建绘图文档、保存和保护绘图文档、编辑绘图页、设置文档页面和属性，以及预览和打印绘图页等基础知识和实用技巧。

Visio

2.1　创建绘图文档

在 Visio 2016 中，除了可以创建空白文档和各种类型的模板绘图文档之外，还可以根据本地计算机中的现有绘图文档，创建自定义模板绘图文档。

2.1.1　创建空白绘图文档

空白绘图文档是一种不包含任何模具和模板也不包含绘图比例的绘图文档，适用于需要进行灵活创建的图表。一般情况下，用户可通过下列两种方法来创建空白绘图文档。

1．直接创建

启动 Visio 2016，系统会自动弹出【新建】页面。在该页面中，为用户提供了最近使用的模板文档和空白文档，此时选择【空白绘图】选项。

然后，在弹出的页面中，选择空白绘图文档的单位类型，单击【创建】按钮，创建一个空白绘图文档。

> **注意**
>
> 对话框右上角的用户信息，只有注册 Office 网站并登录的用户才可以显示。另外，用户可以单击【切换用户】链接，切换登录用户。

2．菜单命令创建

如果用户已经进入到 Visio 2016 中，执行【文件】|【新建】命令，在展开的【新建】页面中选择【空白绘图】选项，即可创建空白绘图文档。

> **技巧**
>
> 按 Ctrl+N 快捷键，也可创建空白的绘图文档。

另外，用户也可以通过【快速访问工具栏】中的【新建】命令，来创建空白演示文稿。首先，单击【快速访问工具栏】右侧的下拉按钮，在其列表中选择【新建】选项，添加【新建】命令按钮。然后，单击【快速访问工具栏】中的【新建】按钮，即可创建空白演示文稿。

执行【文件】|【新建】命令，在展开的【新建】页面中，选择【类别】选项。然后，在展开的【类别】列表中，选择【商务】选项，准备创建商务类型模板绘图文档。

2.1.2 创建模板绘图文档

Visio 2016 中的模板包含常规、地图和平面布置图、工程、流程图、日程安排图等类型。用户可通过下列 3 种方法来创建模板绘图文档。

1. 创建默认模板

启动 Visio 2016，或执行【文件】|【新建】命令，此时系统会自动显示【新建】页面中的【特色】列表。在该列表中，选择所需创建的模板文档。

然后，在弹出的创建页面中，选择相应的模板类型，单击【创建】按钮，即可创建该类型的模板绘图文档。

2. 根据类别创建

Visio 2016 根据图表用途和领域归纳了相同类别的图表，以供用户选择使用。

然后，在展开的【商务】页面中，选择相应的模板文档，单击【创建】按钮，创建模板文档。

技巧

在【商务】页面中，选择【主页】选项，即可返回到【新建】页面中。

3．根据搜索结果创建

当用户不熟悉模板类别的具体归类时，可以使用搜索功能，快速且准确地查找模板样式。

执行【文件】|【新建】命令，在展开的【新建】页面中的【建议搜索】列表中，选择相应的搜索类型，即可新建该类型的相关模板文档。例如，选择【软件】选项，然后，在弹出的【软件】页面中，将显示联机搜索到的所有有关"软件"类型的模板样式。用户只需在列表中选择模板样式即可。

另外，在【新建】页面的搜索文本框中，输入需要搜索的模板类型。例如，输入"流程"文本。然后，单击搜索按钮，也可以创建搜索后的模板文档。

4．根据现有内容创建

执行【文件】|【新建】命令，在【新建】页面中选择【类别】选项。在展开的【类别】页面中，选择【根据现有内容新建】选项。

然后，在展开的页面中单击【创建】按钮。同时，在弹出的【在现有绘图的基础上新建】对话框中，选择 Visio 文件，单击【新建】按钮即可。

2.2 管理绘图页

绘图页是构成 Visio 绘图文档的框架，是绘制各类图表的依托。在绘图文档中，用户不仅可以新建绘图页，还可以重命名、排列和指派绘图页。

2.2.1 新建绘图页

新建绘图页包括新建前景页和背景页，以及指派背景页等内容。在新建绘图页之前，需要先了解一下绘图页的分类。

1．绘图页分类

绘图页包括前景页和背景页两种类型，默认情况下 Visio 会自动选择前景页，并且 Visio 中的大部分操作都是在前景页中进行的。

- ❏ **前景页** 主要用于编辑和显示绘图内容，包含流程图形状、组织结构图等绘图模具和模板，是创建绘图内容的主要页面。当背景页与一个或多个前景页相关联时，才可以打印出背景页来。

- ❏ **背景页** 相当于 Word 中的页眉与页脚，主要用于设置绘图页背景和边框样式，例如显示页编号、日期、图例等常用信息。

2．创建前景页

启用 Visio 之后，系统会自动包含一个前景页。当一个前景页无法满足绘图需求时，则可以通过下列方法来创建前景页。

执行【插入】|【页面】|【新建页】|【空白页】命令，系统会自动在原绘图页的基础上创建一个新的空白页。

技巧

在状态栏中，直接单击【全部】标签后面的【插入页】按钮，或者右击【页-1】标签，执行【插入】命令，即可插入一个前景页。

3．创建背景页

执行【插入】|【页面】|【新建页】|【背景页】命令，在弹出的【页面设置】对话框的【页属性】选项卡中，选中【背景】选项，设置背景名称与度量单位。

在【页属性】选项组中，主要包括 5 种选项，具体情况如下表所示。

属	性	作 用
类型	前景	创建一个前景绘图页
	背景	创建一个背景绘图页
名称		设置绘图页的标签名称
背景		为绘图页选择一个背景绘图页
度量单位		设置绘图页中标尺使用的单位
在新窗口中打开页		启用该复选框，表示将绘图页放到新窗口中打开

技巧

执行【开发工具】|【显示/隐藏】|【绘图资源管理器】命令，右击前景页或背景页并执行【插入页】命令即可。

4．指派背景页

选择需要指派背景页的前景页标签，右击执行【页面设置】命令，在【页属性】选项卡中选中【前景】选项。在【背景】下拉列表中选择相应的选项，单击【应用】按钮即可。

2.2.2　编辑绘图页

在创建绘图页后,用户还可对绘图页进行重命名、排列或删除等编辑操作,以使其符合绘图文档的需要。

1．切换绘图页

当绘图文档中存在多个绘图页时,可以通过下列 3 种方法来切换绘图页。

- ❑ **页标签**　单击【绘图】窗格下方的【绘图页标签】栏中相应的页标签,即可切换绘图页。
- ❑ **【全部】按钮**　单击【绘图页标签】栏中的【全部】按钮,在展开的列表中选择页标签选项,即可切换绘图页。
- ❑ **【页】对话框**　选择形状 Visio 窗口左下角的【页码】选项,即可打开【页】对话框。在该对话框的【选择页】列表中,选择页标签名称即可。

2．重命名绘图页

默认情况下,绘图页以"页-1"或"背景-1"显示,对于具有多个绘图页的文档来讲,为了便于识别页内容,还需要重命名绘图页。

选择需要重命名的绘图页,右击页标签,执行【重命名】命令,输入绘图页名称即可。

另外,右击需要重命名的页标签,执行【页面设置】命令,在【页面设置】对话框的【页属性】选项卡中,更改页名称即可

3．排序页

选择需要排序的页标签,右击鼠标执行【重新排序页】命令,在【重新排序页】对话框中选中需要排序页的名称,单击【上移】或【下移】按钮即可。

另外,执行【开发工具】|【显示/隐藏】|【绘图资源管理器】命令,右击【前景页】图标,执行

【重新排序页】命令，在弹出的【重新排序页】对话框中，选中需要排序页名称，单击【上移】或【下移】按钮即可。

2.3 美化绘图页

创建并编辑绘图页之后，用户可通过为绘图页添加内置背景样式，以及添加边框和标题样式的方法，来增加绘图页的美观性和可读性。

2.3.1 设置绘图页背景

Visio 内置了技术、世界、活力等 10 种背景样式，以供用户选择使用，从而增加绘图页的美观性。

1. 添加背景

执行【设计】|【背景】|【背景】命令，在其列表中选中一种背景选项，为绘图页添加背景效果。

技巧

添加背景之后，执行【设计】|【背景】|【背景】|【无背景】命令，即可取消背景效果。

2. 设置背景颜色

为绘图页添加背景效果之后，还可以执行【设计】|【背景】|【背景】|【背景色】命令，在其列表中选择一种色块，来更改背景效果的显示颜色。

另外，用户还可以通过执行【设计】|【背景】|【背景】|【背景色】|【其他颜色】命令，在弹出的【颜色】对话框的【标准】与【自定义】选项卡中，自定义背景色。

在【标准】选项卡中，用户可以选择任意一种
色块。在【自定义】选项卡中的【颜色模式】下拉
列表中，用户可以设置 RGB 或 HSL 颜色模式。

- ❑ **RGB 颜色模式**　主要基于红色、蓝色与
  绿色 3 种颜色，利用混合原理组合新的颜
  色。在【颜色模式】下拉列表中选择【RGB】
  选项后，单击【颜色】列表框中的颜色，
  然后在【红色】、【绿色】与【蓝色】微调
  框中设置颜色值即可。

- ❑ **HSL 颜色模式**　主要基于色调、饱和度与
  亮度 3 种效果来调整颜色。在【颜色模式】
  下拉列表中选择【HSL】选项后，单击【颜
  色】列表框中的颜色，然后在【色调】、【饱
  和度】与【亮度】微调框中设置数值即可。
  其中，各数值的取值范围为 0~255。

2.3.2　设置边框和标题

边框和标题是 Visio 组件内置的一种效果样
式，其作用是为绘图文稿添加可显示的边框，并允
许用户输入标题内容。

1. 添加边框和标题

执行【设计】|【背景】|【边框和标题】命令，
在其级联菜单中选择相应的选项即可，例如选择
"平铺"选项，为绘图页添加"平铺"边框和标题
样式。

> **技巧**
>
> 添加边框和标题之后，执行【设计】|【背景】
> |【边框和标题】|【无边框和标题】命令，
> 取消边框和标题效果。

2. 编辑边框和标题

一般情况下，边框和标题样式是添加在背景页
中的。在编辑边框和标题时，首先需要选择背景页
标签，切换到背景中。然后，选择包含标题名称的
文本框形状，执行【开始】|【形状样式】|【填充】
命令，选择一种填充颜色，即可更改边框形状的显
示颜色。

另外，用户还可以选择包含标题名称的文本
框，直接输入标题文本。

Visio 2016

Visio 2.4 设置文档页面

在使用 Visio 制作各类图表时，为适应各类图表的显示要求，还需要设置文档的页面，即大小、页面尺寸、纸张方向和缩放比例等。

2.4.1 设置方向和大小

在创建 Visio 绘图文档时，系统会根据所创建文档的模板类型自动显示纸张方向和大小。此时，为了使文档页面更加符合绘图内容,还需要设置文档页面的大小和方向。

1. 设置纸张方向

执行【设计】|【页面设置】|【纸张方向】|【横向】命令，即可将显示方向改为横向方向。

另外，单击【页面设置】选项组中的【对话框启动器】按钮，激活【打印设置】选项卡，在【打印机纸张】选项组中可设置纸张方向。

2. 设置页面大小

在绘图文档中，执行【设计】|【页面设置】|【大小】命令，在其级联菜单中选择相应的选项即可。

> **注意**
>
> 执行【设计】|【页面设置】|【大小】|【适应绘图】命令，即可将页面大小调整到适合用户绘制图表的状态。

另外，执行【设计】|【页面设置】|【大小】|【其他页面大小】命令，在弹出的【页面设置】对话框中，选中【自定义大小】选项，输入大小值，即可自定义页面的大小。

2.4.2 设置缩放比例和布局

Visio 会根据模板类型显示不同的绘图比例，

但并不是所有模板中的绘图比例都适合当前的绘
图类型,所以创建模板文档之后还需要设置绘图的
缩放比例。另外,除了设置缩放比例之外,用户还
需要通过设置绘图的布局和排列方式,来美化绘图
图表。

1．设置绘图缩放比例

绘图缩放比例用于设置现实测量尺度与绘图
页长度之间的比例,在【页面设置】对话框中激活
【绘图缩放比例】选项卡,在该选项卡中指定绘图
的缩放比例即可。

在【绘图缩放比例】选项卡中,主要包括下列
几种选项:

❑ **无缩放(1:1)**　表示以真实的大小显示
绘图。

❑ **预定义缩放比例**　用来设置缩放比例的
类别与比例。其中,缩放类别包括结构、
土木工程、公制与机械工程4种类型,每
种类型中又分别包含了不同的缩放比例。

❑ **自定义缩放比例**　表示将绘图页大小的
自定义比率设置为实际尺寸。

❑ **页面尺寸(按度量单位)**　表示设置绘制
图形的实际大小。

2．设置布局和排列

布局与排列主要用于设置形状与连接符在绘
图中的排列方式。在【页面设置】对话框中激活【布
局与排列】选项卡,在该选项卡中设置排列、跨线
等参数。

在【布局与排列】该选项卡中,主要包括排列、
跨线与其他3种选项组,每种选项组中各种选项的
具体含义如下表所示。

选项组	选　项	说　　明
排列	样式	表示设置默认连接线的排列样式
	方向	表示设置图表的方向或流程,在使用"简单水平-垂直"与"简单垂直-水平"样式时,该选项将不可用
	分隔	表示设置分隔重叠的连接线线条
	重叠	表示设置分隔连接线的重叠情况
	外观	表示指定添加到绘图的新连接线应为直线连接线还是曲线连接线
跨线	将跨线添加到	表示指定向页面上的连接线添加跨线的方式。跨线是在两条交叉线之一上出现的不可编辑的小符号,表明这两条线是交叉的状态
	跨线样式	表示用来设置跨线的样式
	垂直大小	表示跨线在垂直线段上的高度
	水平大小	表示跨线在水平线段上的宽度
其他	放下时移走其他形状	表示页面上的形状自动移走,以允许放置拖动到该页面上的形状,或在该页面上移动或调整大小的形状
	启用连接线拆分	对应于【行为】对话框中【行为】选项卡中的"连接线可以被形状拆分"与"形状可以拆分连接线"两种设置
	间距	在【布局与排列间距】对话框中设置形状间的距离、平均形状大小、连接线之间的空间以及连接线和形状之间的空间

2.5 设置文档属性

Visio 文档是一种复合型文档，用户在创建 Visio 文档之后，还需要通过元数据标记个人信息。另外，为了保护用户隐私，还可以通过便捷的方式删除这些个人信息。

2.5.1 设置文档元数据

元数据是一种"关于数据的数据"，具有描述数据文档及展示数据文档属性的作用。Visio 2016 所创建的文档也是一种支持元数据的文档，当用户创建绘制文档之后，会自动将系统中的用户信息存储到绘图文档中。

在绘图文档中，执行【文件】|【信息】命令，在展开的页面右侧显示了该文档的元数据信息，包括属性、日期、相关人员和相关文档等属性。

元数据中的各属性的具体含义如下所述。

1．属性

属性是 Visio 绘图文档元数据中最基本的内容，主要用于定义 Visio 绘图文档的基本信息。在

该部分内容中，除了内容类型、大小和模板之外，其他的属性元数据都允许用户修改。

单击【属性】下拉按钮，在其下拉列表中选择【高级属性】命令，可在弹出的【属性】对话框中，进一步设置绘图文档的元数据。

2．日期和相关人员

日期是一种特殊的元数据，主要用于存储绘图文档的创建时间和修改时间，默认状态下不允许用户对其进行更改。

相关人员元数据主要用于存储绘图文档的作者，以及项目的协调者信息。

3．相关文档

相关文档元数据是与该绘图文档相关的其他文档数据。单击【相关文档】下拉按钮，在其下拉列表中选择【添加相关文档的链接】选项，即可打开【超链接】对话框。

在该对话框中，用户可以输入需要关联文档的 URL 地址以及说明的信息，从而将该文档与绘图文档相关联。

> **提示**
>
> 在【超链接】对话框中，单击【新建】按钮，可以为绘图文档添加多个相关文档的链接。

2.5.2 删除个人信息

如果用户不希望绘图文档中包含过多的个人信息，则可以使用 Visio 2016 中的【删除个人信息】功能，删除绘图文档中的个人信息。

在绘图文档中，执行【文件】|【信息】命令，在展开的列表中单击【删除个人信息】按钮。

在弹出的【删除隐藏信息】对话框中，包含了 3 种与隐私信息相关的选项。用户可根据具体删除类型启用相应的复选框，单击【确定】按钮，即可删除个人信息。

> **提示**
>
> 在【删除隐藏信息】对话框中，激活【文件大小缩减】选项卡，即可缩减绘图文档的大小。

Visio 2.6 保存和保护绘图文档

创建并编辑 Visio 绘图文档之后，可以通过其　保存功能，保存绘图文档以防止不当操作而造成的数据丢失。除此之外，还可以通过保护功能，保护文档内容被恶意篡改。

2.6.1 保存绘图文档

在 Visio 中，除了使用常规的方式手动保存绘图文档之外，用户还可以使用内置的"自动保存"功能，设置文档的自动保存间隔，以达到保护文档的目的。

1．手动保存绘图文档

对于从未保存过的绘图文档，可以执行【文件】|【另存为】命令，或单击【快速访问工具栏】中的【保存】按钮。在展开的【另存为】页面中，选择【浏览】信息。

提示

用户也可以在【另存为】页面中，选择【这台电脑】选项，并在右侧的列表中选择具体保存位置。

然后，在弹出的【另存为】对话框中，设置保存位置、保存类型和文件名，单击【保存】按钮即可。

技巧

用户也可以通过 Ctrl+S 快捷键的方法，来快速保存绘图文档。

在【另存为】对话框中，单击【保存类型】下拉按钮，在其下拉列表中显示了 25 种保存类型，具体情况如下表所示。

类 型	扩展名	说 明
Visio 绘图	.vsdx	表示以当前的文件格式保存 Visio 文件
Visio 模板	.vstx	可将当前文件保存为模板，用于新的绘图
Visio 模具	.vssx	可将当前文件保存为包含主控形状的模具
Visio 启用宏的绘图	.vsdm	可将当前文件保存为启用宏功能的绘图文档
Visio 启用宏的模具	.vssm	可将当前文件保存为包含主控形状且启用宏功能的模具
Visio 启用宏的模板	.vstm	可将当前文件保存为具有宏功能的模板
Visio 2003-2010 绘图	.vsd	可将当前文件保存为 2003-2010 版的绘图文件
Visio 2010 Web 绘图	.vdw	可将当前文件保存为 2010 版 Web 绘图的格式，即使没有安装 Visio，也可以在浏览器中打开
Visio 2003-2010 模具	.vss	可将当前文件保存为 2003-2010 版的绘图模具
Visio 2003-2010 模板	.vst	可将当前文件保存为 2003-2010 版的绘图模板
可缩放的向量图形	.svg	可将当前文件保存为支持 W3C2-D 形状标准的图形文件或压缩图形文件
可缩放的向量图形-已压缩	.svgz	
AutoCAD 绘图	.dwg	可将当前文件保存为 CAD 格式的图形文件
AutoCAD 交换格式	.dxf	

续表

类　型	扩展名	说　　明
Web 页	.htm 与.html	可将当前文件保存为网页格式的文件,便于在网站中发布
JPEG 文件交换格式	.jpg	可将当前文件保存为 jpg 格式的图片文件
PDF	.pdf	可将当前文件保存为 PDF 格式的文件
Tag 图像文件格式	.tif	可将当前文件保存为适用于打印出版的文件
Windows 图元文件	.wmf	可将当前文件保存为矢量格式的图形文件
Windows 位图	.bmp 与.dib	可将当前文件保存为位图文件
XPS 文档	.xps	可将当前文件保存为 XPS 文档格式的文件
可移植网络图形	.png	可将当前文件保存为适用于 Web 浏览器的图形文件
图形交换格式	.gif	可将当前文件保存为适用于网站显示的彩色图形文件
压缩的增强型图元文件	.emz	可将当前文件保存为矢量格式和位图信息的文件
增强型图元文件	.emf	

2. 自动保存文档

执行【文件】|【选项】命令,在弹出的【Visio 选项】对话框中,激活【保存】选项卡,启用【保存自动恢复信息时间间隔】复选框,并设置间隔时间。

2.6.2　保护绘图文档

制作绘图文档之后,可以通过保护文档或形状的方法,来防止文档被其他人查看或编辑。

1. 保护整个文档

在使用文档保护设置之前,需要先添加【开发工具】选项卡。执行【文件】|【选项】命令,激活【高级】选项卡。在【常规】列表中,启用【以开发人员模式运行】复选框即可。

然后,在【开发工具】选项卡的【显示/隐藏】选项组中,启用【绘图资源管理器】复选框,右击需要保护的文档名称,执行【保护文档】命令。

最后,在弹出的【保护文档】对话框中,启用需要保护的选项,单击【确定】按钮,即可保护该文档。

在【保存文档】对话框中，主要包括下列选项：

- **样式** 该选项可以阻止创建新样式或编辑已有的样式，但可应用【样式】属性。
- **背景** 该选项可以阻止删除或编辑背景页。
- **形状** 该选项可以阻止选择形状。
- **主控形状** 该选项可以阻止创建、编辑或删除主控形状，但可以创建主控形状实例。

- **预览** 该选项可以阻止在更改绘图页内容时对预览图形的更改。

2．保护形状

选择文档中的形状，执行【开发工具】|【形状设计】|【保护】命令，在弹出的【保护】对话框中，启用需要保护的内容，单击【确定】按钮即可保护绘图中的形状。

2.7 练习：制作工作日历图

Visio 具有强大的绘图功能，不仅可以绘制甘特图、组织结构图、网络图等一些专业化图表，还可以根据日期和日历生成类似台历的数据表格，并允许用户为每日添加各种任务标记，从而排列工作任务，备忘重要事务。在本练习中，将使用 Visio 内置的日历模板来制作一个工作日历图。

练习要点

- 创建模板文档
- 添加形状
- 添加事件
- 设置主题
- 设置绘图页背景
- 设置标题和边框
- 保存绘图文档

操作步骤

STEP|01 创建模板文档。执行【文件】|【新建】命令，在展开的【新建】页面中选择【类别】选项，在展开的列表中选择【日程安排】选项。

STEP|02 然后，在展开的列表中双击【日历】选项，创建日历模板。

STEP|03 添加绘图形状。将【日历形状】模具中的"月"形状拖到绘图页中，在弹出的【配置】对话框中，设置日历选项。

STEP|04 将"约会"形状拖到绘图页中，在弹出的【配置】对话框中，设置事件选项。

STEP|05 将"多日事件"形状拖到绘图页中，在弹出的【配置】对话框中设置事件选项，并双击该形状输入事件内容。

STEP|06 将"任务"形状拖到绘图页中，双击形状输入说明性文本。

STEP|07 将"会议"形状拖到绘图页中，并双击形状输入说明性文本。

STEP|08 将"假期"形状拖到绘图页中，双击形状输入说明性文本。复制多个形状，并调整形状的具体位置。使用同样方法，添加其他形状。

STEP|09 设置主题和背景效果。执行【设计】|【主题】|【主题】|【丝状】命令，为绘图页设置主题效果。

STEP|10 执行【设计】|【背景】|【背景】|【实心】命令，设置绘图页的背景效果。

STEP|11 设置边框和标题。执行【设计】|【背景】|【边框和标题】|【平铺】命令，为绘图页添加边框和标题。

STEP|12 然后，选择"背景-1"页标签，选择标题形状，输入标题文本。

STEP|13 保存绘图文档。执行【文件】|【另存为】命令，在展开的列表中选择【浏览】选项。

STEP|14 然后，在弹出的【另存为】对话框中，选择保存位置，设置保存名称和类型，单击【保存】按钮，保存绘图文档。

2.8 练习：制作垃圾回收利用示意图

　　流程图等图表类型是 Visio 中最常见的绘图类型，被广泛应用到各个领域中。通过该类型的图表，不仅可以以图形的方式直观地显示事物的结构和元素，而且可以直观地显示组织中的人员、操作、业务及部门之间的相互关系。在本练习中，将通过制作"垃圾回收利用示意图"图表，来详细介绍流程图的制作方法。

练习要点
- 创建模板文档
- 添加形状
- 调整形状
- 连接形状
- 调整连接线
- 设置主题
- 设置变体
- 设置绘图页背景
- 设置边框和标题

操作步骤 ▶▶▶

STEP|01 创建模板文档。执行【文件】|【新建】命令，在展开的【新建】页面中选择【基本框图】选项。

STEP|02 然后，在弹出的对话框中，单击【创建】按钮，创建模板文档。

STEP|03 添加形状。将【基本形状】模具中的"矩形"形状拖到绘图页中，将鼠标放置形状四周的控制点上，拖动鼠标调整形状的大小。

STEP|04 双击形状，激活形状文本状态，输入形状文本。

STEP|05 选择形状，在【开始】选项卡【字体】选项组中，设置字体大小并执行【加粗】命令。

STEP|06 使用同样的方法，添加多个"矩形"形状，为各个形状添加文本，并调整形状的具体位置。

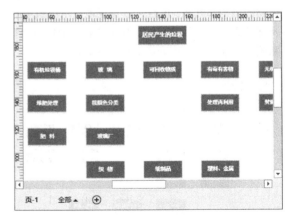

STEP|07 连接形状。执行【开始】|【工具】|【连接线】命令，拖动鼠标连接第 1 个和第 2 个形状。同样方法，连接其他形状。

STEP|08 执行【开始】|【工具】|【指针工具】命令,调整到指针工具状态下,选择连接线,拖动连接线中的控制点,调整连接线的具体位置。

STEP|09 设置主题和背景效果。执行【设计】|【主题】|【主题】|【离子】命令,为绘图页设置主题效果。

STEP|10 同时,执行【设计】|【变体】|【变体】|【离子,变量 2】命令,设置变体效果。

STEP|11 执行【设计】|【背景】|【背景】|【活力】命令,设置绘图页的背景效果。

STEP|12 设置边框和标题。执行【设计】|【背景】|【边框和标题】|【方块】命令,为绘图页添加边框和标题。

STEP|13 选择"背景-1"页标签,选择标题形状,输入标题文本。

体】|【加粗】命令，设置文本的字体格式。

STEP|14 然后，选择标题文本，执行【开始】|【字

2.9 新手训练营

练习 1：制作公司部门示意图
downloads\2\新手训练营\公司部门示意图

提示：本练习中，首先执行【文件】|【新建】命令，双击【基本框图】选项，创建模板文档。然后，将【基本形状】模具中的"矩形"形状添加到绘图页中，调整形状大小、位置和填充格式。同时双击形状，输入形状文本并设置文本的字体格式和方向。最后，使用【连接线】工具连接各个形状，右击连接线，将部分连接线设置为"直线"连接线。同时，执行【设计】|【背景】|【背景】|【世界】命令，设置绘图页的背景效果。

练习 2：制作三维扫描流程图
downloads\2\新手训练营\三维扫描流程图

提示：本练习中，首先执行【文件】|【新建】命令，选择【类别】选项，在展开的列表中双击【框图】

选项，创建模板文档。然后，将【具有凸起效果的块】模具中的"圆形"和"水平条"形状添加到绘图页中，调整其大小、位置和填充颜色，双击形状输入形状文本并设置文本的字体格式。同时，将"普通箭头""弯曲箭头"等形状添加到绘图页中，调整其方向、大小和填充颜色。最后，执行【设计】|【背景】|【背景】和【边框和标题】命令，设置绘图页的背景和标题样式。

练习 3：制作生产销售流程图
downloads\2\新手训练营\生产销售流程图

提示：本练习中，首先执行【文件】|【新建】命令，选择【类别】选项，同时选择【流程图】选项。在展开的列表中双击【工作流程图-3D】选项，创建模板文档。然后，在【部门-3D】模具中的形状添加到绘图页中，调整大小并排列形状。同时，双击形状输入说明性文本。将【箭头】模具中的"普通箭头"

形状添加到绘图页中，连接各个部门形状。最后，执行【设计】|【背景】|【背景】和【边框和标题】命令，设置绘图页的背景和标题样式。

练习 4：制作网站建设流程图

downloads\2\新手训练营\网站建设流程图

提示：本练习中，首先执行【文件】|【新建】命令，选择【类别】选项，同时选择【流程图】选项，并双击【基本流程图】选项创建模板文字。然后，将【基本流程图形状】模具中的相应形状添加到绘图页中，调整大小和位置，设置形状填充颜色，输入文本并设置文本的字体格式。同时，使用【连接线】工具连接各个形状，并设置线条的颜色和箭头样式。最后，执行【设计】|【背景】|【背景】和【边框和标题】命令，设置绘图页的背景和标题样式。

练习 5：制作网站建设前期准备图

downloads\2\新手训练营\网站建设前期准备图

提示：本练习中，首先执行【文件】|【新建】命令，双击【基本框图】命令，创建模板文档。在【形状】窗格中，单击【更多形状】选项，添加【数据流

图表形状】模具。然后，将相应的形状添加到绘图页中调整大小和位置，输入文本并设置形状的填充和阴影效果。最后，将"可变箭头"形状添加到绘图页中，连接各形状。同时，执行【设计】|【背景】|【背景】和【边框和标题】命令，设置绘图页的背景和标题样式。

练习 6：设置占位符的渐变填充效果

downloads\2\新手训练营\渐变填充

提示：本练习中，首先执行【文件】|【新建】命令，选择【类别】选项，并选择【网络】选项，双击【详细网络图-3D】选项，创建模板文档。然后，将相应的形状添加到绘图页中，连接各个形状，调整形状位置并输入形状文本。同时，使用【文本块】工具，输入 IP 信息文本，并设置文本的字体格式。

最后，执行【设计】|【背景】|【背景】和【边框和标题】命令，设置绘图页的背景和标题样式。

第 **3** 章

应用 Visio 形状

在 Visio 绘图文档中，形状是构成各类图表的基本元素。Visio 根据模板类型分别内置了相对应的多种形状，以方便用户根据绘图方案将不同类型的形状拖放到绘图页中，并利用形状手柄、行为等功能精确、灵活地排列、组合、调整与连接形状。除此之外，用户还可以使用 Visio 内置的绘图工具，轻松绘制各种类型的形状，以弥补内置形状的不足。在本章中，将详细介绍 Visio 形状的有关知识。

3.1 形状概述

Visio 中的所有图表元素都称作形状，其中包括插入的图片、公式及绘制的线条与文本框。Visio 绘图的整体逻辑思路，即是将各个形状按照一定的顺序与设计拖放到绘图页中。

3.1.1 形状分类

在 Visio 中，形状表示对象和概念。根据形状不同的行为方式，可以将形状分为一维与二维两种类型。

1．一维形状

一维形状像线条一样，其行为也与线条类似。Visio 中的一维形状具有起点和终点两个端点。

一维形状具有以下特征：

- ❑ **起点**　是空心的方块。
- ❑ **终点**　是实心的方块。
- ❑ **连接作用**　可粘附在两个形状之间，具有连接的作用。
- ❑ **选择手柄**　部分一维形状中具有选择手柄，可以通过选择手柄调整形状的外形。
- ❑ **拖动形状**　当用户拖动形状时，只能改变形状的长度或位置。

2．二维形状

二维形状具有两个维度，选择该形状的时候没有起点和终点，其行为类似于矩形。

二维形状具有以下特征：

- ❑ **手柄**　具有 8 个选择手柄，其手柄分别位于形状的角与边上。
- ❑ **形态**　根据形状的填充效果，二维形状可以是封闭的也可以是开放的。
- ❑ **选择手柄**　拐角上的选择手柄可以改变形状的长度与宽度。

3.1.2 形状手柄

形状手柄是形状周围的控制点，只有当形状处于被选中状态时，才会显示形状手柄。在 Visio 中，形状手柄可分为选择手柄、控制手柄、锁定手柄等类型。

1．选择手柄

选择手柄是 Visio 中最基本的手柄。选择形状时，在形状周围将显示 8 个"空心方块"□，这些方块被称作"选择手柄"。

选择手柄的作用主要包括两项,即标识形状被选中的状态,以及允许用户调整形状的尺寸。当用户将鼠标置于选择手柄上时,按住鼠标进行拖曳操作,即可更改形状的尺寸。另外,按住 Ctrl 键后再执行该操作,可对形状进行等比例缩放。

2．旋转手柄

旋转手柄也是所有形状共有的手柄,每一个形状只拥有一个旋转手柄。选择形状时,在形状顶端出现的"圆形符号" ⚙ 即为旋转手柄。当用户将鼠标光标置于旋转手柄上方时,鼠标光标将转换为旋转箭头形状🖑。此时,用户即可拖曳鼠标旋转形状。

3．控制手柄

控制手柄是一种特殊的手柄,它只存在于一些允许用户调节外形的形状中,主要用来调整形状的角度和方向。只有部分形状具有控制手柄,并且不同形状上的控制手柄具有不同的改变效果。

当用户选择形状时,形状上出现的"黄色方块图案" □ 即为控制手柄。例如,在【箭头形状】的"可伸缩的箭头"形状中,就提供了多个控制手柄,允许用户调节形状的外形。

4．锁定手柄

表示所选形状处于锁定状态,用户无法对其执行调整大小或旋转等操作。选择形状时,在形状周围出现的"带斜线的方块"⊠即为锁定手柄。用户只需执行【形状】|【组合】|【取消组合】命令,即可解除形状的锁定状态。

5．控制点和顶点

控制点是存在于一些特殊曲线中的手柄,其作用是控制曲线的曲率。在使用【铅笔】工具绘制线条、弧线形状时,形状上出现的"原点"称为控制点,拖动控制点可以改变曲线的弯曲度,或弧度的对称性。而形状上两头的顶点方块可以扩展形状,从顶点处拖动鼠标可以继续绘制形状。

另外,用户还可以通过添加或删除顶点来改变形状。将形状拖动到绘图页中,执行【开始】|【工具】|【铅笔】命令,按住 Ctrl 键单击形状边框,即可为形状添加新的顶点,拖动顶点即可改变形状。

Visio 3.2　获取形状

在使用 Visio 制作绘图时，每个模板中都包含了本模板相对应的形状，当模板中的形状无法满足用户需求时，则可以添加其他模具中的形状。除此之外，用户还可以利用"搜索"与"添加"功能，使用网络或本地文件夹中的形状。

3.2.1　添加模具形状

模具是 Visio 中提供的一种图形素材格式，用于包含各种图形元素或图像。Visio 根据不同的模板文档提供了相对应的模具供用户选择和调用。

1．使用模板中的模具

在使用 Visio 创建基于模板的绘图文档后，Visio 将自动打开与该模板适配的模具，将其显示到【形状】窗格中。例如，执行【文件】|【新建】命令，在展开的列表中双击【基本框图】模板，创建该模板。

此时，在【形状】任务窗格中，将显示【基本流程图形状】和【跨职能流程图形状】模具，选择相应的形状拖到绘图页中，即可组建流程图图表。

2．使用其他分类模具

在依据模板创建绘图文档后，用户还可以将其他模板所应用的模具分类添加到【形状】窗格中。

在【形状】任务窗格中单击【更多形状】下拉按钮，在其列表中执行相应的命令，即可将其添加到下方的模具列表中。

例如，在"基本流程图"模板中，单击【更多形状】下拉按钮，在其列表中执行【常规】|【日程安排】|【日程表形状】命令，即可将"日程表形状"添加到该模具中。

3.2.2 绘制形状

在 Visio 中，任何图表都是由各种形状组成的。使用 Visio 可以方便地绘制直线、矩形、圆形等各种几何形状，并将形状组成图形。

1．绘制直线形状

执行【开始】|【工具】|【线条】命令，在绘图页中拖动鼠标绘制线段，释放鼠标即可。

另外，还可以使用"线条"工具绘制相互连接的线段和闭合形状。

❏ **相互连接的线段** 在绘制线段的一个端点处继续绘制直线，则可以绘制一系列相互连接的线段。

❏ **闭合形状** 单击系列线段的最后一条线段的端点，并拖动至第一条线段的起点，即可绘制闭合形状。

> **注意**
> 绘制线段形状后，在线段的两端分别以绿色的方框显示起点与终点。而绘制一系列相连的线段后，在每条线段的端点都以绿色的菱形显示。

2．绘制弧线形状

执行【开始】|【工具】|【弧形】命令，在绘图页中单击一个点，拖动鼠标即可绘制一条弧线。

3．使用"我的形状"模具

当用户需要绘制一些专业性图表时，可以使用共享或下载的模具来绘制图表。

使用该类型的模具时，首先需要将模具共享或将下载的模具文件复制到指定的目录中。然后，单击【形状】任务窗格中的【更多形状】下拉按钮，在列表中执行【我的形状】|【组织我的形状】命令，即可在子菜单中选择新添加的形状。

4．使用搜索形状

Visio 为用户提供了搜索形状的功能，使用该功能可以从本地或网络中搜索到相应的形状。

在【形状】任务窗格中，激活【搜索】选项卡，在【搜索形状】文本框中输入需要搜索形状的名称，单击右侧的【搜索】按钮即可。

然后，执行【开始】|【工具】|【铅笔】命令，拖动弧线离心手柄的中间点即可调整弧线的曲率大小。

注意

绘制弧线形状之后，使用"铅笔"工具拖动外出的离心率手柄，即可调整弧线形状。

3．绘制曲线形状

执行【开始】|【工具】|【任意多边形】命令，在绘图页中单击一个点并随意拖动鼠标，释放鼠标后即可绘制一条平滑的曲线。

若用户想绘制出平滑的曲线，则需要在绘制曲线之前，执行【文件】|【选项】命令，在【Visio 选项】对话框中激活【高级】选项卡，设置曲线的精度与平滑度。

另外，还需要执行【视图】|【视觉帮助】|【对话框启动器】命令，在弹出的【对齐和粘贴】对话框中，禁用【当前活动】选项组中的【对齐】复选框。

4．绘制闭合形状

闭合形状包括"矩形""正方形"和"椭圆""圆形"形状，执行【开始】|【工具】|【矩形】命令，拖动鼠标，当辅助线穿过形状对角线时，释放鼠标即可绘制一个正方形。同样，当拖动鼠标时，不显示辅助线时，释放鼠标即可绘制一个矩形。

用同样方法，执行【开始】|【工具】|【椭圆】命令，拖动鼠标即可绘制一个圆形或椭圆形。

注意

使用【矩形】与【椭圆】绘制形状时，按住 Shift 键即可绘制正方形与圆形。

5．使用铅笔工具

使用"铅笔工具"不仅可以绘制直线与弧线，还可以绘制多边形。

执行【开始】|【工具】|【铅笔】命令，拖动鼠标，可以在绘图页中绘制各种形状。

每种形状的绘制方法如下所示：

❏ **绘制直线** 以直线拖动鼠标即可绘制直线，直线模式下指针为右下角显示直线的十字准线⊹。

❏ **绘制弧线** 以弧线拖动鼠标即可绘制弧线，弧线模式下的指针为右下角显示弧线的十字准线⊹。

❏ **从弧线模式转换到直线模式** 移动指针到起点或终点处，当十字准线右下角的弧线消失时，以直线拖动鼠标即可转换到直线模式。

❏ **从直线模式转换到弧线模式** 移动指针到起点或终点处，当十字准线右下角的直线消失时，以直线拖动鼠标即可转换到弧线模式。

3.3 编辑形状

形状是 Visio 绘图中操作最多的元素，用户不仅可以通过单纯的调整形状位置来更改图表的布局，而且还可以通过旋转、对齐和组合形状来更改图表的整体类型。

3.3.1 选择形状

在 Visio 中对形状进行操作之前，需要先选择相应形状。一般情况下，用户可以使用下列方法来选择不同区域和类型的形状。

1. 选择多个不连续的形状

执行【开始】|【编辑】|【选择】|【选择区域】或【套索选择】命令，使用鼠标在绘图页中绘制矩形或任意样式的选择轮廓，释放鼠标后即可选择该轮廓内的所有形状。

2. 按类型选择形状

执行【开始】|【编辑】|【选择】|【按类型选择】命令，在弹出的【按类型选择】对话框中，用户可以设置所要选择形状的类型。

【按类型选择】对话框中包含有 3 种选择方式，其作用如下。

❏ **形状类型** 根据形状的性质来确定选择的形状。

❏ **形状角色** 选择连接线、容器和标注等特殊形状。

❏ **图层** 根据用户分划的图层，显示形状的列表并供用户选择。

3．选择其他形状

除了上述操作之外，用户还可以通过下面几种方法来选择单个或多个形状：

- **选择单个形状**　执行【开始】|【工具】|【指针工具】命令，将鼠标置于需要选择的形状上，当光标变为"四向箭头"时，单击即可选择该形状。
- **选择多个连续的形状**　使用【指针工具】命令，选择第一个形状后，按住 Shift 或 Ctrl 键逐个单击其他形状，即可依次选择多个形状。
- **选择所有形状**　执行【开始】|【编辑】|【选择】|【全选】命令，或按下 Ctrl+A 快捷键即可选择当前绘图页内的所有形状。

3.3.2　移动形状

在 Visio 中，用户不仅可以使用鼠标拖曳的方法，直接移动形状，还可以借助一些工具来精确地移动一个或多个形状，从而使绘图页更加整齐。

1．设置"参考线"

用户可以使用"参考线"工具同步移动多个形状。首先，单击【视图】选项卡的【视觉帮助】选项组中的【对话框启动器】按钮，在弹出的【对齐和粘贴】对话框中，启用【对齐】与【粘附】选项组中的【参考线】复选框。

然后，使用鼠标拖动垂直标尺边缘处到绘图页中，创建一条垂直参考线。将绘图页中的各个形状拖动到参考线上，当参考线上出现绿色方框时，表

示形状与参考线相连。此时，拖动参考线即可同步移动多个形状。

技巧

在绘图页中选择参考线，可按下 Delete 键对其进行删除。

2．使用【大小和位置】窗口

在 Visio 中，还可以根据形状所在绘图页位置的 X 与 Y 轴来精确地移动形状。方法是，选择形状，执行【视图】|【显示】|【任务窗格】|【大小和位置】命令，在【大小和位置】窗口中修改【X】和【Y】文本框中的数值即可。

3.3.3　旋转与翻转形状

旋转形状是将形状围绕一个中心点进行转动，而翻转形状则是改变形状的垂直或水平方向，即生成形状的镜像。

1．旋转形状

选择形状，执行【开始】|【排列】|【位置】|【旋转形状】命令，在其级联菜单中选择相应的选项即可。

技巧

选择形状，将鼠标置于形状上方的旋转手柄上，当光标变成"选择形状"时ↄ，拖动鼠标即可。

另外，选择需要旋转的形状，执行【视图】|【显示】|【任务窗格】|【大小和位置】命令，在【旋转中心点位置】下拉选择列表中选择相应的选项即可。

2．翻转形状

在绘图页中，选择要翻转的形状，执行【开始】|【排列】|【位置】|【旋转形状】|【垂直翻转】或【水平翻转】命令，即可生成所选形状的水平镜像。

3.3.4　组合与叠放形状

Visio 为用户提供了"组合"和"叠放"形状功能，通过"组合"功能可以将多个形状合并为一个形状，以方便用户对整体形状的操作。而"叠放"形状则是调整相同位置中一个形状的上下摆放顺序，以展示各个形状的最佳效果。

1．组合形状

组合形状是将多个形状合并成一个形状。选择需要组合在一起的多个形状，执行【开始】|【排列】|【组合】|【组合】命令即可。

注意

选择形状之后，右击形状，执行【组合】|【组合】命令来组合形状。同时，可通过执行【组合】|【取消组合】命令，取消已组合的形状。

2．叠放形状

当多个形状叠放在一起时，为了突出图表效果，需要调整形状的显示层次。选择需要调整层次的形状，执行【开始】|【排列】|【置于顶层】或【置于底层】命令即可。

另外,【置于顶层】命令中还包括【上移一层】 命令,而【置于底层】命令还包括【下移一层】命令。

3.4 排列形状

排列形状是指设置形状的对齐、分布和布局配置方式,不仅可以以横向和纵向均匀地对齐和分布形状,还可以以不同的放置样式、方向和间距来排列形状。

3.4.1 对齐形状

对齐形状是沿水平轴或纵轴对齐所选形状。选择需要对齐的多个形状,执行【开始】|【排列】|【排列】命令,在级联菜单中选择相应的选项即可对形状进行水平对齐或垂直对齐。

在【排列】命令中,主要包括自动对齐、左对齐、右对齐等 7 种选项,其各个选项的功能如下表所示。

图标	对齐方式	对 齐 基 准
	自动对齐	为系统的默认选项,可以移动所选形状来拉伸连接线
	左对齐	以主形状的最左端为基准,对齐所选形状
	水平居中	以主形状的水平中心线为基准,对齐所选形状
	右对齐	以主形状的最右端为基准,对齐所选形状
	顶端对齐	以主形状的顶端为基准,对齐所选形状
	垂直居中	以主形状的垂直中心线为基准,对齐所选形状
	底端对齐	以主形状的底部为基准,对齐所选形状

3.4.2 分布形状

分布形状是在绘图页上均匀地隔开三个或多个选定的形状。Visio 中的形状分为垂直分布和水平分布两种情况,垂直分布通过垂直移动形状,可以让所选形状的纵向间隔保持一致;而水平分布通过水平移动形状,能够使所选形状的横向间隔保持一致。

执行【开始】|【排列】|【位置】|【横向分布】或【纵向分布】命令,自动分布形状。另外,用户还可以执行【开始】|【排列】|【位置】|【其他分布选项】命令,在弹出的【分布形状】对话框中,对形状进行水平分布或垂直分布。

【分布形状】对话框中的各项选项的功能如下表所示。

选项组	按钮	选 项	说 明
垂直分布		垂直分布形状	将相邻两个形状的底部与顶端的间距保持一致
		靠上垂直分布形状	将相邻两个形状的顶端与顶端的间距保持一致

续表

选项组	按钮	选 项	说 明
垂直分布		垂直居中分布形状	将相邻两个形状的水平中心线之间的距离保持一致
		靠下垂直分布形状	将相邻两个形状的底部与底部的间距保持一致
水平分布		水平分布形状	将相邻两个形状的最左端与最右端的间距保持一致
		靠左水平分布形状	将相邻两个形状的最左端与最左端的间距保持一致
		水平居中分布形状	将相邻两个形状的垂直中心线之间的距离保持一致
		靠右水平分布形状	将相邻两个形状的最右端与最右端的间距保持一致
创建参考线并将形状粘附到参考线			启用该选项后，当用户移动参考线时，粘附在该参考线上的形状会一起移动

3.4.3 设置形状布局

Visio 为用户提供了多种类型的布局，在使用布局制作图表时，需要根据图表内容调整布局中形状的排列方式。

1. 重新布局形状

重新布局形状是按照流程图、层次结构、压缩树、径向和圆形等样式，重新定位绘图页中的形状，以设置图表的整体布局。

执行【设计】|【版式】|【重新布局页面】命令，在其级联菜单中选择相应的选项即可。

另外，执行【设计】|【版式】|【重新布局页面】|【其他布局选项】命令，在弹出的【配置布局】对话框中可以设置布局选项。

该对话框中各项选项的功能如下所述：

❑ **放置样式** 设置排放形状的样式。使用预览可查看所选设置是否可达到所需的效果。对于没有方向的绘图（如网络绘图），可以使用"圆形"样式。

❑ **方向** 设置用于放置形状的方向。只有当使用"流程图""压缩树"或"层次"样式时，此选项才会启用。

❑ **对齐** 设置形状的对齐方式。只有当使用"层次"样式时，此选项才会启用。

❑ **间距** 设置形状之间的间距。

❑ **连接线样式** 设置用于连接形状的路径或路线的类型。

❑ **外观** 指定连接线是直线还是曲线。

❑ **将排列样式应用到连接线** 启用该选项，

可以将所选的连接线样式和外观应用到当前页的所有连接线中，或仅应用于所选的连接线。

❑ **放大页面以适合绘图**　选中此复选框可在自动排放形状时放大绘图页以适应绘图。

❑ **将设置应用于**　启用【选定内容】选项时，可以将布局仅仅应用到绘图页中选定的形状。启用【当前页】选项时，可以将布局应用到整个绘图页中。

2．设置布局和间隔

执行【设计】|【页面设置】|【对话框启动器】命令，在弹出的【页面设置】对话框中激活【布局与排列】选项卡，单击【间距】按钮。在弹出的【布局与排列间距】对话框中，设置布局与排列的间距值。

在该对话框中，主要包括下列几种选项：

❑ **形状间的距离**　指定形状之间的间距。

❑ **平均形状大小**　指定绘图中形状的平均大小。

❑ **连接线到连接线**　指定连接线之间的最小间距。

❑ **连接线到形状**　指定连接线和形状之间的最小间距。

3．配置形状的布局行为

布局行为是指定二维形状在自定布局过程中的行为。选择布局形状，执行【开发工具】|【形状设计】|【行为】命令，在弹出的【行为】对话框的【放置】选项卡中，设置布置行为选项即可。

在该对话框中，主要包括下列选项：

❑ **放置行为**　决定二维形状与动态连接线交互的方式。

❑ **放置时不移动**　指定自动布局过程中形状不应移动。

❑ **允许将其他形状放置在前面**　指定自动布局过程中其他形状可以放置在所选形状前面。

❑ **放下时移动其他形状**　指定当形状移动到页面上时是否移走其他形状。

❑ **放下时不允许其他形状移动此形状**　指定当其他形状拖动到页面上时不移动所选形状。

❑ **水平穿绕**　指定动态连接线可水平穿绕二维形状（一条线穿过中间）。

❑ **垂直穿绕**　指定动态连接线可垂直穿绕二维形状（一条线穿过中间）。

Visio 3.5　连接形状

在绘制图形的过程中，需要将多个相互关联的形状结合在一起，以构成完整的结构。此时，用户可以使用 Visio 中的"连接线"工具、"连接符"形状或"自动连接"功能,自动或手动连接各个形状。

3.5.1 自动连接形状

Visio 为用户提供了自动连接功能,利用自动连接功能可以将所连接的形状快速添加到图表中,并且每个形状在添加后都会间距一致并且均匀对齐。

除了使用自动连接功能之外,用户还需要通过执行【视图】|【视觉帮助】|【自动连接】命令,启用自动连接功能。

然后,将指针放置在绘图页形状上方,当形状四周出现"自动连接"箭头时,指针旁边会显示一个浮动工具栏,单击工具栏中的形状,即可添加并自动连接所选形状。

注意

自动连接浮动工具栏中包含【快速形状】区域的前 4 个项目,但不包含一维形状。

3.5.2 手动连接形状

Visio 模板在为用户提供多类型形状的同时,还提供了"连接线"工具和"连接符"模具,以供用户连接图表形状。

1. 使用"连接符"模具

大多数模板文档中并未包含"连接符"模具,此时需要在【形状】任务窗格中,单击【更多形状】按钮,选择【其他 Visio 方案】|【连接符】选项,添加【连接符】模具,并将模具中相应的连接符形状拖动到形状的连接点上。

注意

对于部分形状(如"环形网络"形状),可以通过将控制手柄粘附在其他形状的连接点的方法,来连接形状。

2. 使用【连接线】工具

在 Visio 中,除了使用自动连接符连接形状之外,还可以使用【连接线】命令来连接各个形状。

执行【开始】|【工具】|【连接线】命令,将鼠标置于需要进行连接的形状的连接点上,当光标变为"十字型连接线箭头"时,向相应形状的连接点拖动鼠标可绘制一条连接线。

另外,在使用【连接线】工具时,用户可通过下列方法来完成以下快速操作:

- ❑ **更改连接线类型** 将连接线类型更改为直角、直线或曲线。用户可右击连接线,在快捷菜单中选择连接线类型。另外,也可以执行【设计】|【版式】|【连接线】命令,在其菜单中选择连接线类型。

❑ **保持连接线整齐**　在绘图页中选择所有需要对齐的形状，执行【开始】|【排列】|【位置】|【自动对齐和自动调整间距】命令，对齐形状并调整形状之间的间距。

❑ **更改为点连接**　更改为点连接是将连接从动态连接更改为点连接，或相反。选择相应的连接线，拖动连接线的端点，使其离开形状。然后，将该连接线放置在特定的点上来获得点连接，或者放置在形状中部来获得动态连接。

3.6　美化形状

Visio 内置了主题效果，每种主题都具有默认的形状格式，以帮助用户丰富形状颜色。除此之外，用户还可以通过设置形状填充颜色、线条样式，以及特有的棱台、发光和映像等艺术效果，来达到自定义美化形状的目的。

3.6.1　快速美化形状

Visio 内置了 42 种主题样式和 4 种变体样式，以方便用户快速美化各种形状。

选择形状，执行【开始】|【形状样式】|【快速样式】命令，在其级联菜单中选择相应的样式即可。

注意

Visio 提供的内置样式不会一成不变，它会随着"主题"样式的更改而自动更改。

另外，为形状添加主题样式之后，选择形状，执行【开始】|【形状样式】|【删除主题】命令，即可删除形状中所应用的主题效果。

3.6.2　设置填充效果

Visio 内置的形状样式取决于主题效果，所以形状样式比较单一。此时，用户可以通过自定义填充效果的方法，设置填充颜色达到美化形状的目的。

1. 设置纯色填充

选择形状，执行【开始】|【形状样式】|【填充】命令，在其级联菜单中选择一种色块即可。

在【填充】级联菜单中，主要包括主题颜色、变体颜色和标准色 3 种颜色系列。用户可以根据具体需求选择不同的颜色类型。

另外，当系统内置的颜色系列无法满足用户需求时，可以执行【填充】|【其他颜色】命令，在弹出的【颜色】对话框的【标准】与【自定义】选项卡中，设置详细的背景色。

在【渐变填充】列表中，主要包括下表中的一些选项。

选　　项	说　　明
预设渐变	用于设置系统内置的渐变样式，包括红日西斜、麦浪滚滚、金色年华等 24 种内设样式
类型	用于设置颜色的渐变方式，包括线性、射线、矩形与路径方式
方向	用于设置渐变颜色的渐变方向，一般分为对角、由内至外等不同方向。该选项根据【类型】选项的变化而改变，例如当【类向】选项为"矩形"时，该选项包括从右下角、中心辐射等选项；当【类向】选项为"线性"时，该选项包括线性对角-坐上到右下等选项
角度	用于设置渐变方向的具体角度，该选项只有在【类型】选项为"线性"时才可用
渐变光圈	用于增加或减少渐变颜色，可通过单击【添加渐变光圈】或【减少渐变光圈】按钮，来添加或减少渐变颜色
颜色	用于设置渐变光圈的颜色，需要先选择一个渐变光圈，然后单击其下拉按钮，选择一种色块即可

注意

为形状设置填充颜色之后，可执行【开始】|【形状样式】|【填充】|【无填充】命令，取消填充颜色。

2．设置渐变填充

在 Visio 中除了可以设置纯色填充之外，还可以设置多种颜色过渡的渐变填充效果。

选择形状，执行【开始】|【形状样式】|【填充】|【填充选项】命令，弹出【设置形状格式】任务窗格。在【填充线条】选项卡中，展开【填充】选项组，选中【渐变填充】选项，在其列表中设置渐变类型、方向、渐变光圈、光圈颜色、光圈位置等选项即可。

续表

选 项	说 明
位置	用于设置渐变光圈的具体位置,需要先选择一个渐变光圈,然后单击微调按钮显示百分比值
透明度	用于设置渐变光圈的透明度,选择一个渐变光圈,输入或调整百分比值即可
亮度	用于设置渐变光圈的亮度值,选择一个渐变光圈,输入或调整百分比值即可
与形状一起旋转	启用该复选框,表示渐变颜色将与形状一起旋转

3.设置图案填充

图案填充是指使用重复的水平线或垂直线、点、虚线或条纹设计作为形状的一种填充方式。在【设置形状格式】任务窗格中,选中【图案填充】选项,设置其模式、前景和背景颜色即可。

3.6.3 设置线条效果

设置形状的填充效果之后,为了使形状线条的颜色、粗细等与形状相互搭配,还需要设置形状线条效果。

1.设置线条颜色

选择形状,执行【开始】|【形状样式】|【线条】命令,在其级联菜单中选择一种色块即可。

线条颜色的设置与形状填充颜色的设置大体相同,也包括主题颜色、变体颜色和标准色 3 种颜色类型,同时可以通过执行【其他颜色】命令来自定义线条颜色。

另外,执行【线条选项】命令,可在弹出的【设置形状格式】对话框中,设置渐变线样式。

2.设置线条类型

选择形状,执行【开始】|【形状样式】|【线条】|【粗细】和【虚线】命令,在其级联菜单中选择相应的选项即可。

选择直线形状，执行【开始】|【形状样式】|【线条】|【箭头】命令，在其级联菜单中选择一种选项，即可设置线条的箭头样式。

另外，执行【线条】|【线条选项】命令，弹出【设置形状格式】任务窗格。展开【线条】选项组，设置线条的复合类型、段划线类型、圆角预设等样式。

3.6.4 设置艺术效果

艺术效果是 Visio 内置的一组具有特殊外观效果的命令集合，包括阴影、映像、发光、棱台等效果。

1．设置棱台效果

选择形状，执行【开始】|【形状样式】|【效果】|【棱台】|【圆】命令，设置形状的棱台效果。

为形状设置棱台效果之后，选择形状，执行【效果】|【棱台】|【无】命令，即可取消棱台效果。

2．设置三维旋转效果

选择形状，执行【开始】|【形状样式】|【效果】|【三维旋转】|【等轴左下】命令，设置形状的三维旋转效果。

另外，执行【效果】|【三维旋转】|【三维旋转选项】命令，在弹出的【设置形状格式】任务窗格中，可以自定义旋转样式。

> **注意**
>
> 用户还可以使用相同的操作方法，为形状设置阴影、映像、发光和柔化边缘等艺术效果。

3. 设置阴影效果

选择形状，执行【开始】|【形状样式】|【效果】|【阴影】|【左上对角透视】命令，设置形状的阴影样式。

> **提示**
>
> 用户可通过执行【效果】|【阴影】|【阴影选项】命令，在弹出的【设置形状格式】窗格中，自定义阴影效果。

Visio 3.7　形状的高级操作

Visio 除了为用户内置了编辑和美化形状功能之外，还内置了一些形状的高级操作，以满足用户组合、拆分或连接形状的特殊需求。

3.7.1　形状的布尔操作

布尔操作可以看作形状的一种运算，可以理解为逻辑学上的"与""或""非"等运算方法。在 Visio 中，布尔操作包括联合操作、组合操作、拆分操作、相交操作等 8 种操作方式。

1. 联合操作

联合操作相当于逻辑上的"和"运算，它是几个图形联合成为一个整体，是根据多个重叠形状的周长创建形状。

在绘图页中选择需要联合的形状，执行【开发工具】|【形状设计】|【操作】|【联合】命令即可。

通过观察上图可以发现将形状联合后，其内部连接点也随着联合操作而消失；并且当两个形状存在不同的填充颜色时，联合后其形状的颜色会统一为某个形状的颜色。

2. 组合操作

组合操作与普通的组合功能是两个完全不同的概念，前者合并后，将自动隐藏图形的重叠部分；而后者只是将所选的形状组合成一个整体，重叠部分将以空白的方式显示。选择需要组合的形状，执行【开发工具】|【形状设计】|【操作】|【组合】命令即可。

3. 拆分操作

拆分操作根据相交线或重叠线将多个形状拆

分为较小部分。选择绘图页中的需要拆分的形状，执行【开发工具】|【形状设计】|【操作】|【拆分】命令，然后移动拆分后的形状重新排列即可。

4．相交操作

相交操作相当于逻辑上的"或"运算，只保留几个图形相交的部分，即根据多个所选形状的重叠区域创建形状。选择相交的形状，执行【开发工具】|【形状设计】|【操作】|【相交】命令即可。

5．剪除操作

剪切操作是取消多个图形的重叠的形状，即通过将最初所选形状减去后续所选形状的重叠区域来创建形状。在绘图页中选择多个重叠的形状，执行【开发工具】|【形状设计】|【操作】|【剪除】命令即可。在执行剪除操作时，一般情况下是剪除后添加的形状区域，保留先添加的形状未重叠的区域。

6．连接操作

连接操作是将单独的多条线段组合成一个连续的路径，或者将多个形状转换成连续的线条。首先，使用【绘图】工具绘制一个由线段组成的形状，并选择所有的线段。然后，执行【开发工具】|【形状设计】|【操作】|【连接】命令即可。

7．修剪操作

修剪操作是按形状的重叠部分或多余部分来拆分形状。选择需要修剪的形状，执行【开发工具】|【形状设计】|【操作】|【修剪】命令，选择需要删除的线段或形状进行删除即可。

8. 偏移操作

在绘图页中选择需要偏移的形状，执行【开发工具】|【形状设计】|【操作】|【偏移】命令，弹出【偏移】对话框。在【偏移距离】文本框中输入偏移值即可，例如输入"5mm"偏移值。

如果用户设置较大的偏移值后，偏移后的外观可能与原始图形差别很大。

3.7.2　设置形状阵列

形状阵列是按照设置的行数与列数，来显示并排列与选中的形状一致的形状阵列。

在绘图页中选择形状，执行【视图】|【宏】|【加载项】|【其他 Visio 方案】|【排列形状】命令。在弹出的【排列形状】对话框中，设置各项选项即可。

在该对话框中，主要包括下列几种选项：

- ❑ **行间距**　指定行之间需要的间距大小，可通过输入负值的方法来颠倒排列的方向。
- ❑ **行数目**　指定形状排列的行数。
- ❑ **列间距**　指定列之间需要的间距大小，可通过输入负值的方法来颠倒排列的方向。
- ❑ **列数目**　指定形状排列的列数。
- ❑ **形状中心之间**　表示可将形状之间的距离指定为，一个形状的中心点到相邻形状的中心点之间的距离。
- ❑ **形状边缘之间**　表示可将形状之间的距离指定为，一个形状边缘上的一点到相邻形状上距该边缘最近的边缘上一点的距离。
- ❑ **与主形状的旋转保持一致**　选中此复选框可以相对于形状的旋转（不是相对于页）来放置排列。

3.7.3　使用图层

在 Visio 中，可将不同类别的图形对象分别建立在不同的图层中，使图形更有层次感。

1. 建立图层

执行【开始】|【编辑】|【图层】|【层属性】命令，在弹出【图层属性】对话框中单击【新建】按钮。弹出【新建图层】对话框，在【图层名称】文本框中输入图层名称，并单击【确定】按钮。

2. 设置图层属性

执行【开始】|【编辑】|【图层】|【层属性】

命令，在弹出的【图层属性】对话框中，可以对图层进行相应的属性设置。

在该对话框中，可以设置以下属性：

- **重命名图层** 选择需要重命名的图层，单击【重命名】按钮，在弹出的【重命名图层】对话框中输入图层名称即可。
- **隐藏图层** 选择需要隐藏的图层名称，禁用对应的【可见】复选框即可。
- **设置打印选项** 选择需要打印的图层名称，禁用对应的【打印】复选框即可。
- **锁定图层** 选择需要锁定的图层名称，禁用对应的【锁定】复选框即可。
- **对齐和粘附选项** 若要使其他形状能与图层上的形状对齐，可启用【对齐】复选框。若要使其他的形状能粘附到图层上的形状，启用【粘附】复选框。
- **为图层指定颜色** 选择需要为其指定颜色的图层，在【图层颜色】下拉列表中选择相应的选项即可。

- **删除图层** 选择需要删除的图层名称，单击【删除】按钮，在弹出的【图层属性】对话框中单击【是】按钮即可。
- **删除未引用的图层** 启用该选项表示删除未包含形状的所有图层。
- **透明度** 可以通过拖动滑块来设置图层的透明度，其透明值介于 0~100 之间。

3. 将形状分配到图层

创建并设置图层属性之后，便可以将形状分配到图层。在绘图页中选择需要分配的形状，执行【开始】|【编辑】|【图层】|【分配层】命令。在弹出的【图层】对话框中，单击【全部】按钮，即可将选定的形状指定给所有的图层。

3.8 练习：制作学习领域图

学习领域图主要用来展示某一专业所涉及的学习领域，例如对于会计课程体系来讲，其学习领域涉及职业基础能力、职业岗位能力和职业发展能力 3 个方面，而每个领域下面又有若干课程和必需技能。通过领域展示，可以让用户一目了然地了解和掌握专业课程和所涉及的具体技能。在本练习中，将通过制作会计课程体系中的"学习领域"图，来详细介绍 Visio 简单图表的制作方法。

练习要点

- 创建模板文档
- 添加形状
- 使用参考线
- 添加线条形状
- 设置形状格式
- 设置主题
- 设置绘图北京
- 设置边框与标题

操作步骤 >>>

STEP|01 创建模板文档。执行【文件】|【新建】
命令，在展开的列表中双击【基本框图】选项，创
建模板文档。

STEP|02 添加主体形状。将【基本形状】模具中
的"圆角矩形"形状拖到绘图页中，拖动形状中黄
色的手柄调整圆角角度。

STEP|03 调整形状大小，双击形状，输入形状文
本并在【开始】选项卡的【字体】选项组中，设置
文本的字体格式。使用同样方法，添加其他"圆角
矩形"形状。

STEP|04 将【基本形状】模具中的"矩形"形状
拖到绘图页中，调整其大小和位置。

STEP|05 选择形状,执行【开始】|【段落】|【文字方向】命令,更改形状的文字方向。

STEP|06 双击文字形状,在形状中输入文本,并在【字体】选项组中设置文本的字体格式。使用同样方法,添加其他"矩形"形状和"徽章"形状。

STEP|07 使用参考线。将鼠标移至横向标尺边缘处,当鼠标变成双向箭头时,向下拖动鼠标添加水平参考线至合适位置。

STEP|08 绘制线条形状。执行【开始】|【工具】|【矩形】|【线条】命令,按住 Shift 键拖动鼠标绘制左侧 3 个"矩形"形状到参考线之间的直线。

STEP|09 然后,按住 Shift 键拖动鼠标在 3 个"矩形"形状上方的参考线上,绘制一条横线直线。使用同样的方法,绘制其他直线。

STEP|10 添加箭头形状。将【箭头形状】模具中的"普通箭头"形状拖到绘图页中,使其与"圆角矩形"形状相连接。

STEP|11 按住 Shift 键调整"箭头形状"的长度，同时拖动黄色的手柄调整形状的宽度。

STEP|12 同时选中"圆角矩形"和"普通箭头"形状，调整其具体位置，使"普通箭头"形状接近直线。使用同样方法，添加其他"普通箭头"形状。

STEP|13 设置形状格式。选择所有的主体形状，执行【开始】|【形状样式】|【效果】|【棱台】|【艺术装饰】命令，设置形状的棱台效果。

STEP|14 选择所有"普通箭头"形状，执行【开始】|【形状样式】|【效果】|【棱台】|【圆】命令，设置形状的棱台效果。

STEP|15 选择所有"线条"形状，执行【开始】|【形状样式】|【效果】|【棱台】|【冷色斜面】命令，设置形状的棱台效果。

STEP|16 设置主题和背景。执行【设计】|【主题】|【主题】|【线性】命令，设置主题效果。

STEP|17 执行【设计】|【背景】|【背景】|【货币】命令，设置绘图页背景样式。

STEP|18 设置边框和标题。执行【设计】|【背景】|【边框和标题】|【凸窗】命令，为绘图页添加边框和标题。

STEP|19 最后，选择"背景-1"页标签，切换到背景页中，双击标题文本，激活文本并输入新标题文本。

3.9 练习：制作绩效考核体系图

绩效考核体系是由一组考核指标注册的评价系统，它是进行员工考核工作的基础，也是保证考核结果准确、合理的重要因素。它会根据公司考核目标的改变而改变，不同的公司所设定的考核指标也不尽相同。在本练习中，将通过运用 Visio 中的"基本框图"模板和设置形状格式等功能，来制作一个绩效考核体系图。

练习要点
- 创建模板文档
- 添加形状
- 设置形状样式
- 设置形状效果
- 添加形状文本
- 设置绘图背景
- 设置标题和边框

操作步骤

STEP|01 创建模板文档。执行【文件】|【新建】命令，在展开的列表中双击【基本框图】选项，创建模板文档。

STEP|02 添加矩形形状。将【基本形状】模具中的"矩形"形状拖到绘图页中，并调整形状大小和位置。

STEP|03 双击形状，输入形状文本，在【开始】选项卡的【字体】选项组中设置文本的字体格式。

STEP|04 在绘图页中添加多个"矩形"形状，调整形状大小和位置，输入形状文本并设置文本的字体格式。

STEP|05 添加箭头形状。将【箭头形状】模具中的"现代箭头"形状拖到绘图页中，并调整其大小和位置。

STEP|06 拖动"现代箭头"形状中的黄色手柄，调整箭头形状。使用同样方法，添加另外一个"现代箭头"形状。

STEP|07 将"普通双箭头"拖到绘图页中，调整箭头大小，输入形状文本并设置文本的字体格式。

STEP|08 在绘图页中添加多个"普通箭头"形状，在不连接各个形状的状态下调整形状大小、方向和位置。

STEP|09 设置形状样式。选择最上层和最下层两个形状，执行【开始】|【形状样式】|【快速样式】|【强烈效果-蓝色，变体着色 5】命令，设置形状样式。

STEP|10 同时选择第 3 行中的所有形状，执行【开始】|【形状样式】|【快速样式】|【强烈效果-蓝色，变体着色 6】命令，设置形状样式。

STEP|11 设置形状效果。选择最上层和最下层两个形状，执行【开始】|【形状样式】|【效果】|【棱台】|【草皮】命令，设置形状的棱台效果。

STEP|12 选择第 3 行中的所有形状，执行【开始】|【形状样式】|【效果】|【棱台】|【斜面】命令，使用同样方法设置其他形状的棱台效果。

STEP|13 添加文本框。执行【插入】|【文本】|【文本框】|【横排文本框】命令，在绘图页中绘制一个文本框。

STEP|14 在文本框中输入文本，并在【字体】选项组中设置文本的字体颜色。使用同样方法，添加其他文本框。

STEP|15 设置背景。执行【设计】|【背景】|【背景】|【技术】命令，设置绘图页背景样式。

STEP|16 设置边框和标题。执行【设计】|【背景】|【边框和标题】|【市镇】命令，为绘图页添加边框和标题，并在背景页中修改标题文本。

练习 1：制作平行线

downloads\3\新手训练营\平行线

提示：本练习中，首先创建空白文档，执行【设计】|【背景】|【背景】|【实心】命令，设置背景效果。同时，选择背景页执行【插入】|【插图】|【图片】命令，选择图片文件，单击【打开】按钮，插入背景图片并调整其大小。然后，切换到前景页中，使用【椭圆形】工具绘制一个椭圆形形状，设置形状大小和填充颜色，输入形状文本并设置文本的字体格式。同时使用【线条】工具绘制多个线条，形成平行线形状，并连接"椭圆形"形状。

最后，执行【插入】|【文本】|【文本框】|【横排文本框】命令，插入文本框，输入文本并设置文本

的字体格式。同时，选择文本框，设置文本框的填充颜色和线条样式。

练习 2：制作代理服务器网络示意图
downloads\3\新手训练营\代理服务器网络示意图

提示：本练习中，首先执行【文件】|【新建】命令，选择【类别】选项，并选择【网络】选项。在展开的列表中双击【详细网络图-3D】选项，创建模板文档。然后，在绘图页中添加相应的形状，使用【连接线】工具连接各个形状，并设置连接线的形状样式。最后，执行【设计】|【主题】|【无主题】命令，设置绘图页主题效果。同时，执行【设计】|【背景】|【背景】|【实心】命令，设置绘图页的背景样式。

练习 3：制作食物链
downloads\3\新手训练营\食物链

提示：本练习中，首先执行【文件】|【新建】命令，选择【类别】选项，并选择【商务】选项，双击【营销图表】选项，创建模板文档。同时，执行【设计】|【页面设置】|【大小】|【其他页面大小】命令，自定义页面大小。然后，将"三角形"形状添加到绘图页中，设置形状大小、位置和填充颜色。同时，插入多张图片，并调整图片的大小和位置。最后，添加【方块】模具，并将"一维单向箭头"形状添加到绘

图页中，设置形状大小和填充颜色。最后，使用【文本块】工具输入标题文本，并设置文本的字体格式。同时，执行【设计】|【背景】命令，设置绘图页的背景样式。

练习 4：制作宽带客户服务流程图
downloads\3\新手训练营\宽带客户服务流程图

提示：本练习中，首先创建【基本流程图】模板文档，执行【设计】|【页面设置】|【大小】|【其他页面大小】命令，设置页面大小。同时，执行【设计】|【主题】命令，设置绘图页的主题效果。

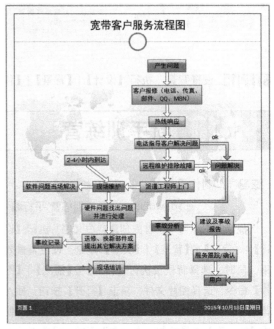

然后，将相应的形状添加到绘图页中，设置形状位置、大小和填充效果，输入文本并设置文本的字体格式。最后，执行【设计】|【背景】|【背景】和【边框和标题】命令，设置绘图页的背景和标题样式。

第 **4** 章

添 加 文 本

　　Visio 中的文本信息主要以形状中的文本或注解文本块的形式出现。通过为形状添加文本，可以清楚地说明形状的含义，还可以准确、完整地传递绘图信息，以使图表内容更加清晰。在本章中，将介绍在 Visio 绘图文档中插入文本，以及编辑文本内容的方法，以帮助读者熟练掌握文本在 Visio 中的运用技巧。

Visio 4.1 创建文本

在 Visio 中，可以直接为形状创建文本，或通过文本工具来创建纯文本，还可以通过"插入"功能来创建文本字段与注释。为形状创建文本后，可以增加图表的描述性与说明性。

4.1.1 为形状添加文本

Visio 中大部分形状都包含一个隐含的文本框，双击形状即可输入对应的文本。当形状中没有包含隐含的文本框时，可以使用"文本"工具，为形状添加文本。

1. 直接输入文本

在绘图页中双击形状，系统会自动进入文字编辑状态，在显示的文本框中直接输入相应的文字，按下 Esc 键或单击其他区域即可完成文本的输入。

> **注意**
>
> 用户也可以通过选择形状后按下 F2 键的方法，来为形状添加文本。

2. 使用文本块工具

执行【开始】|【工具】|【文本】命令，在形状中绘制文本框并输入文本。然后，选择文本块，便可以像操作形状那样对文本块进行相应的调整。

利用【文本块工具】选项，主要可以执行下列几种操作：

- ❏ **旋转文本块** 移动鼠标至旋转手柄上，当鼠标变成 形状时拖动鼠标即可。

- ❏ **移动文本块** 移动鼠标至文本块上，当鼠标变成 形状时拖动鼠标即可。

- ❏ **调整大小** 选择文本块，使用鼠标拖动选择手柄即可调整文本块的大小。

3. 使用文本框

Visio 为用户提供了文本框功能，通过该功能可以在绘图页的任意位置以添加纯文本形状的方式，为形状来添加注解、标题等文字说明。

执行【插入】|【文本】|【文本框】|【横排文本框】或【垂直文本框】命令，拖动鼠标即可绘制一个水平方向的文本框，在该文本框中输入文字即可。

4.1.2 添加文本字段

Visio 提供了显示系统日期、时间、几何图形等的字段信息，默认情况下该字段信息为隐藏状态。

执行【插入】|【文本】|【域】命令，在弹出的【字段】对话框中设置显示信息，即可将字段信息插入到形状中，变成可见状态。

在【字段】对话框中，可以设置以下几种类别的字段：

❏ **形状数据**　显示所选形状的 ShapeSheet 电子表格中"形状数据"部分存储的形状数据。用户可以定义"形状数据"信息类型与某个形状相关联。

❏ **日期/时间**　显示当前的日期和时间，或者文件创建、打印或编辑的日期和时间。

❏ **文档信息**　显示来自文件"属性"中的信息。

❏ **页信息**　使用文件"属性"信息来跟踪"背景""名称""页数"等信息。

❏ **几何图形**　显示形状的宽度、高度和角度信息。

❏ **对象信息**　使用在【特殊】对话框中输入的信息来跟踪"数据 1""数据 2""主控形状"等信息。

❏ **用户定义的单元格**　显示所选形状的 ShapeSheet 电子表格中的"用户定义的单元格"部分的"值"信息。

❏ **自定义公式**　使用【属性】对话框中的信息来跟踪"创建者""说明""文件名"等文本信息。

另外，当用户选择相应的类别与字段名称后，单击【数据格式】按钮，在弹出的【数据格式】对话框，可以设置字段的数据类型与格式。

4.1.3　添加符号文本

在实际绘制图表的工作中，往往需要为文本插入各种特殊符号内容，以添加诸如单位、制表符等内容，此时，需要使用插入符号的功能。

1. 直接插入常用符号

激活形状文本块或文本框，选择一个插入点，执行【插入】|【文本】|【符号】命令，选择相应的符号，将其添加到文本框或形状文本中。

2. 插入特殊符号

常用符号的列表中只包含了很少一部分符号内容。如用户需要插入更多的符号，可以执行【插入】|【文本】|【符号】|【其他符号】命令，在弹出的【符号】对话框中，选择一种符号样式，单击【插入】按钮插入该符号。

□ **符号**　在【符号】选项卡中，用户可在对话框右下角选择【来自】字符集，包括 Unicode、十六进制的 ASCII 和十进制的 ASCII 以及简体中文 GB18030 等 4 种字符集，并根据其左侧的【字符代码】来快速选择符号。在选择字符集之后，还可以选择所使用的【字体】以及【子集】的分类，从而详细地定义字符的位置。

□ **特殊字符**　对于一些常用但在符号表中难以查找的特殊字符，可在【特殊字符】选项卡中检索。

在【符号】对话框中，主要包含了下列两种选项卡：

Visio 中的文本类似于 Word 中的文本，不仅可以通过复制、移动或删除等操作来编辑文本内容；还可以通过查找、替换功能来查找并统一替换相对应的文本。

4.2.1　选择、复制和移动文本

文本的基础编辑是对文本进行复制、粘贴、剪切等基础操作，但在编辑文本之前还需要先了解一下选择文本的操作方法。

1．选择文本

在编辑文本之前，首先需要选择需要编辑的文本块。用户可以通过下列方法来选择文本：

□ **直接双击文本**　双击需要编辑文本的形状，即可选择文字。

□ **利用工具选择文本**　选择需要编辑文本的形状，执行【开始】|【工具】|【文本】命令，即可选择文字。

□ **利用快捷键选择文本**　选择需要编辑文本的形状，按下 F2 键即可选择文字。

2．复制和移动文本

复制文本是将原文本的副本放置到其他位置中，原文本保持不变。用户可用下列方法复制文本：

□ **使用命令**　选择需要复制的文本，执行【开始】|【剪贴板】|【复制】命令。选择放置位置，执行【开始】|【剪贴板】|【粘贴】|【粘贴】命令即可。

□ **使用快捷命令**　选择需要复制的文本，右击执行【复制】命令。选择放置位置，右击执行【粘贴】命令即可。

□ **使用鼠标**　选择需要复制的文本，按住 Ctrl 键并拖动文本块，释放鼠标即可。

□ **使用快捷键**　选择需要复制的文本，按下 Ctrl+C 快捷键复制文本。选择放置位置，按下 Ctrl+V 快捷键粘贴文本即可。

移动文本是指改变文本的放置位置，可用下列方法移动文本：

□ **使用命令**　选择需要复制的文本，执行【开始】|【剪贴板】|【剪切】命令。选择放置位置，执行【开始】|【剪贴板】|【粘贴】|【粘贴】命令即可。

□ **使用快捷命令**　选择需要复制的文本，右击执行【剪切】命令。选择放置位置，右

击执行【粘贴】命令即可。

- ❑ **使用鼠标**　选择需要复制的文本，当光标变成"四向箭头" ✛ 时拖动文本块，释放鼠标即可。

- ❑ **使用快捷键**　选择需要复制的文本，按下 Ctrl+X 快捷键复制文本。选择放置位置，按下 Ctrl+V 快捷键粘贴文本即可。

技巧

复制文本，执行【开始】|【剪贴板】|【粘贴】|【选择性粘贴】命令，即可对复制过的文本进行选择性粘贴。

3．删除文本

用户可以使用下列方法，删除全部或部分文本：

- ❑ **删除整个文本**　选择需要删除的文本，按 Ctrl+A 快捷键选择文本框中的所有文本，并按下 Delete 键删除文本。

- ❑ **删除部分文本**　在文本框中选择需要删除的文本，按下 Backspace 键逐个删除。

- ❑ **撤销删除操作**　按 Ctrl+Z 快捷键撤销错误的操作，恢复到删除之前的状态。

- ❑ **恢复撤销操作**　按 Ctrl+Y 快捷键恢复撤销的操作，恢复到撤销之前的状态。

技巧

当用户选择形状并按下 Delete 键后，可以将形状与文本一起删除。当用户选择文本框并按下 Delete 键后，只删除文本。

4.2.2　查找与替换文本

Visio 提供的查找与替换功能，主要用于快速查找或替换形状中的文字与短语。利用查找与替换功能，可以实现批量修改文本的目的。

1．查找文本

执行【开始】|【编辑】|【查找】|【查找】命令，在弹出的【查找】对话框中，可以搜索形状中的文本、形状数据等内容。

【查找】对话框中各选项的功能如下表所示。

选项组	选 项	说 明
查找内容		指定要查找的文本或字符
特殊		显示可以搜索的特殊字符的列表
搜索范围	选定内容	表示仅搜索当前选定内容
	当前页	表示仅搜索当前页
	全部页	表示搜索打开的绘图中的全部页
	形状文本	表示搜索存储在文本块中的文本
	形状数据	表示搜索存储在形状数据中的文本
	形状名	表示搜索形状名（在模具中的形状下面看到的名称）
	用户定义的单元格	表示搜索用户定义的单元格中的文本
选项	区分大小写	指定找到的所有匹配项都必须与"查找内容"框中指定的大小写字母组合完全一致
	全字匹配	指定找到的所有匹配项都必须是完整的单词，而非较长单词的一部分
	匹配字符宽度	指定找到的所有匹配项都必须与"查找内容"框中指定的字符宽度完全一致
查找范围		确定匹配的文本已在文本块中找到，或者显示形状名、形状数据或在其中找到匹配的文本的用户定义单元格
查找下一个		搜索下一个出现在"查找内容"框中的文本的位置

2．替换文本

执行【开始】|【编辑】|【查找】|【替换】命令，在弹出的【替换】对话框中，可以设置查找内容、替换文本及各项选项设置。

【替换】对话框中各项选项的功能如下表所示。

选项组	选 项	说 明
查找内容		指定要查找的文本
替换为		指定要用作替换文本的文本
特殊		显示可以搜索的特殊字符的列表
搜索	选定内容	表示仅搜索当前选定内容
	当前页	表示仅搜索当前页
	全部页	表示搜索打开的绘图中的全部页
选项	区分大小写	仅查找那些与"查找内容"框中指定的字母大小写组合完全一致的内容
	全字匹配	查找匹配的完整单词，而非较长单词的一部分
	匹配字符宽度	仅查找那些与在"查找内容"框中指定的字符宽度完全相等的内容
	替换	用"替换为"中的文本替换"查找内容"中的文本，然后查找下一处

续表

选项组	选 项	说 明
替换全部		用"替换为"中的文本替换所有出现的"查找内容"中的文本
查找下一个		查找并选择下一个出现的"查找内容"框中的文本

4.2.3 锁定文本

一般情况下，纯文本形状、标注或其他注解形状可以随意调整与移动，便于用户进行编辑。但是，在特殊情况下，用户不希望所添加的文本或注释被编辑。此时，需要利用 Visio 提供的"保护"功能锁定文本。

选择需要锁定的文本形状，执行【开发工具】|【形状设计】|【保护】命令，在弹出的【保护】对话框中，单击【全部】按钮或根据定位需求执行具体选项即可。

注意

在【保护】对话框中，单击【无】按钮或取消具体选项，即可解除文本的锁定状态。

Visio 4.3 设置字体格式

在插入文本内容之后，用户还可以对文本字体的格式进行设置，以增强文本的表现能力。例如，设置文字颜色、设置文字效果、设置对齐方式等。

4.3.1 设置文字效果

文字效果主要包括字体、字号和字形等效果，其中字体是指字母、标点、数字或符号所显示的外形效果。字形是字体的样式，字号代表字体的大小。

1．设置字体、字号与字形

Visio 提供的【字体】选项组，包含了字体格式的常用命令。通过该选项组，可以帮助用户完成设置字体格式的所有操作。

- ❏ **设置"字体"格式** 选择需要设置字体格式的形状，执行【开始】|【字体】|【字体】命令，在其下拉列表中选择相应的字体样式即可。

- ❏ **设置"字形"格式** 执行【开始】|【字体】|【加粗】或【倾斜】命令，可以更改所选文字的字形。

- ❏ **设置"字号"格式** 执行【开始】|【字体】|【字号】命令，在其下拉列表中选择一种字号，更改所选文字的大小。

另外，单击【开始】选项卡的【字体】选项组中的【对话框启动器】按钮，弹出【文本】对话框。激活【字体】选项卡，在【西文】与【亚洲文字】选项中设置"字体"格式，在【大小】选项中设置"字号"格式，在【样式】选项中设置"字形"格式。

技巧

在设置字体时，可以使用 Ctrl+B 与 Ctrl+I 快捷键，来设置文本的"加粗"与"倾斜"格式。

2．设置文字效果

在 Visio 中，用户还可以设置文本的效果，即设置文本的位置、颜色、透明度等内容。在【文本】对话框的【字体】选项卡中，设置【常规】选项组中的各项选项即可。

文字效果各选项的功能如下所述：

- ❏ **大小写** 指定文本的大小写格式，主要包括正常、全部大写、字母大写与小型大写字母 4 种选项。

- ❏ **位置** 指定文本位置。其中，"正常"表示在基准线上水平对齐所选文本，"上标"表示在基准线上方稍微升高所选文本并降低其磅值，"下标"表示在基准线下方稍微降低所选文本并降低其磅值。

- ❏ **下划线** 在所选文本的下面绘制一条线。其中，"单线"表示在选定文本下方绘制一条单线。"双线"表示在所选文本下方绘制一条双线。对于日语或韩语竖排文本，下划线格式定位在文本右侧。

- ❏ **删除线** 绘制一条穿过文本中心的线。

- ❏ **颜色** 设置文本的颜色。

- ❏ **语言** 指定语言设置。指定的语言会影响复杂文种文字和亚洲文字的文本放置。

- ❏ **透明度** 用于设置文本的透明程度，其值介于 0%~100% 之间。

注意

用户也可以通过执行【开始】|【字体】|【下划线】命令，来设置文字的"下划线"效果。

4.3.2 设置文字颜色

如用户需要文本显示更多的色彩，则可执行【开始】|【字体】|【字体颜色】命令，选择相应的颜色即可。

在【字体颜色】列表中，包含了【使用默认颜色】、【主题颜色】以及【标准色】等选项。如果这些颜色中未包含用户需要的颜色，用户可执行【其他颜色】命令，在弹出的【颜色】对话框的【标准】与【自定义】选项卡中，设置其他字体颜色。

4.3.3 设置字符间距

用户可以通过设置字符间距的方法，使文本具有可观性与整齐性。

在【开始】选项卡的【字体】选项组中单击【对话框启动器】按钮，在弹出的【文本】对话框中激活【字符】选项卡，设置字符缩放比例与字符间距值即可。

在【字符】选项卡中，主要包括下列几种选项：

❑ 缩放比例 用于设置字符的大小，其值介于 1%~600% 之间。当百分比值小于 100%

时，会使所选字符变窄；当百分比值大于 100% 时，会使所选字符变宽。

❑ 间距 用于设置字符之间的距离。默认设置为"标准"，而"加宽"则表示按照指定的磅值将字符拉开，"紧缩"则表示按照磅值移动字母使之紧凑。

❑ 磅值 设置间距以便加宽或紧缩所选字符。其取值范围介于 1584（加宽）~1584（紧缩）之间。"磅"是排版机所用的传统度量衡，1 磅等于 1/72 英寸。

4.3.4 设置文本块

设置文本块即是设置所选文本块的垂直对齐方式、页边距与背景色。

选择需要设置的文本块，在【开始】选项卡【字体】选项组中单击【对话框启动器】按钮，在弹出的【文本】对话框中，激活【文本块】选项卡，设置相关选项即可。

在该选项卡中，主要包括下列几种选项：

❑ **对齐**　用于设置文本垂直对齐的方式。其中，【对齐方式】选项默认情况下包括中部、顶部和底部 3 种选项。当用户执行【竖排文字】选项时，文本块中的文字将从上到下，从右到左显示。另外，执行该选项时，【对齐方式】选项将自动改变为居中、靠左与靠右 3 种选项。

❑ **边距**　主要用来设置文本距离文本块上、下、左、右边缘的距离。

❑ **文本背景**　用于设置文本块的背景颜色。执行【纯色】选项并单击其下拉按钮可以选择多种纯色背景色。而【透明度】选项则用于设置背景色的透明显示，其值介于 0%~100% 之间。

> **注意**
>
> 用户还可以通过执行【开始】|【段落】|【文字方向】命令来改变文字方向。

4.3.5　设置制表符

制表位是指水平标尺上的位置，它指定了文字缩进的距离或一栏文字开始的位置，可以向左、向右或居中对齐文本行，或者将文本与小数字符或竖线字符对齐。在 Visio 中最多可以设置 160 个制表位，而且制表位的方向会随着段落方向的改变而改变。

在【文本】对话框中，激活【制表位】选项卡，在该选项卡中可以为所选段落或所选形状的整个文本块添加、删除与调整制表位。

该选项卡中各选项的功能如下所述：

❑ **制表位**　显示当前制表位，左侧显示制表位位置，右侧显示制表位对齐方式。

❑ **添加**　添加一个新的制表位。

❑ **修改**　将在【制表位】列表中选择的制表位，设置为【制表位位置】文本框中指定的值。

❑ **删除**　清除在【制表位】列表中选择的制表位。

❑ **全部删除**　清除所选形状中的所有制表位。

❑ **制表位位置**　指定在【制表位】表中选择的制表位的位置。

❑ **对齐方式**　用于设置制表位的对齐方式。包括"左对齐""右对齐""居中"和"小数点对齐" 4 种对齐方式。

❑ **默认制表位**　为所选形状设置默认制表位间的距离。

> **提示**
>
> 在【效果控件】面板中，用户可以通过拖动各个视频效果来实现调整其排列顺序的目的。

Visio **4.4** 设置段落格式

段落是由一个或多个句子组成的文字单位。在 Visio 中，用户可以通过设置段落的对齐方式及段落之间的距离等段落格式，来规范并控制文本样式。

4.4.1　设置对齐方式

Visio 为用户提供了水平对齐和垂直对齐两种

对齐类型，一般情况下可通过下列方法来设置文本的对齐方式。

1. 选项组法

Visio 为用户提供了左对齐、居中、右对齐等7 种对齐方式。执行【开始】选项卡【段落】选项组中相对应的命令，即可设置文本的对齐方式。

【段落】选项组中各对齐方式的说明如下表所示。

按钮	名称	功 能	快捷键
	左对齐	将文字左对齐	Shift+Ctrl+L
	居中	将文字居中对齐	Shift+Ctrl+C
	右对齐	将文字右对齐	Shift+Ctrl+R
	两端对齐	将文字左右两端同时对齐，并根据需要增加字间距	Shift+Ctrl+J
	顶端对齐	将文本靠文本框的顶部对齐	Shift+Ctrl+I
	中部对齐	对齐文本，使其在文本块的顶部和底部居中	Shift+Ctrl+M
	底端对齐	将文字靠文本块的底部对齐	Shift+Ctrl+V

2. 对话框法

在【开始】选项卡的【段落】选项组中单击【对话框启动器】按钮，在弹出的【文本】对话框中激活【段落】选项卡，单击【对齐方式】下拉按钮，选择相应的选项即可。

【对齐方式】选项用来设置文本相对于文本块边距的对齐方式，主要包括以下 5 种选项：

- ❑ **居中** 表示每行文本在左右页边距间居中。
- ❑ **左对齐** 表示每行文本都在左边距处开始对齐，而文本右侧不对齐。
- ❑ **右对齐** 表示每行文本都在右边距处开始对齐，而文本左侧不对齐。
- ❑ **两端对齐** 调整文字与字符之间的间距，以便除段落最后一行外的每行文本都填充左右页边距间的空间。
- ❑ **分散对齐** 调整文字与字符之间的间距，以便包括段落最后一行在内的每行文本都填充左右页边距间的空间。

4.4.2 设置旋转和方向

在使用 Visio 编辑文本时，用户还可以旋转文本或设置文字的方向，以实现横排文本框和垂直文本框的转换。

1. 旋转文本

Visio 支持对文本框或形状内的文本向左以 90度的幅度进行旋转。选中文本框或形状，执行【开始】|【段落】|【旋转文本】命令，即可将文本向左旋转。

2．设置文字方向

在创建横排或垂直文本框时，用户可以先确定文本流动的方向。然而在形状中，几乎所有的文本都是自左向右水平流动的。因此，如需要改变这种状况，就需要手动设置文字方向。

选择形状或文本框，执行【开始】|【段落】|【文字方向】命令，即可切换文字方向。

4.4.3 设置段落缩进和间距

当用户为绘图文档添加文本之后，为了使用文本块具有客观性与整齐性，也为了增加绘图页的整体美观度，需要设置文本的缩进和间距格式。

1．设置段落缩进

Visio 在【开始】选项卡的【段落】选项组中，为用户提供了"减少缩进量"与"增加缩进量"两种缩进方式，用户只需执行相应的命令即可设置文本的缩进方式。

其中，"减少缩进量"表示减少页边距与段落之间的距离，而"增加缩进量"则表示增加页边距与段落之间的距离。

另外，选择文本块，在【开始】选项卡的【段落】选项组中单击【对话框启动器】按钮，在弹出的【文本】对话框中激活【段落】选项卡，设置【缩进】选项组中的缩进值即可。

在【缩进】选项组中，包括下列 3 种选项：

❑ **文本前** 表示从开始页边距处设置段落缩进。在从左向右段落中指左边距，在从右向左段落中指右边距。

❑ **文本后** 从停止页边距处设置段落缩进。在从左向右段落中指右边距，在从右向左段落中指左边距。

❑ **首行缩进** 表示设置文本首行相对于开始边距的缩进。

2．设置段落间距

选择文本块，在【开始】选项卡的【段落】选项组中单击【对话框启动器】按钮，在弹出的【文本】对话框中激活【段落】选项卡，设置【间距】选项组中的各项间距值即可。

【间距】选项组主要用来显示所选段落的段落间距和行间距，如果未选择任何段落，则显示整个文本块的段落和行间距。

- ❑ **段前**　用来设置在段落前插入的空间。默认情况下，垂直间距用磅表示。
- ❑ **段后**　指定在段落后插入的空间（文本块的末段除外）。如果已经为【段前】指定了一个值，那么段落之间的空间量等于【段前】与【段后】值的总和。
- ❑ **行距**　指定段落内的行间距。默认情况下，该值显示为 120%，该设置确保字符不会触及下一行。或者，直接在文本块中键入绝对大小，其值介于 0~1584pt 之间。

4.4.4　设置项目符号

项目符号是为文本块中的段落或形状添加强调效果的点或其他符号。

选择文本块，执行【开始】|【段落】|【项目符号】命令，即可为文本块添加默认样式的项目符号。

另外，选择文本块，在【开始】选项卡的【段落】选项组中单击【对话框启动器】按钮，在弹出的【文本】对话框中激活【项目符号】选项卡，在该选项卡中设置项目符号的样式、字号、文本位置等格式即可。

在【项目符号】选项卡中，主要包括以下选项：

- ❑ **样式**　用来显示项目符号的样式。
- ❑ **字号**　指定项目符号的大小，但不影响其余文本。用户可以用磅值（如 4pt.）或百分比（如 60%）为单位来标识符号的大小。
- ❑ **文本位置**　指定项目符号与它的文本之间的空间量。
- ❑ **自定义**　用于自定义项目符号的字符与字体样式。其中，【项目符号字符】表示自定义项目符号字符，【字体】表示指定自定义项目符号字符的字体。

Visio　**4.5**　练习：电话业务办理流程图

电话业务办理流程图给客户展示了电话业务办理的组织结构，使客户对这项业务一目了然。本练习中，将使用 Visio 中的"基本流程图"模板文档，通过构建电话业务办理流程图来熟悉 Visio 文本操

作知识和实用技巧。

练习要点

- 创建模板文档
- 添加形状
- 设置字体格式
- 设置阴影效果
- 应用主题
- 应用背景
- 连接形状

操作步骤 >>>

STEP|01 创建模板文档。执行【文件】|【新建】
命令，在列表中选择【类别】选项，然后在展开的
列表中选择【流程图】选项。

STEP|02 在展开的【流程图】列表中，双击【基本流程图】选项，创建模板文档。

STEP|03 美化绘图。执行【设计】|【主题】|【离子】命令，设置主题效果。

STEP|04 执行【设计】|【背景】|【背景】|【活

力】命令，设置绘图页背景。

STEP|05 添加流程形状。将【基本流程图形状】模具中的"流程"形状添加到绘图页中，输入文本并设置文本格式。

STEP|06 复制该形状，调整大小和位置并修改文本内容。

STEP|07 将【基本流程图形状】模具中的"判定""自定义 4""子流程"和"页面内引用"形状添加到绘图页中，调整形状位置，输入形状文本并设置文本的字体格式。

STEP|08 然后，复制各个形状，更改形状文本并排列各个形状。

STEP|09 连接形状。执行【开始】|【工具】|【连接线】命令，拖动鼠标连接各个形状，并调整连接线位置。

STEP|10 设置形状格式。选择所有形状，执行【开始】|【形状样式】|【效果】|【棱台】|【圆】命令，设置形状的棱台效果。

STEP|11 制作图表标题。选择所有形状，执行【开始】|【工具】|【文本块】命令，输入标题文本。

STEP|14 执行【开始】|【形状样式】|【效果】|【阴影】|【阴影选项】命令，在【阴影】选项组中，单击【预设】按钮，选择【右上对角透视】选项。

STEP|12 选择文本，在【开始】选项卡的【字体】选项组中，设置字体样式、字号和字体效果。

STEP|15 然后，单击【颜色】下拉按钮，在其列表中选择【绿色，着色 4，深色 25%】选项，同时更改各参数值。

STEP|13 同时，执行【开始】|【字体】|【字体颜色】|【其他颜色】命令，在弹出的【颜色】对话框中，激活【自定义】选项卡，自定义字体颜色。

4.6 练习：特殊号码申请安装流程图

流程图是 Visio 中最常制作的图表之一，不仅可以显示普通的工作流程，还可以显示电信公司中特殊号码申请安装的步骤。在本练习中，将运用 Visio 中的【ITIL 图】模板来制作一个特殊号码申请安装流程图。

练习要点

- 创建模板文档
- 添加形状
- 设置形状样式
- 连接形状
- 添加连接说明文本
- 设置背景样式
- 设置边框和标题

操作步骤 ▶▶▶▶

STEP|01 创建模板文档。执行【文件】|【新建】命令，选择【类别】选项，同时选择【商务】选项。

STEP|02 然后，在展开的列表中双击【ITIL 图】选项，创建模板文档。

STEP|03 设置主题和背景效果。执行【设计】|【主题】|【主题】|【线性】命令，设置绘图页的主题效果。

STEP|04 执行【设计】|【背景】|【背景】|【实心】命令，设置绘图页的背景效果。

STEP|05 设置边框和标题。执行【设计】|【背景】|【边框和标题】|【都市】命令，添加边框和标题。

STEP|06 然后，选择"背景-1"页标签，双击标题文本区域，输入标题文本。

STEP|07 添加流程形状。切换到"页-1"绘图页中，将【基本流程图形状】模具中的"流程"形状拖到绘图页中，并调整形状的大小和位置。

STEP|08 使用同样的方法，添加其他"流程"形状，并横向排列所有形状。

STEP|09 设置流程形状。选择中间的"流程"形状，执行【开始】|【形状样式】|【快速样式】|【强烈效果-绿色，变体着色 2】命令，设置形状样式。

STEP|10 然后，双击该形状，输入文本并设置文本的字体和对齐格式。使用同样方法，设置其他流程形状。

STEP|11 添加 ITIL 形状。将【ITIL 形状】模具中的"个人"形状拖到绘图页中，双击形状输入说明性文本，并调整文本的显示位置。

STEP|12 使用同样方法，添加其他 ITIL 形状，并排列各个形状。

STEP|13 连接形状。执行【开始】|【工具】|【连接线】命令，拖动鼠标连接各个形状。

STEP|14 然后，双击连接线，输入说明性文本。使用同样方法，添加其他说明性文本。

STEP|15 选择所有的连接线，执行【开始】|【形状样式】|【线条】|【黑色，黑色】命令，设置连接线线条颜色。

STEP|16 同时，选择绘图页中所有的形状，执行【开始】|【字体】|【字体颜色】|【黑色，黑色】命令，设置字体颜色。

Visio **4.7** 新手训练营

练习 1：制作均衡饮食结构图

⊙downloads\4\新手训练营\均衡饮食结构图

　　提示：本练习中，首先创建【商务】类别中的【营销图表】模板文档，设置纸张方向。然后，将"三维金字塔"形状和收藏形状添加到绘图页中，调整形状大小和位置。双击收藏形状，输入形状文本并设置文本的字体格式。同时，插入多张图片，并调整图片大小和位置。最后，使用【连接线】工具，连接收藏形状与"三维金字塔"形状，并设置线条的形状样式。同时，使用【文本块】工具制作标题文本，并执行【设计】|【背景】|【背景】|【货币】命令，设置绘图页的背景样式。

练习 2：制作南京地铁示意图

⊙downloads\4\新手训练营\南京地铁示意图

　　提示：本练习中，首先创建空白文档，在【形状】

窗格中，单击【更多形状】按钮，添加【地铁形状】模具。然后，使用【任意多边形】工具，绘制 3 个多边形形状，并设置形状的填充颜色和线条样式。将【地铁形状】模具中的相应形状添加到绘图页中，并为形状添加说明性文本。

最后，使用【文本块】工具添加标题文本和说明

性文本，并设置文本的字体格式。同时，执行【设计】|【背景】|【背景】|【活力】命令，设置绘图页的背景样式。

练习 3：制作业务流程图

downloads\4\新手训练营\业务流程图

提示：本练习中，首先创建【流程图】类别中的【跨职能流程图】模板文档，自定义页面大小，并执行【设计】|【主题】命令，设置绘图页的主题效果。然后，添加"泳道"和"分隔符"形状，并分别设置各个形状的填充效果。同时，将其他流程形状添加到绘图页中，使用【连接线】工具连接各个形状，并设置连接线的样式和弯曲度。最后，添加说明性文本并设置文本的字体格式，同时执行【设计】|【背景】|【背景】和【边框和标题】命令，设置绘图页的背景和标题样式。

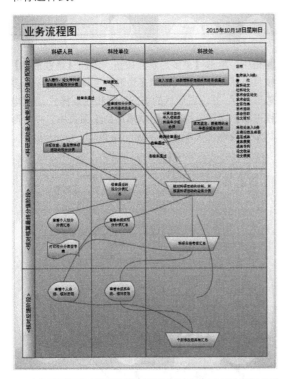

练习 4：制作企业管理与市场关系图

downloads\4\新手训练营\企业管理与市场关系图

提示：本练习中，首先创建【常规】列表中的【框图】模板文档，将纸张方向设置为【横向】方向。同

时，执行【设计】|【主题】命令，设置绘图页的主题效果。然后，将相应的形状添加到绘图页中，调整形状大小和位置，并为各个形状设置填充颜色。同时，双击各个形状，输入形状文本并设置文本的字体格式。最后，使用【文本块】工具，输入标题文本并设置文本的字体格式。同时，执行【设计】|【背景】|【背景】|【活力】命令，设置绘图页的背景样式。

练习 5：制作因果图

downloads\4\新手训练营\因果图

提示：本练习中，首先创建【商务】类别中的【因果图】模板文档，并单击【页面设置】选项组中的【对话框启动器】按钮，自定义页面大小。然后，添加【因果图】模具中的形状，双击形状添加说明性文本。同时，添加"鱼骨骨架"形状，并调整形状的大小和位置。最后，执行【设计】|【背景】|【背景】|【货币】命令，设置绘图的背景样式。

第 5 章

应用主题与样式

　　Visio 为用户内置了一系列的主题和变体效果，并允许用户自定义主题，以提高图表的整体设计水平和制作效率。除了使用内置的主题效果来美化图表之外，用户还可以使用 Visio 隐藏的内置样式功能，通过设计一系列具有个性化的样式，来增加绘图版面的清晰度，营造优美的视觉效果。在本章中，将详细介绍使用主题和样式来设计图表的基础知识和实用技巧。

5.1 应用主题

主题是一组富有新意、具有专业设计水平外观的颜色和效果。用户不仅可以使用 Visio 中存储的内置主题美化绘图，还可以使用变体功能增加主题的美观性和可读性。

5.1.1 应用主题和变体

主题样式是一组搭配协调颜色与相关字体、填充、阴影等效果的命令组合。Visio 为用户提供了专业型、现代、新潮和手工绘制 4 大类型 20 多种内置主题样式，以供用户进行选择使用。

1．应用内置主题

新建绘图页，执行【设计】|【主题】|【主题】命令，选择一种主题样式即可直接应用主题效果。

默认情况下 Visio 将所选主题只应用于当前页中，此时右击该主题执行【应用于所有页】命令，即可将该主题应用到所有页中。

> **注意**
> 在应用内置主题效果时，执行【设计】|【主题】|【将主题应用于新建的形状】命令，即可将主题应用到新建形状中。

2．应用变体

从 Visio 2013 版开始，系统便为用户提供了"变体"样式，该样式会随着主题的更改而自动更换。

在【设计】选项卡的【变体】选项组中，系统会自动提供 4 种不同背景颜色的变体效果，用户只需选择一种样式即可。

> **注意**
> 右击变体效果，执行【添加到快速访问工具栏】命令，即可将该变体效果添加到【快速访问工具栏】中，方便用户快速应用变体效果。

5.1.2 防止主题影响形状

对于一些需要使用形状颜色和轮廓来传达某种意义的形状而言，对其应用主题可能会改变形状所需要表达的意思。此时，为了保护形状不受主题的影响，需要执行放置主题影响形状的操作。

1．禁止使用主题

禁止使用主题是指在应用主题时，某些特定的形状将不受主题效果与主题颜色的影响。

在绘图页中选择形状，执行【开始】|【形状样式】|【快速样式】|【允许主题】命令，取消【允许主题】选项的使用。

2．保护形状

选择形状，执行【开发工具】|【形状设计】|【保护】命令，在弹出的【保护】对话框中，启用

【来自主题颜色】与【来自主题效果】选项即可。

5.2　自定义主题

在 Visio 中，用户不仅可以使用存储的内置主题美化绘图，而且还可以创建自定义主题，自行定义主题的内容。

5.2.1　新建主题颜色

除了 Visio 内置的主题颜色之外，用户还可以新建主题颜色。

执行【设计】|【变体】|【变体】|【颜色】|【自定义颜色】命令，在弹出的对话框中自定义主题颜色。

新建主题颜色之后，执行【设计】|【主题】|【变体】|【变体】|【颜色】命令，在其级联菜单中的【自定义】列表中选择相应的主题即可。

> **注意**
>
> 选择新建的主题颜色，右击执行【删除】按钮，即可删除新建主题颜色。

5.2.2　自定义主题元素

主题元素包括主题颜色、主题效果、连接线和装饰 4 种，用户可通过自定义主题元素来创造全新

的主题效果。

1. 自定义主题颜色

Visio 为用户内置的 26 种主题颜色，执行【设计】|【主题】|【变体】|【变体】|【颜色】命令，在其级联菜单中选择相应的选项即可。

2. 自定义主题效果

执行【设计】|【变体】|【其他】|【效果】命令，在其级联菜单中选择相应的选项，即可更改主题效果。

3. 自定义连接线

执行【设计】|【变体】|【其他】|【连接线】命令，在其级联菜单中选择相应的选项，即可更改当前主题中的连接线效果。

4. 自定义装饰

除了主题颜色、效果和连接线之外，Visio 还为用户提供了高、中、低和自动 4 种类型的装饰效果。执行【设计】|【变体】|【其他】|【装饰】命令，在其级联菜单中选择相应的选项即可。

5.2.3 复制主题

在 Visio 中，当用户将应用主题效果的形状复制到其他绘图文档中时，用于此形状的自定义主题将被自动添加到其他文档的【颜色】列表中。

除了通过复制形状的方法来转移主题效果之外，用户也可以执行【设计】|【变体】|【颜色】命令，在列表中右击该主题并执行【复制】命令，即可将主题颜色复制到文本中。

> **注意**
>
> 在自定义主题上，右击鼠标执行【编辑】命令，即可在弹出的对话框中编辑主题颜色。

5.3　应用样式

在 Visio 中，除了可以使用主题来改变形状的颜色与效果之外，还可以使用样式功能，将多种格式汇集在一个格式包中，达到一次使用多种格式的目的。

5.3.1　使用样式

样式是一组集形状、线条、文本格式于一体的命令体，用户可通过使用该功能快速设置形状的样式。

1. 添加样式功能

当用户将某些命令添加到功能区时，需要新建一个选项组，否则将无法添加该命令。执行【文件】|【选项】命令，激活【自定义功能区】选项卡，选择【开发工具】选项卡，然后单击【新建组】按钮。

然后，选择新建组，单击【重命名】按钮，输入新组名称，选择组符号，单击【确定】按钮即可。

在【自定义功能区】选项卡中，将【从下列位置选择命令】选项设置为"所有命令"。然后，在列表中选择【样式】选项，单击【添加】按钮。

2. 应用样式

执行【开发工具】|【样式】|【样式】命令，在弹出的【样式】对话框中设置文本、线条与填充样式。

其中，【保留局部格式设置】选项表示在使用 Visio 对选定形状应用该样式时，将保留已经应用的格式。

另外，【样式】对话框中的文本、线条与填充样式中，包含了下列几种样式：

❑ **无样式**　该样式中的"文字样式"为无空白、文本块居中与 Arail12 磅黑色格式，"线条样式"为黑色实线格式，"填充样式"

为实心白色格式。

- ❑ **纯文本** 该样式与【无】样式具有相同的格式。
- ❑ **无** 无线条与填充且透明的格式，"文字样式"为 Arail12 磅黑色格式。
- ❑ **正常** 该样式与【无样式】具有相同的格式，但该样式中的文本是从左上方开始排列的。
- ❑ **参考线** 该样式中的"文字样式"为 Arail9 磅蓝色格式。"线条样式"为蓝色虚线格式，"填充样式"为不带任何填充色、背景色且只显示形状边框格式。
- ❑ **使用主控形状格式** 该样式与形状中默认的格式一致。
- ❑ **主题** 表示与主题中默认的样式一致。

5.3.2 定义样式

当 Visio 中自带的样式无法满足绘图需要时，用户可通过执行【开发工具】|【显示/隐藏】|【绘图资源管理器】命令，打开【绘图资源管理器】窗格。然后，在【绘图资源管理器】窗格中右击【样式】选项，执行【定义样式】命令。在弹出的【定义样式】对话框中，重新设置线条、文本与填充格式。

【定义样式】对话框中各选项的功能介绍如下表所示。

选项组	选项	说明
样式	名称	用于设置现有样式以及新建样式。如果在绘图页中选择了一个形状，则该形状的样式将会显示在该选项列表中
	基于	用于设置所选样式基于的样式
	添加	用于添加新样式或修订样式并保持此对话框处于打开状态
	删除	可删除在"名称"列表中选中的样式
	重命名	启用该选项，在弹出的【重命名样式】对话框中设置样式名称
包含	文本	表示所选样式是否包含文本属性
	线条	表示所选样式是否包含线条属性
	填充	表示所选样式是否包含填充属性
更改	文本	启用该选项，在弹出的【文本】对话框中定义样式的文本属性
	形状	启用该选项，在弹出的【设置形状格式】对话框中定义样式的形状格式
隐藏样式		启用该选项，将隐藏所选样式。【样式】对话框中不再显示样式名称，该选项只在【定义样式】对话框与【绘图资源管理器窗口】中可用
应用时保留局部格式		表示在使用 Visio 对选定形状应用该样式时，将保留已经应用的格式

Visio 5.4　自定义图案样式

在使用 Visio 绘制图表的过程中，还可以根据工作需要自定义图案样式，包括填充图案、线条图案和线条端点图案 3 种图案样式。

5.4.1　自定义填充图案样式

自定义填充图案样式是一个相对复杂的操作过程，包括新建图案、编辑图案和应用图案 3 个步骤，其具体操作方法如下所述。

1．新建图案

执行【开发工具】|【显示/隐藏】|【绘图资源管理器】命令，在【绘图资源管理器】窗口中右击【填充图案】选项，执行【新建图案】命令。在【新建图案】对话框中设置相应的选项即可。

在【新建图案】对话框中，主要包括下列选项：
- ❏ **名称**　用来设置图案的名称。
- ❏ **类型**　用来设置图案的类型，在该对话框中只能应用【填充图案】类型。
- ❏ **行为**　此选项根据"类型"的改变而改变。其中，"填充图案行为"表示图案在可用空间中是重复（平铺）、居中还是最大化，以及图案是否可以缩放。
- ❏ **按比例缩放**　表示在更改比例时将按比例缩放图案。

2．编辑图案

在【绘图资源管理器】窗口中，右击【填充图案】文件夹下的图案选项，执行【编辑图案形状】命令。

此时，系统会自动弹出一个空白文档，使用【绘图工具】功能绘制一个形状，关闭该窗口并在弹出对话框中单击【是】按钮。

3．应用图案

在绘图页中选择一个形状，右击执行【设置形状格式】命令，在弹出的【设置形状格式】任务窗格中，展开【填充】选项组。选中【图案填充】选项，单击【模式】下拉按钮，选择新建图案样式即可。

5.4.2　自定义线条图案样式

自定义线条图案样式和自定义填充图案样式一样，也包括新建图案、编辑图案形状和应用图案

3 个步骤。

1．新建图案

在【绘图资源管理器】窗口中右击【线型】选项，执行【新建图案】命令，在弹出的【新建图案】对话框中设置"名称""行为"与"按比例缩放"选项。

其中，"线型行为"表示线条弯曲时所绘制的图案在空间中是连接还是断开的。

2．编辑图案

在【绘图资源管理器】窗口中，右击【线型】文件夹中的新建图案，执行【编辑图案】命令，在弹出的窗口中绘制自定义线条样式图案。单击【关闭】按钮，在弹出的对话框中单击【是】按钮。

3．应用图案

在绘图页中选择一个形状，右击形状执行【设置形状格式】命令，展开【线条】选项组。单击【短划线类型】下拉按钮，选择上述新建的图案选项即可。

5.4.3　自定义线条端点图案样式

自定义线条端点图案与自定义其他图案的方法一样，也包括新建图案、编辑图案形状和应用图案 3 个步骤，具体操作方法如下所述。

1．新建图案

在【绘图资源管理器】窗口中右击【线条端点】选项，执行【新建图案】命令，在弹出的【新建图案】对话框中设置"名称"与"行为"选项即可。

2．编辑图案

在【绘图资源管理器】窗口中，右击【线条端点】文件夹中的新建图案，执行【编辑图案】命令，在弹出的窗口中绘制自定义线条样式图案。单击【关闭】按钮，在弹出的对话框中单击【是】按钮。

3．应用图案

在绘图页中选择一个形状，右击执行【设置形状格式】命令，在弹出的【设置形状格式】任务窗格中，展开【线条】选项组。在【箭头前端形状】与【箭头末端形状】下拉列表中，选择新建的图案选项。

Visio 5.5 应用超链接

在 Visio 中，超链接是一种简单和便捷的导航手段，不仅可以链接绘图页与其他 Office 组件，还可以从其他 Office 组件中链接到 Visio 绘图中。

5.5.1 插入超链接

插入超链接是指将本地、网络或其他绘图页中的内容链接到当前绘图页中，主要包括与超链接形状、图表形状与绘图相关联的超链接。

执行【插入】|【链接】|【超链接】命令，在弹出的【超链接】对话框中设置各选项。

在【超链接】对话框中，主要包括下列几种选项：

- **地址** 该选项用于输入要链接到的网站的 URL（以协议开头，如 http://）或者本地文件的路径。单击【浏览】按钮可以定位本地文件或网站地址。
- **子地址** 该选项用于链接到另一个 Visio 绘图中的网站锚点、页面或形状。单击【浏览】按钮，可以在弹出的【超链接】对话框中指定需要链接的绘图页、绘图页中的形状以及缩放比例。
- **说明** 用于显示链接的说明，在绘图页中将鼠标指针暂停在该链接上时会显示此文本。
- **超链接使用相对路径** 用于指定描述链接的文件相对于 Visio 绘图位置的相对路径。
- **超链接列表** 列出在当前选择中提供的所有超链接。
- **新建** 将新的超链接添加到当前选择。
- **删除** 删除所选的超链接。

❏ **默认值** 指定在选择包含多个超链接的网页中的所选形状时激活哪个超链接。

5.5.2 链接其他文件

在 Visio 中除了直接使用超链接之外，还可以通过链接其他文件的方法，来获取其他文件中的信息或者在其他文件中获取 Visio 信息。

1. 将绘图链接到其他文件

将绘图链接到其他文件，是指在其他应用程序中打开并显示 Visio 中的图表内容，例如在 Word、Excel 或 PowerPoint 文件中打开 Visio 绘图文件。

首先，在链接之前需要同时打开其他文档与 Visio 绘图文件，并显示需要链接到其他文档中的绘图页。在绘图页中确保没有选择任何形状的情况下，执行【开始】|【剪贴板】|【复制】命令。

然后，切换到其他文档窗口中，选择链接位置并执行【开始】|【剪贴板】|【粘贴】|【选择性粘贴】命令，选择【粘贴链接】选项，在列表框中选择【Microsoft Visio 绘图对象】选项，启用【显示为图标】复选框即可。

2. 将其他文件链接到绘图中

将其他文件链接到绘图，是指在 Visio 绘图中打开其他文档，例如打开 Word、Excel 或 PowerPoint 文件。

同时打开其他文件与 Visio 绘图文件，在绘图文件中执行【插入】|【文本】|【对象】命令，选中【根据文件创建】选项，并设置相应的选项。

> **注意**
> 用户可以复制其他文件到绘图页中，并执行【选择性粘贴】命令来嵌入部分对象。

Visio **5.6** 练习：行销计划策略思维图

创建灵感触发图可以将思维过程图形化，以便进行规划、解决问题、制定决策和触发灵感。在本练习中，将使用"灵感触发图"模板，来制作一个行销计划策略思维图。

练习要点

- 创建灵感触发图
- 使用图例形状模具
- 使用主标题
- 使用多个标题
- 使用动态连接线
- 应用背景
- 应用主题
- 应用边框和标题

操作步骤 >>>

STEP|01 创建模板文档。启动 Visio 组件，在展开的列表中双击【灵感触发图】选项，创建模板文档。

STEP|02 添加灵感触发形状。将【灵感触发形状】模具中的【主标题】形状添加到绘图页中，双击形状输入标题文本，并设置文本的字体格式。

STEP|03 选择主标题形状，执行【灵感触发】|【添加主题】|【多个副标题】命令，在弹出的【添加多个标题】对话框中输入标题名称。

STEP|04 选择左侧的副标题形状，执行【灵感触发】|【添加主题】|【多个副标题】命令，在弹出的【添加多个标题】对话框中输入标题名称，添加三级标题。

STEP|05 使用同样的方法，分别为其他三个"产品"副标题添加三级标题，并依次添加四级标题。

STEP|06 设置图表样式。选择主标题形状，执行【灵感触发】|【管理】|【图表样式】命令，在弹出的对话框中选择【马赛克 1】选项。

STEP|07 添加图例形状。将【图例形状】模具中的相应形状添加到绘图页中，调整其大小和位置。同时，将【图例】形状添加到绘图页中，并调整其位置。

STEP|08 美化绘图。执行【设计】|【主题】|【丝状】命令，设置图表的主题效果。

STEP|09 执行【设计】|【背景】|【背景】|【世界】命令，设置图表的背景效果。

STEP|10 执行【设计】|【背景】|【边框和标题】|【简朴型】命令，添加边框和标题样式，并在"背景-1"页面中修改标题文本。

STEP|11 保存图表。执行【文件】|【另存为】命令，在展开的列表中选择【浏览】选项。

STEP|12 然后，在弹出的【另存为】对话框中，设置保存名称和保存类型，并单击【保存】按钮。

Visio 5.7　练习：制作光的反射图

光的传播方式包含直线传播、反射、折射、全反射、散射等 5 种情况，光的反射是指光在两种物质分界面上改变传播方向又返回原来物质中的现象。在本练习中，将运用 Visio 中的基本形状来制作一个光的反射—平面镜成像图。

练习要点

- 创建模板文档
- 设置主题
- 设置边框和标题
- 绘制形状
- 设置形状格式
- 设置字体格式

操作步骤 ▶▶▶

STEP|01 创建模板文档。执行【文件】|【新建】命令，双击【基本框图】选项，创建模板文档。

紫，着色3，淡色80%】命令。

STEP|02 美化绘图。执行【设计】|【主题】|【主题】|【无主题】命令，取消主题效果。

STEP|05 执行【设计】|【背景】|【边框和标题】|【平铺】命令，输入标题文本并设置文本的字体格式。

STEP|03 执行【设计】|【背景】|【背景】|【溪流】命令，为绘图页添加背景效果。

STEP|06 选择标题形状，执行【开始】|【形状样式】|【填充】|【橄榄色，着色 2】命令。同样方法，设置其他边框和标题的填充颜色。

STEP|04 切换到"背景-1"绘图页中，选择背景形状，执行【开始】|【形状样式】|【填充】|【淡

STEP|07 制作蜡烛。切换到"页-1"绘图页中，将【矩形】形状拖到绘图页中，并调整其大小与位置。

STEP|08 将两个【椭圆形】形状拖放到绘图页中，并调整其大小与位置。

STEP|09 选择所有的形状，右击执行【设置形状格式】命令，选中【渐变填充】选项，将【类型】设置为"线性"，将【角度】设置为 270°。

STEP|10 删除多余的渐变光圈。选择左侧的渐变光圈，单击【颜色】下拉按钮，选择【其他颜色】选项，自定义填充颜色，同时将【亮度】设置为 −15%。

STEP|11 选择右侧的渐变光圈，单击【颜色】下拉按钮，选择【白色，白色】色块。

STEP|12 激活【效果】选项卡，展开【阴影】选项组，设置各项阴影参数。

STEP|13 单击【颜色】下拉按钮，选择【其他颜色】选项，在弹出的【颜色】对话框中，激活【自定义】选项，自定义填充颜色。

STEP|14 在绘图页中添加一个"矩形"形状，调整形状的大小与位置，并将填充颜色设置为"黑色"。

STEP|15 在绘图页中添加一个"椭圆"形状，调整大小与位置，右击形状执行【设置形状格式】命令。

STEP|16 展开【填充】选项组，选中【渐变填充】选项，将【类型】设置为"线性"，将【角度】设置为0°。

STEP|17 删除多余的渐变光圈，选择左侧的渐变光圈，单击【颜色】下拉按钮，在列表中选择【黄色】色块。

STEP|18 选择右侧的渐变光圈，单击【颜色】下拉按钮，在列表中选择【红色】色块。

STEP|19 选择所有的形状，执行【开始】|【形状样式】|【线条】|【无线条】命令，取消形状线条

样式并组合和复制形状。

STEP|20 制作反射物体。在绘图页中添加一个
"矩形"形状，调整形状大小和位置，并取消形状
的线条样式。

STEP|21 右击形状，执行【设置形状格式】命令。
选中【渐变填充】选项，将【类型】设置为"线性"，
将【角度】设置为0°。

STEP|22 删除多余的渐变光圈，选择左侧的渐变
光圈，单击【颜色】下拉按钮，在列表中选择【白

色，白色】色块。

STEP|23 选择右侧的渐变光圈，设置各项参数，
单击【颜色】下拉按钮，在列表中选择【浅蓝】
色块。

STEP|24 制作眼睛形状。使用【弧形】工具绘制
两个弧形形状，形成眼睛的轮廓。同时，调整形状
的大小和位置并组合形状。

STEP|25 在绘图页中添加1个椭圆形形状，右击
执行【设置形状格式】命令。选中【渐变填充】选
项，将【类型】设置为"射线"。

STEP|26 删除多余的渐变光圈，选择左侧的渐变光圈，单击【颜色】下拉按钮，在列表中选择【黑色，黑色】色块。

STEP|27 选择右侧的渐变光圈，将【亮度】设置为 5%，单击【颜色】下拉按钮，选择【其他颜色】选项，自定义填充颜色。

STEP|28 复制该椭圆形形状，调整形状大小和位置，使其组合成一个眼睛的形状。

STEP|29 绘制反射线。使用【线条】工具，绘制蜡烛、物体和眼睛直线的反射线。

STEP|30 选择所有的反射线，执行【开始】|【形状样式】|【线条】|【红色】命令，设置其线条颜色。

STEP|31 选择左侧的所有反射线，执行【开始】|【形状样式】|【线条】|【虚线】命令，在其级联菜单中选择一种虚线类型。使用同样的方法，绘制其他直线。

STEP|32 制作说明文本。执行【开始】|【工具】|【文本块】命令，在绘图空白区域输入说明性文本，并设置文本的字体格式。

Visio 5.8　新手训练营

练习 1：制作交通事故示意图

downloads\5\新手训练营\交通事故示意图

提示：本练习中，首先创建【地图和平面布置图】类别中的【三维方向图】模板文档，并将纸张方向设置为"横向"。同时，在【形状】窗格中，添加【基本形状】、【批注】和【路标形状】模具。然后，将相应形状添加到绘图页中，并调整形状的大小和位置。同时，插入多张图片，并调整图片的位置和大小。最后，为事故图添加标号和说明性文本，并执行【设计】|【背景】|【背景】命令，设置绘图页的背景样式。

练习 2：制作浦东新区局部路线图

downloads\5\新手训练营\浦东新区局部路线图

提示：本练习中，首先创建【地图和平面布置图】类别中的【方向图】模板文档，并设置纸张的方向。

同时，在【形状】窗格中单击【更多形状】按钮，添加【方块】、【基本形状】和【工作流程步骤-3D】模具。然后，将相应的模具形状添加到绘图页中，同时插入多张图片并设置图片的大小和位置。同时，添加"弯曲箭头"形状，并调整形状的方向。

最后，添加"矩形"形状，双击形状输入形状文本，设置文本格式以及形状的填充和棱台效果。同时，执行【设计】|【背景】|【背景】命令，设置绘图页的背景样式。

练习 3：制作正弦定理

downloads\5\新手训练营\正弦定理

提示：本练习中，首先创建空白模板，设置纸张方向，并添加【基本形状】模具。然后，使用【线条】工具绘制多条线条，组合成正弦定理图。同时，使用

【文本块】工具输入说明性文本并设置文本的字体格式。最后，添加"圆角矩形"形状，输入形状文本并设置形状的填充颜色。同时，执行【设计】|【背景】命令，添加绘图页背景并插入背景图片。

图】模板文档，并自定义纸张大小。然后，将相应的形状添加到绘图页中，输入形状文本并设置形状的填充颜色和线条样式。最后，执行【设计】|【背景】命令，设置绘图页的背景样式。

练习 4：制作应急系统体系结构图

downloads\5\新手训练营\应急系统体系结构图

提示：本练习中，首先创建【常规】类别中的【框

第6章

应用图像

在 Visio 中，用户除了可以通过各种模具中的形状来展示流程、地图或工艺图之外，还可以通过使用本地图片、联机图片和 AutoCAD 图形等对象来增强绘图文档的展现力，从而更加形象地展示绘图内容的主题和中心思想。除此之外，Visio 还允许用户对所插入的图像对象进行裁剪、排列、旋转等编辑操作，以使这些图片更加符合图表的整体设计风格。在本章中，将详细介绍应用图像的基础知识和技巧。

6.1 插入图片

在 Visio 中，用户可通过插入图片、照片或联机图片等方法，来增强绘图文档的美观性和图表的表现力，系统则会将插入的图片理解为嵌入对象。

6.1.1 插入本地图片

插入本地图片是指插入本地硬盘中保存的图片，以及链接到本地计算机中的相机或移动硬盘等设备中的图片。

在绘图页中，执行【插入】|【插图】|【图片】命令，在弹出的【插入图片】对话框中，选择图片文件，并单击【打开】按钮。

注意

在【插入图片】对话框中，单击【打开】下拉按钮，在其列表中选择【以只读方式打开】选项，表示以只读的方式插入图片。

此时，在绘图文档中将会显示所插入的图片文件，并且系统会自动将图片文件默认为嵌入对象。

6.1.2 插入联机图片

在 Visio 中，系统将"联机图片"功能代替了"剪贴画"功能。通过"联机图片"功能既可以插入剪贴画，又可以插入网络中的搜索图片。

执行【插入】|【插图】|【联机图片】命令，在弹出的【插入图片】对话框的【必应图像搜索】搜索框中输入搜索内容，单击【搜索】按钮，搜索联机图片。

提示

如果用户没有登录微软账户，在【插入图片】对话框中，将只会显示【必应图像搜索】一项搜索内容。

然后，在搜索到的剪贴画列表中，选择需要插入的图片，单击【插入】按钮，将图片插入到绘图页中。

注意

在必应图像搜索页面中，选择【返回到站点】选项，即可返回到【插入图片】对话框页面中。

Visio

6.2 编辑图片

为绘图页插入图片后,为了使图文更易于融合到形状中,也为了使图片更加美观,还需要对图片进行旋转、调整层次关系、裁剪图片等一系列的编辑操作。

6.2.1 调整大小和位置

选择图片,此时图片四周将会出现 8 个控制点,将鼠标置于控制点上,当光标变成"双向箭头"形状时，拖动鼠标即可。

另外,选择图片,将鼠标放置在图片中,当光标变成四向箭头时,拖动图片至合适位置,松开鼠标即可调整图片的显示位置。

6.2.2 旋转和裁剪图片

旋转图片是指将图片按照一定的方向和角度进行转动,而裁剪图片则是更改图片的大小和外形,使其更具有美观性和协调性。

1. 旋转图片

选择图片,将鼠标移至图片上方的旋转点处,当鼠标变成 ↻ 形状时,按住鼠标左键,当鼠标变成 ↻ 形状时,旋转鼠标即可旋转图片。

另外,Visio 为用户提供了向右旋转 90°、向左旋转 90°、垂直翻转与水平翻转 4 种旋转方式。用户只需选择图片,执行【图片工具】|【格式】|【排列】|【旋转】命令,在其列表中选择一种旋转方式即可。

2. 裁剪图片

Visio 还为用户提供了裁剪图片的功能,通过裁剪图片或将图片裁剪为不同形状的方法,来达到增加图片实用性和美观性的目的。

选择图片,执行【图片工具】|【格式】|【排列】|【裁剪工具】命令,将鼠标移至图片四周,当鼠标变成"双向箭头"形状时,拖动鼠标即可裁

剪图片。

6.2.3 调整显示层次

当绘图页中存在多个对象时,为了突出显示图片对象的完整性,还需要设置图片的显示层次。

选择图片,执行【图片工具】|【格式】|【排列】|【置于顶层】|【置于顶层】命令,将图片放置于所有对象的最上层。

同样,用户也可以选择图片,执行【图片工具】|【格式】|【排列】|【置于底层】|【下移一层】命令,将图片放置于对象的下层。

> **注意**
>
> 右击图片,在弹出的快捷菜单中执行【置于顶层】|【置于顶层】命令,也可以调整图片的显示层次。

6.3 调整图片效果

好的图片色彩可以增加图片的艺术性和美观性,在 Visio 中可以通过调整图片的亮度、对比度和自动平衡性等方法来增加图片的色彩。

6.3.1 调整图片的单个效果

Visio 内置了多种图片的亮度、对比度和自动平衡效果,以帮助用户通过调整图片的色彩,使其更加符合图表的整体设计和风格。

1. 调整图片的亮度

选择图片,执行【图片工具】|【格式】|【调整】|【亮度】命令,在其级联菜单中选择一种选项即可。

> **注意**
>
> 选择图片,执行【图片工具】|【格式】|【调整】|【亮度】|【图片更正选项】命令,可在弹出的【设置图片格式】对话框中,自定义图片的亮度值。

2. 调整图片的对比度

选择图片,执行【图片工具】|【格式】|【调整】|【对比度】命令,在其级联菜单中选择一种选项即可。

> **注意**
>
> 选择图片,执行【图片工具】|【格式】|【调整】|【对比度】|【图片更正选项】命令,可在弹出的【设置图片格式】对话框中,自定义图片的对比度。

3. 调整图片的自动平衡效果

　　自动平衡效果是指自动调整图片的亮度、对比度和灰度系数。选择图片后执行【图片工具】|【格式】|【调整】|【自动平衡】命令即可。

6.3.2　调整图片的综合效果

　　单击【调整】选项组中的【对话框启动器】按钮，可在弹出的【设置图片格式】对话框中，自定义图片的亮度、对比度、灰度系数，以及透明度、虚化等图片效果。

　　在【图片控制】选项卡中，各项选项的功能如下所示：

　　❑ **亮度**　用来设置图片的亮度，即调整颜色的黑色或白色百分比值。百分比越高，图片中的颜色越浅（越白），反之亦然。

　　❑ **对比度**　用来设置图片的对比度，即调整图片的最浅和最深部分之间的差异程度。百分比越高，图片中的颜色对比越强烈。百分比越低，颜色越相似。

　　❑ **灰度系数**　用来调整图片的灰度级别（中间色调）。数字越高，中间色调越浅。

　　❑ **自动平衡**　自动调整所选图片的亮度、对比度和灰度系数设置。

　　❑ **透明度**　用来设置图片的透明度。其中，0%表示完全不透明，100%表示完全透明。

　　❑ **虚化**　用来使轮廓鲜明的边线或区域变模糊以减少细节。百分比越高，图片越模糊。

　　❑ **锐化**　使模糊的边线变得轮廓鲜明以提高清晰度或突出焦点。百分比越高，图片越轮廓鲜明。

　　❑ **去除杂质**　去除杂色（斑点）。百分比越高，图片中的杂色越少。使用此选项可减少扫描的图像或通过无线传输收到的图像中可能出现的杂色。

　　❑ **实时预览更新**　根据各选项的调整，及时更新预览图像。

6.4　设置图片格式

　　在 Visio 中，除了调整图片的亮度、对比度和灰度系数之外，还可以通过设置图片线条样式和显示效果的方法，来增加图片的整体美观度。

6.4.1　设置线条格式

　　图片的线条格式包括线条颜色和线条样式，用户可通过下列方法来设置图片的线条格式。

1．设置线条颜色

选择图片，执行【图片工具】|【格式】|【图片样式】|【线条】命令，在其列表中选择一种线条颜色即可。

注意

用户可通过执行【图片工具】|【格式】|【图片样式】|【线条】|【其他颜色】命令，来自定义纯色填充颜色。

2．设置线条样式

选择图片，执行【图片工具】|【格式】|【图片样式】|【线条】|【粗细】和【虚线】命令，在列表中选择一种选项，即可设置图片线条的粗细度和虚线类型。

另外，选择图片，执行【图片工具】|【格式】|【图片样式】|【线条】|【线条选项】命令。在弹出的【设置形状格式】窗格中，展开【线条】选项，通过设置其宽度、复合类型、短划线等选项来自定义线条的样式。

6.4.2 设置图片的艺术效果

在 Visio 中，除了可以通过设置线条格式来美化图片之外，还可以通过设置图片的阴影、发光和映像等效果，以艺术性的独特效果来美化图片。

1．设置阴影显示效果

选择图片，右击执行【设置形状格式】命令，在弹出的【设置形状格式】窗格中，激活【效果】选项卡，展开【阴影】选项组，设置阴影的透明度、颜色、大小等选项，即可设置图片的阴影效果。

注意

在【阴影】列表中，单击【预设】下拉按钮，在其下拉列表中选择一种选项，即可快速应用内置的阴影效果。

2．设置映像显示效果

选择图片，右击执行【设置形状格式】命令，在弹出的【设置形状格式】窗格中，激活【效果】选项卡，展开【映像】选项组，设置阴影的透明度、颜色、大小等选项，即可设置图片的映像效果。

3．设置发光显示效果

右击图片，执行【设置形状格式】命令，在弹出的【设置形状格式】窗格中，激活【效果】选项

卡，展开【发光】选项组，设置发光的颜色、大小和透明度选项，即可设置图片的发光效果。

注意

用户还可以在【设置形状格式】窗格中，展开【柔化边缘】、【三维格式】和【三维旋转】选项组，设置图片的柔化变化效果、三维格式和三维旋转效果。

Visio 6.5 练习：制作企业组织结构图

企业组织结构图用来表示企业内多个部门或机构相互之间的联系关系及结构层次。通过企业组织结构图，用户可以迅速了解企业的部门结构及组织情况，作出优化调整。在本练习中，将运用 Visio 中的"基本框图"模板来构建一个"企业组织结构图"。

练习要点

- 创建模板文档
- 绘制形状
- 设置形状格式
- 使用参考线
- 设置形状角度
- 应用背景
- 应用主题
- 应用边框和标题

操作步骤 ▶▶▶

STEP|01 创建模板文档。启动 Visio 组件，在列

表中双击【基本框图】选项，创建模板文档。

STEP|02 绘制大圆形状。将【基本形状】模具中的"圆形"形状添加到绘图页中，并调整其大小。

STEP|03 在绘图页中添加两条参考线，将圆形形状粘附在参考线上。

STEP|04 选择圆形形状，执行【开始】|【形状样式】|【填充】|【无填充】命令，设置形状的填充样式。

STEP|05 执行【开始】|【工具】|【连接点】命令，按住 Ctrl 键单击圆形四周为其添加 12 个连接点。

STEP|06 绘制小圆形状。将【基本形状】模具中的"圆形"形状添加到绘图页中，调整其大小和位置，使其粘附在参考性中。

STEP|07 执行【开始】|【形状样式】|【填充】|【无填充】命令，取消小圆形状的填充效果。

STEP|08 执行【开始】|【工具】|【连接点】命令，按住 Ctrl 键单击小圆四周为其添加 3 个连接点。

STEP|09 添加中心拖动圆形形状。将【基本形状】模具中的"中心拖动圆形"形状添加到圆形中的连接点上，调整其大小并输入文本。

STEP|10 连接形状。执行【开始】|【工具】|【线条】命令，按照要求拖动鼠标连接各个形状。

STEP|11 美化图表。执行【设计】|【主题】|【丝状】命令，设置图表的主题效果。

STEP|12 执行【设计】|【背景】|【背景】|【世界】命令，为绘图添加背景效果。

STEP|13 选择绘图页中的所有形状，执行【开始】|【形状样式】|【棱台】|【圆】命令，设置形状的棱台效果。

STEP|14 执行【设计】|【背景】|【边框和标题】|【简朴型】命令，添加边框和标题，并在"背景-1"绘图页中输入标题文本。

STEP|16 将【装饰】模具中的"棋盘方格饰段"形状添加到绘图页中，调整形状大小。同时，复制该形状并调整其位置。

STEP|15 在【形状】任务窗格中，单击【更多形状】下拉按钮，选择【其他 Visio 方案】|【装饰】选项，添加【装饰】模具。

6.6 练习：制作月食形成图

月食是自然界的一种现象，当太阳、地球、月球三者恰好或几乎在同一条直线上时，太阳到月球的光线便会部分或完全地被地球掩盖，产生月食。在本练习中，将运用 Visio 中的设置图片和形状格式等知识，来制作一个月食形成图。

练习要点
- 创建模板文档
- 插入图片
- 调整图片
- 添加形状
- 设置形状格式
- 设置线条格式
- 设置字体格式
- 设置绘图背景
- 设置边框和标题

操作步骤 >>>

STEP|01 创建模板文档。启动 Visio 组件，在列表中双击【基本框图】选项，创建模板文档。

STEP|02 设置绘图背景。执行【设计】|【背景】|【背景】|【实心】命令，设置绘图的背景样式。

STEP|03 同时，执行【背景】|【背景色】|【其他背景色】命令，在弹出的【颜色】对话框中激活【自定义】选项卡，自定义背景颜色。

STEP|04 插入图片。执行【插入】|【插图】|【图片】命令，在弹出的【插入图片】对话框中，选择图片文件，单击【打开】按钮。

STEP|05 调整图片的大小和位置，并在绘图页中添加一条垂直参考线。

STEP|06 执行【插入】|【插图】|【图片】命令，插入两个"月亮"图片，调整大小并粘附到参考线上。

STEP|07 然后，在绘图页中插入两个"地球"图片，并分别调整其大小和位置。

STEP|08 添加连接线。执行【开始】|【工具】|【线条】命令，在太阳和月亮之间绘制连接线。

STEP|09 选择所有的直线，执行【开始】|【形状样式】|【线条】|【虚线】命令，在级联菜单中选择一种虚线类型。

STEP|10 执行【开始】|【工具】|【线条】命令，在月亮上方绘制一条直线。

STEP|11 绘制显示线。选择直线，执行【开始】|【形状样式】|【线条】|【箭头】命令，在级联菜单中选择一种箭头样式。

STEP|12 然后，执行【开始】|【工具】|【弧形】命令，在月亮图片上绘制一条弧线，并设置其箭头样式和虚线样式。同样方法，在另外一个月亮上绘制相同的显示线。

STEP|13 绘制本影形状。在绘图页中添加一个"椭圆形"和"三角形"形状，并调整形状的大小、位置和方向。

STEP|14 同时，选择两个形状，执行【开始】|【形状样式】|【填充】|【黑色，黑色】命令，设置其填充颜色。

STEP|15 同时，执行【开始】|【形状样式】|【线条】|【无线条】命令，取消形状的线条样式。

STEP|16 调整形状的位置，组合形状，将组合后的形状放置在月亮图片的下方。

STEP|17 复制两个组合形状，将其中之一放置在另外一个月亮图片的下方。然后，调整另外一个组合形状的大小，将其放在地球图片上方，并调整其显示方向。

STEP|18 制作半影形状。在绘图页中添加一个"椭圆形"和"三角形"形状，并调整形状的大小、位置和方向。

STEP|19 右击"椭圆形"形状，执行【设置形状格式】命令，展开【填充】选项卡，将【透明度】设置为 100%，单击【颜色】下拉按钮，选择【其他颜色】选项，自定义填充颜色。

STEP|20 右击"三角形"形状，执行【设置形状格式】命令，展开【填充】选项卡，将【透明度】设置为 20%，单击【颜色】下拉按钮，选择【其他颜色】选项，自定义填充颜色。

STEP|21 组合"椭圆形"和"三角形"形状，将其放置在地球图片上方。同时，复制组合形状，将其放置在另外一个地球图片上方。

STEP|22 添加说明文本。执行【开始】|【工具】|【文本块】命令，在绘图页中添加说明性文本，并设置文本的字体格式。

STEP|23 在"本影"文本块下方绘制一条直线，并执行【开始】|【形状样式】|【线条】|【其他颜色】命令，自定义线条颜色。

STEP|24 同时，执行【开始】|【形状样式】|【线条】|【粗细】命令，在级联菜单中选择一种宽度样式。使用同样方法绘制其他直线。

STEP|25 设置边框和标题。执行【设计】|【背景】|【边框和标题】|【凸窗】命令，切换到背景页中，输入标题文本并设置文本格式。

STEP|26 选择背景页右下角的页码形状和文本框，按下 Delete 键，删除形状和文本框。

6.7 新手训练营

练习 1：制作相交线

⊙downloads\6\新手训练营\相交线

提示：首先创建空白文档，执行【设计】|【背景】|【背景】|【实心】命令，设置背景效果。同时，选择背景页执行【插入】|【插图】|【图片】命令，选择图片文件，单击【打开】按钮，插入背景图片并调整其大小。然后，切换到前景页中，使用【椭圆形】工具绘制一个椭圆形形状，设置形状大小和填充颜色，输入形状文本并设置文本的字体格式。同时使用【线条】工具绘制两个线条，形成相交线形状。最后，输入相应的文本，并执行【插入】|【图部件】|【容器】命令，添加容器并设置容器的填充颜色和标题文本。

练习 2：制作 ERP 应用流程图

⊙downloads\6\新手训练营\ERP 应用流程图

提示：本练习中，首先创建空白文档并自定义页面的大小。同时，在【形状】窗格中，添加【具有凸起效果的块】模具。然后，使用【椭圆】和【矩形】工具绘制一个椭圆和矩形，设置形状格式并组合形状。同时，将相应的模具形状添加到绘图页中，输入形状文本并设置形状的填充颜色、大小和位置。最后，使用【文本块】工具制作标题文本，并设置绘图页的背景样式。

练习 3：制作城市风的形成图

⊙downloads\6\新手训练营\城市风的形成图

提示：本练习中，首先创建空白绘图页并自定义绘图页的大小。同时，在【形状】窗格中，添加【路标形状】和【基本形状】模具。然后，将相应的形状添加到绘图页中，调整其大小和位置，输入说明性文本并设置文本的字体格式。最后，执行【设计】|【背景】|【背景】和【边框和标题】命令，设置绘图页的背景和标题样式。

练习 4：制作 SWOT 战略模型分析图

⊙downloads\6\新手训练营\ SWOT 战略模型分析图

提示：本练习中，首先创建【商务】类别中的【营销图表】模板文档，自定义绘图页的大小，并在【形状】窗格中添加相应的模具。

然后，在绘图页中使用【直线】工具绘制两条坐标轴线。同时，添加相应的模具形状和收藏形状，输入说明性文本并设置文本的字体格式。最后，直线【设计】|【背景】|【背景】和【边框和标题】命令，设置绘图页的背景和标题样式。

第 7 章

应 用 图 表

    在 Visio 中，除了可以使用内置的各种形状构成流程图、结构图、布局图等图表之外，还可以使用其内置的图表功能，以柱形图、折线图、散点图等图表生动地展示绘图数据。另外，通过使用内置图表，不仅可以使绘图数据更具有层次性和条理性，还可以及时反映数据之间的关系与变化趋势。在本章中，将详细介绍创建图表、编辑图表和美化图表的基础知识和操作技巧。

7.1 创建图表

创建图表是将 Visio 中的数据以图表的形式进行显示，从而可以更直观地分析表格数据。由于 Visio 为用户提供多种图表类型，所以在应用图表之前需要先了解一下图表的种类及元素，以便帮助用户根据不同的数据类型应用不同的图表类型。

7.1.1 了解图表

在 Visio 中，可以根据数据类型直接创建自己所需的图表。图表主要由图表区域及区域中的图表对象，例如标题、图例、垂直（值）轴、水平（分类）轴组成。下面，以柱形图为例向用户介绍图表的各个组成部分。

Visio 为用户提供了多种图表类型，每种图表类型又包含若干个子图表类型。用户在创建图表时，只需选择系统提供的图表类型即可方便、快捷的创建图表。Visio 中的具体图表类型，如下表所述。

类型	说　　明
柱形图	柱形图是 Excel 默认的图表类型，用长条显示数据点的值，柱形图用于显示一段时间内的数据变化或者显示各项之间的比较情况
条形图	条形图类似于柱形图，适用于显示在相等时间间隔下数据的趋势
折线图	折线图是将同一系列的数据在图中表示成点并用直线连接起来，适用于显示某段时间内数据的变化及其变化趋势

续表

类型	说　　明
饼图	饼图是把一个圆面划分为若干个扇形面，每个扇面代表一项数据值
面积图	面积图是将每一系列数据用直线段连接起来并将每条线以下的区域用不同颜色填充。面积图强调幅度随时间的变化，通过显示所绘数据的总和，说明部分和整体的关系
XY 散点图	XY 散点图用于比较几个数据系列中的数值，或者将两组数值显示为 XY 坐标系中的一个系列
股价图	以特定顺序排列在工作表的列或行中的数据可以绘制到股价图中。股价图经常用来显示股价的波动。这种图表也可用于科学数据。例如，可以使用股价图来显示每天或每年温度的波动。必须按正确的顺序组织数据才能创建股价图
曲面图	曲面图在寻找两组数据之间的最佳组合时很有用。类似于拓扑图形，曲面图中的颜色和图案用来指示出同一取值范围内的区域
雷达图	雷达图由中心向四周辐射出多条数值坐标轴，每个分类都拥有自己的数值坐标轴，并由折线将同一系列中的值连接起来
组合	组合类图表是在同一个图表中显示两种以上的图表类型，便于用户进行多样式数据分析

7.1.2 插入图表

执行【插入】|【插图】|【图表】命令，系统会自动启动 Excel 并显示图表。此时，在 Excel 工作表中包含图表与图表数据两个工作表。

注意

在绘图页中创建图表之后，单击绘图页的非图表区域，即可结束图表的编辑操作。

7.1.3 粘贴图表

在 Visio 中，用户还可以将已保存的 Excel 图表直接粘贴到 Visio 图表中，并使被粘贴图表与 Excel 文件保持链接。这样，用户就可以在 Excel 中修改图表数据，并在 Visio 中刷新数据。

首先，打开 Excel 工作表，创建图表并保存工作表。然后，复制 Excel 图表，切换到 Visio 中，

执行【开始】|【剪贴板】【粘贴】命令即可。

Visio 7.2 编辑图表

创建完图表之后，为了使图表具有美观的效果，需要对图表进行编辑操作，例如调整图表大小、调整图表位置、添加图表数据等操作。

7.2.1 调整图表

编辑图表的首要操作是根据工作表的内容与整体布局，调整图表的位置、大小和类型。

1．调整位置

默认情况下，插入的 Excel 图表被放置在单独的工作表中，此时用户可以将该工作表调整为嵌入式图表，即将图表移动至数据工作表中。

选择图表，在 Excel 中执行【图表工具】|【设计】|【位置】|【移动图表】命令，在弹出的【移动图表】对话框中选择图表放置位置即可。

2．调整图表类型

更改图表类型是将图表由当前的类型更改为

另外一种类型，通常用于多方位分析数据。

执行【图表工具】|【设计】|【类型】|【更改图表类型】命令，选择一种图表类型即可。

3．调整大小

将图表移动到数据工作表中，即可像在 Excel 工作表中那样调整图表的大小了。一般情况下主要包括以下 3 种方法：

❑ 使用【大小】选项组 选择图表，在【格式】选项卡的【大小】选项组的【形状高度】与【形状宽度】文本框中分别输入调整数值即可。

❑ 使用【设置图表区格式】对话框 单击【格式】选项卡【大小】选项组的【对话框启动器】命令，在弹出的【设置图表区格式】对话框中，设置【高度】与【宽度】选项

值即可。

- **手动调整** 选择图表，将鼠标置于图表区的边界中的"控制点"上，当光标变成双向箭头时，拖动鼠标即可调整大小。

7.2.2 编辑图表数据

创建图表之后，为了达到详细分析图表数据的目的，用户还需要对图表中的数据进行选择、添加与删除操作，以满足分析各类数据的要求。

1. 编辑现有数据

双击图表对象，激活图表，此时系统会自动切换到 Excel 界面中。选择图表数据工作表，在该工作表中编辑图表数据即可。

另外，选择图表，执行【图表工具】|【设计】|【数据】|【选择数据】命令，在弹出的【选择数据源】对话框中，单击【图表数据区域】右侧的折叠按钮，在 Excel 工作表中重新选择数据区域即可。

2. 添加数据区域

选择图表，执行【图表工具】|【设计】|【数据】|【选择数据】命令，单击【添加】按钮。在【编辑数据系列】对话框中，分别设置【系列名称】和【系列值】选项。

> **技巧**
>
> 在【编辑数据系列】对话框的【系列名称】和【系列值】文本框中直接输入数据区域，也可以选择相应的数据区域。

3. 删除数据区域

选择表格中需要删除的数据区域，按 Delete 键，即可删除工作表和图表中的数据。若用户选择图表中的数据，按 Delete 键，此时，只会删除图表中的数据，不能删除工作表中的数据。

另外，选择图表，执行【图表工具】|【设计】|【数据】|【选择数据】命令，在弹出的【选择数据源】对话框的【图例项（系列）】列表中，选择需要删除的系列名称，并单击【删除】按钮。

> **技巧**
>
> 用户也可以选择图表，通过在工作表中拖动图表数据区域的边框，更改图表数据区域的方法，来删除图表数据。

4. 切换水平轴与图例文本

选择图表，执行【图表工具】|【设计】|【数

据】|【切换行/列】命令，即可切换图表中的类别轴和图例项。

Visio # 7.3　设置图表格式

　　设置图表格式是指设置标题、图例、坐标轴、数据系列等图表元素的格式，主要设置每种元素中的填充颜色、边框颜色、边框样式、阴影等美化效果，从而达到美化图表的目的。

7.3.1　设置图表区格式

　　在 Visio 中，用户可通过嵌入的 Excel 组件，来设置图表区域的填充效果、边框效果和阴影效果等图表区格式，以达到美化图表的目的。

1．设置填充效果

　　选择图表，执行【图表工具】|【格式】|【当前所选内容】|【图表元素】命令，在其下拉列表中选择【图表区】选项。然后，执行【设置所选项内容格式】命令，在弹出的【设置图表区格式】任务窗格中，在【填充】选项组中选择一种填充效果，设置相应的选项即可。

　　在【填充】选项组中，主要包括 6 种填充方式，其具体情况如下表所示。

选项	子选项	说　　明
无填充		不设置填充效果
纯色填充	颜色	设置一种填充颜色
	透明度	设置填充颜色透明状态
渐变填充	预设渐变	用来设置渐变颜色，共包含 30 种渐变颜色

续表

选项	子选项	说　　明
渐变填充	类型	表示颜色渐变的类型，包括线性、射线、矩形与路径
	方向	表示颜色渐变的方向，包括线性对角、线性向下、线性向左等 8 种方向
	角度	表示渐变颜色的角度，其值介于 1~360 度之间
	渐变光圈	用于设置渐变光圈的结束位置、颜色与透明度
图片或纹理填充	纹理	用来设置纹理类型，一共包括 25 种纹理样式
	插入图片来自	用于插入来自文件、剪贴板与剪贴画中的图片
	将图片平铺为纹理	表示纹理的显示类型，选择该选项则显示【平铺选项】，禁用该选项则显示【伸展选项】
	伸展选项	用来设置纹理的偏移量
	平铺选项	用来设置纹理的偏移量、对齐方式与镜像类型
	透明度	用来设置纹理填充的透明状态
图案填充	图案	用来设置图案的类型，一共包括 48 种类型
	前景	用来设置图案填充的前景颜色
	背景	用来设置图案填充的背景颜色
自动		选择该选项，表示图表的图表区填充颜色将随机进行显示，一般默认为白色

2．设置边框效果

在【设置图表区格式】窗格中的【边框】选项组中，设置边框的样式和颜色即可。在该选项组中，包括【无线条】、【实线】、【渐变线】与【自动】4种选项。例如，选中【实线】选项，在列表中设置【宽度】选项。

3．设置阴影效果

在【设置图表区格式】窗格中，激活【效果】选项卡，在【阴影】选项组中设置图表区的阴影效果。

> **注意**
>
> 在【效果】选项卡中，还可以设置图表区的发光、柔化边缘和三维格式等效果。

7.3.2 设置坐标轴格式

坐标轴是标识图表数据类别的坐标线，用户可以在【设置坐标轴格式】任务窗格中设置坐标轴的数字类别与对齐方式。

1．设置坐标轴选项

双击水平坐标轴，在【设置坐标轴格式】窗格中，激活【坐标轴选项】下的【坐标轴选项】选项卡。在【坐标轴选项】选项组中，设置各项选项。

【坐标轴选项】选项组中主要包括下表中的各项选项。

选项	子选项	说　　明
坐标轴类型	根据数据自动选择	选中该单选按钮将根据数据类型设置坐标轴类型
	文本坐标轴	选中该单选按钮表示使用文本类型的坐标轴
	日期坐标轴	选中该单选按钮表示使用日期类型的坐标轴
纵坐标轴交叉	自动	设置图表中数据系列与纵坐标轴之间的距离为默认值
	分类编号	自定义数据系列与纵坐标轴之间的距离
	最大分类	设置数据系列与纵坐标轴之间的距离为最大显示
坐标轴位置	逆序类别	选中该复选框，坐标轴中的标签顺序将按逆序进行排列

另外，双击垂直坐标轴，在【设置坐标轴格式】任务窗格中，激活【坐标轴选项】下的【坐标轴选项】选项卡。在【坐标轴选项】选项组中，设置各项选项。

2．设置对齐方式

在【设置坐标轴格式】窗格中，激活【坐标轴选项】下的【大小属性】选项卡。在【对齐方式】选项组中，设置对齐方式、文字方向与自定义角度。

3．设置数字类型

在【设置坐标轴格式】任务窗格中，激活【坐标轴选项】下的【坐标轴选项】选项卡。然后，在【数字】选项组中的【类别】列表框中选择相应的选项，并设置其小数位数与样式。

7.3.3　设置数据系列格式

数据系列是图表中的重要元素之一，用户可以通过设置数据系列的形状、填充、边框颜色和样式、阴影以及三维格式等效果，达到美化数据系列的目的。

1．更改形状

执行【当前所选内容】|【图表元素】命令，在其下拉列表中选择一个数据系列。然后，执行【设置所选内容格式】命令，在弹出的【设置数据系列

格式】窗格中的【系列选项】选项卡中选中一种形状。然后，在微调框中输入【系列间距】和【分类间距】值。

注意

在【系列选项】选项卡中，其形状的样式会随着图表类型的改变而改变。例如，上图中的【数据系列】选项属于"三维蔟状柱形图"图表。

2．设置填充颜色

激活【填充线条】选项卡，在该选项卡中可以设置数据系列的填充颜色，包括纯色填充、渐变填充、图片和纹理填充、图案填充等。

7.4　设置图表布局

图表布局直接影响到图表的整体效果，用户可根据工作习惯设置图表的布局。例如，添加图表坐标轴、数据系列、添加趋势线等图表元素。另外，用户还可以通过更改图表样式，达到美化图表的目的。

7.4.1　使用预定义图表布局

Visio 中嵌入的 Excel 组件根据不同的图表类型，分别提供了对应的图表布局，以方便用户快速应用各种布局样式。

选择图表，执行【图表工具】|【设计】|【图表布局】|【快速布局】命令，在其级联菜单中选择相应的布局。

7.4.2　自定义图表布局

在 Visio 中，除了使用预定义图表布局之外，

用户还可以通过手动设置来调整图表元素的显示方式。

1．添加图表标题

选择图表，执行【图表工具】|【设计】|【图表布局】|【添加图表元素】|【图表标题】命令，在其级联菜单中选择相应的选项即可。

2．添加数据表

选择图表，执行【图表工具】|【设计】|【图表布局】|【添加图表元素】|【数据表】命令，在其级联菜单中选择相应的选项即可。

3．添加数据标签

选择图表，执行【图表工具】|【设计】|【图表布局】|【添加图表元素】|【数据标签】命令，在其级联菜单中选择相应的选项即可。

提示

使用同样的方法，用户还可以通过执行【添加图表元素】命令，添加图例、网格线、坐标轴等图表元素。

7.4.3　添加分析线

分析线只适用于部分图表，主要用于分析和预测数据的发展趋势，包括误差线、趋势线、线条和涨/跌柱线。

1．添加误差线

误差线主要用来显示图表中每个数据点或数据标记的潜在误差值，每个数据点可以显示一个误差线。

选择图表，执行【图表工具】|【设计】|【图表布局】|【添加图表元素】|【误差线】命令，在其级联菜单总选择误差线类型即可。

各类型的误差线含义如下：

❑ **标准误差**　显示使用标准误差的图表系列误差线。

❑ **百分比**　显示包含 5％值的图表系列的误差线。

❑ **标准偏差**　显示包含一个标准偏差的图表系列的误差线。

2．添加趋势线

趋势线主要用来显示各系列中数据的发展趋势。选择图表，执行【图表工具】|【设计】|【图表布局】|【添加图表元素】|【趋势线】命令，在其级联菜单中选择趋势线类型，在弹出的【添加趋势线】对话框中，选择数据系列即可。

其他类型的趋势线的含义如下：

❑ **线性**　为选择的图表数据系列添加线性趋势线。

❑ **指数**　为选择的图表数据系列添加指数趋势线。

□ **线性预测** 为选择的图表数据系列添加两个周期预测的线性趋势线。

□ **移动平均** 为选择的图表数据系列添加双周期移动平均趋势线。

> **提示**
>
> 在 Excel 中，不能向三维图表、堆积型图表、雷达图、饼图与圆环图中添加趋势线。

3．添加线条

选择图表，执行【图表工具】|【设计】|【图表布局】|【添加图表元素】|【线调】命令，在其级联菜单中选择线条类型。

> **注意**
>
> 用户为图表添加线条之后，可执行【添加图表元素】|【线条】|【无】命令，取消已添加的线条。

4．添加涨/跌柱线

选择图表，执行【图表工具】|【设计】|【图表布局】|【添加图表元素】|【涨/跌柱线】|【涨/跌柱线】命令，即可为图表添加涨/跌柱线。

Visio 7.5 练习：制作甘特图

甘特图是一个水平条形图，常用于项目管理，其作用类似于 Visio 中的"项目管理"类型中的"甘特图"模板。在本练习中，将运用 Visio 中的插入图表功能来制作一份显示任务进度的甘特图。

> **练习要点**
>
> ● 插入图表
> ● 更改数据类型
> ● 编辑数据源
> ● 设置坐标轴格式
> ● 设置数据系列格式
> ● 应用主题
> ● 应用背景
> ● 应用边框和标题

操作步骤 >>>

STEP|01 插入图表。新建空白文档，将纸张方向设置为横向。执行【插入】|【插图】|【图表】命令，此时系统会自动插入一个默认图表。

STEP|02 在 Excel 组件中，单击状态栏中的【Sheet1】标签，切换到该工作表内，输入图表基础数据。

STEP|03 选择图表，执行【设计】|【类型】|【更改图表类型】命令，选择【堆积条形图】选项。

STEP|04 执行【设计】|【数据】|【选择数据】命令，选择【空白系列】选项，单击【删除】按钮。

STEP|05 选择【开始时间】选项，单击【编辑】按钮，编辑系列值。用同样方法，编辑【工期】的系列值。

STEP|06 在【水平（分类）轴标签】列表框中，单击【编辑】按钮，编辑轴标签区域。

STEP|07 删除图例，双击"垂直（类别）轴"，选中【最大分类】选项，并启用【逆序类别】复选框。

STEP|10 在【数字】选项组中，将日期格式设置为"3月14日"。

STEP|08 双击"开始时间"数据系列，在【填充】选项卡中启用【无填充】选项。

STEP|11 设置背景和主题。执行【设计】|【主题】|【线性】命令，设置图表的主题效果。

STEP|09 双击"水平（值）轴"，将【最小值】、【最大值】与【主要刻度单位】分别设置为"39993"、"40037"与"7"。

STEP|12 同时，执行【设计】|【背景】|【背景】|【货币】命令，设置其背景效果。

STEP|13 执行【设计】|【背景】|【边框和标题】

|【凸窗】命令，添加边框和标题。

STEP|14 选择"背景-1"标签，切换到背景页中，双击标题区域，输入标题文本。

7.6 练习：制作产量与人员关系图

在 Visio 中，用户不仅可以使用内置的各种形状生成流程图、结构图、布局图等图表，还可以使用其内置的图表功能，以各种形式生动地展示绘图数据，从而增加绘图数据的层次性、条理性和关联性。在本练习中，将运用"散点图"图表来详细地展示产量与人员之间的关系。

练习要点

- 插入图表
- 设置图表数据
- 更改图表类型
- 设置图表格式
- 添加趋势线
- 设置趋势线格式

操作步骤 ▶▶▶

STEP|01 插入图表。新建空白文档，将纸张方向设置为横向。执行【插入】|【插图】|【图表】命令，此时系统会自动插入一个默认图表。

STEP|02 在 Excel 组件中，单击状态栏中的【Sheet1】标签，切换到该工作表内，输入图表基础数据。

	A	B	C	D
1	年份	产量X（万吨）	人员Y（人）	
2	2003年	15	680	
3	2004年	23	740	
4	2005年	28	940	
5	2006年	36	1212	
6	2007年	47	1003	
7	2008年	58	1412	
8	2009年	69	1268	
9	2010年	84	1598	
10	合计	360	8853	

STEP|03 更改图表类型。选择图表，执行【设计】|【类型】|【更改图表类型】命令，选择【XY 散点

图】类下的【散点图】选项。

STEP|04 设置图表数据。执行【设计】|【数据】|【选择数据】命令，单击【图表数据区域】右侧折叠按钮，选择图表数据区域，并单击【确定】按钮。

STEP|05 设置坐标轴。双击垂直坐标轴，在弹出的【设置坐标轴格式】窗格中，设置最大值和主要刻度值。

STEP|06 双击水平坐标轴，在弹出的【设置坐标轴格式】窗格中，设置最大值和主要刻度值。

STEP|07 设置图表元素。选择图例，按下 Delete 键，删除图例。

STEP|08 执行【设计】|【图表布局】|【添加图表元素】|【图表标题】|【图表上方】命令，添加图表标题并输入标题文本。

STEP|09 执行【设计】|【图表布局】|【添加图表元素】|【数据标签】|【上方】命令，添加数据标

签并调整标签的具体位置。

STEP|10 执行【设计】|【图表布局】|【添加图表元素】|【趋势线】|【线性】命令，为图表添加线性趋势线。

STEP|11 双击趋势线，在弹出的【设置趋势线格式】窗口中，启用【显示公式】复选框，并单击【确定】按钮。

STEP|12 美化图表。选择图表，执行【格式】|【形状样式】|【强烈效果-蓝色，强调颜色 5】命令，设置图表样式并更改数据标签和公式的字体颜色。

STEP|13 同时，执行【格式】|【形状样式】|【形状效果】|【棱台】|【圆】命令，设置图表的棱台效果。

STEP|14 双击趋势线，激活【填充与线条】选项卡，展开【线条】选项组，选中【实线】选项，将【颜色】设置为"红色"，将【短划线类型】设置为"方点"。

7.7 新手训练营

练习1：制作柏拉图

⊙downloads\7\新手训练营\柏拉图

提示：本练习中，首先创建空白文档，并自定义绘图页的大小。然后，执行【插入】|【插图】|【图表】命令，选择图表类型，插入默认图表。在 Excel 组件中选择"Sheet1"工作表，输入图表数据。切换到图表工作表中，设置图表的数据系列、数据标签、图例，以及坐标轴等图表元素格式。最后，执行【设计】|【背景】|【背景】和【边框和标题】命令，设置绘图页的背景和标题样式。

练习2：制作淡水的组成图

⊙downloads\7\新手训练营\淡水的组成图

提示：本练习中，首先创建空白文档，并设置绘图页的纸张方向。然后，执行【插入】|【插图】|【图表】命令，选择图表类型，插入默认图表。在 Excel 组件中选择"Sheet1"工作表，输入图表数据。切换到图表工作表中，设置图表的数据系列、数据标签、图例，以及坐标轴等图表元素格式。最后，执行【设计】|【背景】|【背景】命令，设置绘图页的背景样式并插入背景图片。同时，使用【文本块】工具，输入标题文本并设置文本的字体格式。

练习3：制作金融机构统计公报

⊙downloads\7\新手训练营\金融机构统计公报

提示：本练习中，首先创建空白文档，并设置绘图页的纸张方向。然后，执行【插入】|【插图】|【图表】命令，选择图表类型，插入默认图表。在 Excel 组件中选择"Sheet1"工作表，输入图表数据。切换到图表工作表中，设置图表的数据系列、数据标签、图例，以及坐标轴等图表元素格式。最后，执行【设计】|【背景】|【背景】命令，设置绘图页的背景样式并插入背景图片。同时，使用【文本块】工具，输入标题文本并设置文本的字体格式。

练习4：制作汽车库存周期表

⊙downloads\7\新手训练营\汽车库存周期表

提示：本练习中，首先创建【商务】类别中的【图表和图形】模板文档，并自定义绘图页的大小。然后，使用【矩形】工具绘制一个矩形形状，并设置形状的填充样式和线条格式。同时，在绘图页中添加模具形状，设置形状大小，输入文本并设置文本的字体格式。使用【线条】和【矩形】工具绘制虚线和背景墙，并设置线条和形状的填充格式和线条样式。

最后，使用【文本块】工具制作图表标题。同时，执行【设计】|【背景】|【背景】命令，设置绘图页的背景样式。

练习 5：制作销售图表

⊙downloads\7\新手训练营\销售图表

提示：本练习中，首先创建空白文档，并设置绘图页的纸张方向。然后，插入默认图表，输入图表数据。切换到图表工作表中，设置图表的数据系列、数据标签、图例，以及坐标轴等图表元素格式。最后，执行【设计】|【背景】|【背景】命令，设置绘图页的背景样式并插入背景图片。同时，使用【文本块】工具，输入标题文本并设置文本的字体格式。

练习 6：制作销售业绩分析图

⊙downloads\7\新手训练营\销售业绩分析图

提示：本练习中，首先创建空白文档，并设置绘图页的纸张方向。然后，插入默认图表，输入图表数据，更改图表类型，设置图表的数据系列、数据标签、图例，以及坐标轴等图表元素格式。最后，设置图表的形状颜色，使用【文本块】工具，输入标题文本并设置文本的字体格式。

第 8 章

应用部件和文本对象

　　在制作绘图时，用户可以通过 Visio 提供的容器与标注工具，快速为已添加的形状增加边框和注释内容。此外，还可以通过 Visio 中的批注、墨迹等特殊的显示对象，来标记用户对 Visio 绘图文档的意见，以实现团队协作。在本章中，将详细介绍使用部件和一些常用文本对象的基础知识和操作技巧。

8.1 使用公式和标注

公式是 Visio 中嵌入的一种文本对象，用于帮助用户表达绘图页中的公式或特殊符号。标注则是 Visio 中为形状添加批注的一种独特的文本形状。

8.1.1 使用公式

公式是一个等式，是一个包含了数据和运算符的数学方程式。在绘图页中，可以运用公式功能来表达一些物理、数学或化学方程式，以充实绘图内容。

1. 插入公式

执行【插入】|【文本】|【对象】命令，在弹出的【插入对象】对话框中，选择列表框中的【Microsoft 公式 3.0】选项，并单击【确定】按钮。

此时，系统会自动弹出【公式编辑器】对话框，直接输入表示公式的字母和符号即可。

2. 编辑字符间距

字符间距是指表达式中各种字符之间的距离，以磅为单位。双击绘图页中的公式对象，进入到【公式编辑器】对话框中。选择公式，执行【格式】|【间距】命令，在弹出的【间距】对话框中，设置【行距】值，并单击【确定】按钮即可。

3. 编辑字符样式

在公式编写过程中，用户还可以设置字符的字体、粗体、斜体等字符样式。在【公式编辑器】窗口中，执行【样式】|【定义】命令。在弹出的【样式】对话框中，设置【函数】字符格式，单击【确定】按钮。然后，选择公式，使用新定义的字符样式即可。

4. 编辑字符大小

在【公式编辑器】窗口中，执行【尺寸】|【定义】命令，在弹出的【尺寸】对话框中，自定义【标准】磅值，单击【确定】按钮。然后选择公式，使用新定义的尺寸选项即可。

8.1.2 使用标注

标注是 Visio 中一种特殊的显示对象,可以为形状提供外部文字说明,以及连接形状和文字的连接线。使用标注可将批注添加到图表中的形状,标注会随其附加的形状移动、复制与删除。

1. 插入标注

Visio 内置了 14 种标注,用户只需执行【插入】|【图部件】|【标注】命令,在其级联菜单中选择一种选项即可。

选择标注后,用户可以像移动形状那样,移动标注以调整标注的显示位置。插入标注之后,用户可以通过双击标注,或者右击标注执行【编辑文本】命令,来为标注添加文本。

2. 与形状关联标注

标注可以作为单独的对象进行显示,也可以将

其关联到形状中,与形状一起移动或删除。首先,在绘图页中添加一个形状,然后拖动标注对象中的黄色控制点,将其连接到形状上,即可将标注关联到形状中。

3. 更改标注形状

当用户感觉所插入的标注对象与绘图页或形状搭配不合理时,可以右击标注,在弹出的快捷菜单中,执行【更改形状】命令,在其级联菜单中选择一种形状样式即可。

> **注意**
>
> 选择标注,将鼠标移至标注四周的控制点上,拖动鼠标即可调整标注对象的大小。

4. 设置标注样式

标注属于形状的一种,用户可以像设置形状那样设置标注的样式。选择标注,执行【开始】|【形状样式】|【快速样式】命令,在其级联菜单中选择一种样式即可。

使用同样方法,用户还可以执行【开始】|【形状样式】|【填充】、【线条】或【效果】命令,来自定义标注的样式。

8.2 使用容器

容器是一种特殊的形状，是由预置的对总形状组合而成的。通过容器，可以将绘图文档中的局部内容与周围内容分隔开来。另外，使用包含形状的容器可以移动、复制与删除形状。

8.2.1 插入容器

默认情况下，Visio 为用户提供了 14 种容器风格，每种容器风格都包含容器的内容区域和标题区域，以帮助用户快速使用容器对象。

1．创建单个容器

新建绘图文档，执行【插入】|【图部件】|【容器】命令，在其级联菜单中选择一种容器风格即可。

提示

选择绘图页中的形状，执行【插入】|【图部件】|【容器】命令，即可将所选形状添加到容器中；或者创建容器之后直接将形状拖动到容器内部。

2．创建嵌套容器

首先在绘图页中插入一个容器对象，然后选择该容器对象，再次执行【插入】|【图部件】|【容器】命令，在其级联菜单中选择一种容器风格，即可创建嵌套容器。

提示

也可以选择容器，右击容器，执行【容器】|【添加到新容器】命令，创建嵌套容器。

8.2.2 编辑容器尺寸

在 Visio 中，用户可根据容器所包含的具体内容，来设置容器的大小和边距，以便可以容纳更多的对象。

1．调整容器大小

插入容器之后，将鼠标移至容器四周的控制点上，拖动鼠标即可调整容器的大小。另外，选择容器，执行【格式】|【大小】|【自动调整大小】命

令，在其级联菜单中选择相应的选项即可。

【自动调整大小】命令中包括下列 3 种选项：

❑ **无自动调整大小**　选择该选项，表示容器只能以用户定义的尺寸进行显示。

❑ **根据需要展开**　该选项为默认选项，表示容器在内容未超出容器尺寸时显示原始尺寸，而当内容超出容器尺寸时会自动展开容器。

❑ **始终根据内容调整**　选择该选项，表示容器的尺寸将随时根据内容的尺寸进行扩展或缩小。

> **提示**
>
> 执行【格式】|【大小】|【根据内容调整】命令，可以使容器根据自身内容调整其大小。

2．设置容器边距

　　容器边距可以设置容器形状的边界以及内容的间距。Visio 为用户提供了 9 种边距样式，用户只需选择容器，执行【格式】|【大小】|【边距】命令，在其级联菜单中选择相应的选项即可。

8.2.3　设置容器样式

　　Visio 为用户提供了 14 种容器样式，以及相应的标题样式。创建容器对象之后，用户还可以根据绘图页的整体风格，设置容易对象的样式与标题样式。

1．设置容器样式

　　Visio 内置的容器样式类似于【插入】选项卡中的【容器】类型。选择插入的容器，执行【格式】|【容器样式】|【容器样式】命令，在其级联菜单中选择一种样式即可。

2．设置标题样式

　　标题样式主要用来设置容器的标题样式和显示位置，标题样式并不是一成不变的，它会根据容器样式改变而自动改变。

　　选择容器，执行【格式】|【容器样式】|【标题样式】命令，在其级联菜单中选择一种样式即可。

> **提示**
>
> 设置标题样式之后，执行【格式】|【容器样式】|【标题样式】|【无标题】命令，即可隐藏容器中的标题。

8.2.4　定义成员资格

在 Visio 中，用户可以使用成员资格的各种属性设置来编辑容器的内容。成员资格主要包括锁定容器、解除容器与选择内容 3 个方面。

1．锁定容器

锁定容器是阻止在容器中添加或删除形状。选择容器，执行【格式】|【成员资格】|【锁定容器】命令，即可锁定该容器禁止添加或删除形状。

提示

锁定容器之后，无论用户如何拖动容器内的形状，容器都会根据形状的位置而自动扩大，并始终包含形状。

2．解除容器

解除容器是删除容器而不删除容器中的形状。在使用"解除容器"功能之前，用户还需要先禁用"锁定容器"功能，否则无法使用该功能。

选择容器，执行【格式】|【成员资格】|【解除容器】命令，即可删除容器对象。

3．选择内容

选择内容表示可以选择容器中的形状。选择容器，执行【格式】|【成员资格】|【选择内容】命令，即可选择容器中的所有成员。

提示

在普通状态下，用户可选择容器内的形状，直接按下 Delete 键进行删除；或者直接选择容器，按下 Delete 键删除容器及容器内的对象。

Visio 8.3　使用批注

批注也是一种特殊的显示对象，当用户在查看绘制完成的文档后，可通过批注内容，写下对绘图文档的意见，而原作者用 Visio 打开文档时，即可根据批注内容进行修改。

8.3.1　创建批注

每一个批注名称都是由 Word 用户名的缩写开头，也就是批注的添加者；此外，在批注中还会显示批注添加的时间、批注内容和答复内容等。

1．新建批注

在绘图中选择需要添加批注的形状，执行【审阅】|【批注】|【新建批注】命令，在批注框中，输入批注内容即可。

2. 答复批注

添加批注之后,系统会自动在所选形状的右上角显示批注标记。

此时,单击批注标记,即可在弹出的窗格中输入答复内容,对批注内容执行答复操作。

提示

答复完批注之后,用户可通过单击绘图页其他位置,取消对批注的选择状态。

8.3.2 编辑批注

当用户为绘图文档添加批注之后,可以通过下列方法对批注进行一系列的编辑操作,包括隐藏批

注、查看批注、删除批注等。

1. 查看批注

创建批注之后,用户可直接单击批注标记,在弹出的窗格中查看单个批注内容。

此外,用户还可以执行【审阅】|【批注】|【注释窗格】|【注释窗格】命令,在打开的【注释】窗格中查看所有批注。

在【注释】窗格中,用户还可以通过单击【上一条】和【下一条】按钮来查看不同的批注。

2. 隐藏批注

如果用户不想在窗口中显示批注标记,需要执行【审阅】|【批注】|【注释窗格】|【显示标记】命令,隐藏批注标记。再次执行该命令,则可以显示批注标记。

3．筛选批注

当绘图文档中存在多个批注时，用户可在【注释】窗格中，单击【筛选依据】下拉按钮，在其下拉列表中选择相应的选项，即可按照所选内容筛选所需查看的批注。

4．删除批注

当用户为相同的对象添加多余的批注之后，可单击批注标记，在弹出的批注窗格中，单击【删除】按钮，即可删除当前批注。

此外，在【注释】窗格中，选择需要删除的批注，单击其右上角中的【删除】按钮，即可删除所选批注。

Visio　8.4　使用墨迹

墨迹工具的作用是记录用户拖动鼠标所移动过的轨迹，从而方便用户对 Visio 形状进行圈选和标记操作。

8.4.1　绘制墨迹

Visio 为用户提供了"圆珠笔"和"荧光笔"这两种墨迹类型，它们为不透明状体，会覆盖已绘制的 Visio 形状。

1．直接绘制

默认情况下，Visio 将以"圆珠笔"模式绘制墨迹。用户只需执行【审阅】|【批注】|【墨迹】命令，拖动鼠标在绘图页中绘制墨迹。

Visio 默认将所有墨迹保存在同一个形状中，如需要拆分形状，则可执行【笔】|【创建】|【关闭墨迹形状】命令，创建新的墨迹形状，然后再进行绘制。

2. 绘制荧光笔墨迹

执行【笔】|【墨迹书写工具】|【荧光笔】命令，拖动鼠标在绘图页中绘制，即可绘制荧光笔墨迹。

3. 擦除墨迹

当用户不需要绘图中的墨迹时，则需要执行【笔】|【墨迹书写工具】|【笔划橡皮擦】命令，将鼠标移动到墨迹痕迹上方，当墨迹痕迹显示高亮状态时，单击鼠标即可擦除墨迹。

> **提示**
>
> 绘制完墨迹之后，用户可执行【笔】|【墨迹书写工具】|【指针工具】命令，来选择墨迹形状。

8.4.2 设置墨迹笔画

在绘制墨迹时，为了区分墨迹和绘图页形状之间的颜色，还需要设置墨迹笔划的宽度和颜色。

1. 设置笔划颜色

启动墨迹功能，执行【笔】|【笔】|【颜色】命令，在其级联菜单中选择一种笔划颜色即可。

如果【颜色】级联菜单中的颜色中未包含用户需要的颜色，则可以执行【颜色】|【其他颜色】命令，在弹出的【颜色】对话框中的【标准】与【自定义】选项卡中，设置其他字体颜色

2. 设置笔划宽度

启动墨迹功能，执行【笔】|【笔】|【粗细】命令，在其级联菜单中选择一种笔划宽度即可。

> **提示**
>
> 在 Visio 中，用户只能在绘制墨迹前设置墨迹的颜色和宽度，不能在绘制墨迹后选择墨迹进行这些设置。

8.4.3 转换墨迹

用户绘制墨迹之后，除了通过设置墨迹笔划颜色和宽度来美化墨迹之外，还可以将其转换为文本或形状。

1．转换为文本

绘制墨迹之后，首先执行【笔】|【墨迹书写工具】|【指针工具】命令，选择墨迹形状。

然后，执行【笔】|【转换】|【转换为文本】命令。此时，在绘图页中将显示转换为文本后的形状，在形状中间将显示墨迹文本。

2．转换为形状

绘制墨迹之后，首先执行【笔】|【墨迹书写工具】|【指针工具】命令，选择墨迹形状。然后，执行【笔】|【转换】|【转换为文本】命令。此时，在绘图页中将显示转换为形状后的墨迹。

Visio 8.5 练习：制作施工计划图

施工计划图使用 Visio 中的 PERT 图表，利用简单的图形展示施工过程中各工序的开始和结束时间，从而在保证施工计划顺利完成的前提下，提高施工规划的效率。在本练习中，将运用 Visio 中的"PERT 图表"模板及插入容器等功能，来构建一份有关办公楼施工的计划图表。

练习要点

- 创建模板文档
- 添加形状
- 应用背景
- 应用主题
- 应用边框和标题
- 使用容器
- 设置字体格式

操作步骤 ▶▶▶▶

STEP|01 创建模板文档。执行【文件】|【新建】命令，在展开的列表中选择【类别】选项，并选择【日程安排】选项。

STEP|02 然后，在展开的列表中，双击【PERT图表】选项，创建模板文档。

STEP|03 设置主题效果。执行【设计】|【主题】|【主题】|【线性】命令，设置主题效果。

STEP|04 添加形状。将"PERT2"形状拖到绘图页中，调整形状的大小与位置。

STEP|05 双击形状，输入任务名称。然后，分别输入实际开始时间与实际完成时间。

STEP|06 选择"PERT2"形状，待四周出现蓝色的三角箭头时，将鼠标移到蓝色箭头上方，在浮动菜单中选择"PERT2"形状，自动链接该形状。

STEP|07 调整形状的大小与位置，并输入形状标

题、实际开始时间与实际完成时间。用同样方法，制作其他 PERT 形状。

STEP|08 连接形状。将"动态连接线"和"直接连接线"拖到绘图页中，连接上下两排 PERT2 形状。

STEP|09 美化图表。执行【设计】|【背景】|【货币】命令，为绘图页添加货币背景效果。

STEP|10 执行【设计】|【背景】|【边框和标题】|【模块】命令，添加标题并输入标题名称。

STEP|11 选择绘图页中的所有形状，执行【开始】|【字体】|【字体】|【微软雅黑】命令。

STEP|12 添加容器。执行【插入】|【图补间】|【容器】|【凹槽】命令，在绘图页中插入一个容器，并修改容器的标题文本。

STEP|13 执行【插入】|【文本】|【文本框】|【横排文本框】命令，插入文本框并输入文本内容。

Visio 8.6 练习：制作系统结构示意图

系统结构示意图主要用于显示某个系统结构设计和制作中的板块内容，而用户在制作某个系统时，需要将系统划分为不同的板块，并将每个板块封装到一个容器中，以便区分系统局部内容与周围的内容。在本练习中，将运用 Visio 中的容器对象来制作一个"系统结构示意图"。

练习要点

- 创建项目文档
- 添加形状
- 设置形状格式
- 插入图片
- 设置图片样式
- 设置字体格式
- 使用容器
- 设置容器样式

操作步骤 >>>>

STEP|01 创建模板文档。执行【文件】|【新建】命令，在展开的列表中双击【基本框图】选项，创建模板文档。

STEP|02 设置图片背景。执行【插入】|【插图】|【图片】命令，在弹出的【插入图片】对话框中，选择图片文件，单击【打开】按钮。

STEP|03 调整图片大小，执行【开始】|【编辑】|【图层】|【分配层】命令，在弹出的【新建图层】对话框中输入图层名称，并单击【确定】按钮。

STEP|04 执行【开始】|【编辑】|【图层】|【层属性】命令，启用"背景"行中的【锁定】复选框，并单击【确定】按钮。

STEP|05 制作网站前台部分。将【基本形状】模具中的"圆角矩形"形状添加到绘图页中,并调形状大小和位置。

STEP|06 选择形状,执行【开始】|【形状样式】|【填充】|【其他颜色】命令,自定义填充颜色。

STEP|07 同时,执行【开始】|【形状样式】|【线条】|【黑色,黑色】命令,设置线条颜色。

STEP|08 右击形状执行【设置形状格式】命令,激活【效果】选项卡,展开【阴影】选项组。单击【颜色】下拉按钮,选择【白色,白色,深色 255】选项,设置阴影颜色并修改阴影参数。

STEP|09 执行【插入】|【文本】|【文本框】|【横排文本框】命令,插入横排文本框,输入文本并设置文本的字体格式。

STEP|10 执行【插入】|【插图】|【图片】命令,

选择图片文件，单击【打开】按钮插入图片。

STEP|11 选择图片，执行【开始】|【形状样式】|【线条】|【黑色，黑色】命令，同时执行【粗细】命令，在其级联菜单中选择一种线条类型。

STEP|12 制作站点设定部分。执行【插入】|【图部件】|【容器】|【带】命令插入容器。

STEP|13 选择容器，执行【开始】|【形状样式】|【快速样式】|【强烈效果-蓝色，变体着色 6】命令，设置形状样式。

STEP|14 输入容器标题，选择标题文本，在【字体】选项组中设置其字体格式，同时在【段落】选项组中设置其对齐方式。

STEP|15 将【基本形状】模具中的"圆角矩形"形状添加到容器中，调整形状大小和位置，并设置其填充颜色和边框样式。

STEP|16 双击形状，输入文本并设置文本的字体格式。然后，复制"圆角矩形"形状并更改形状文本。使用同样方法制作站点设计部分。

STEP|17 制作内容管理部分。复制容器形状，删除内容形状，更改形状的填充样式和标题文本的对齐格式，并调整其大小和位置。

STEP|18 将"圆角矩形"添加到容器中，设置其大小和位置，输入文本并设置文本的字体格式。

STEP|19 选择形状，执行【开始】|【形状样式】|【填充】|【浅绿】命令，同时执行【形状样式】|【线条】|【黑色，黑色】命令。

STEP|20 右击形状执行【设置形状格式】命令，激活【效果】选项卡，展开【阴影】选项组，设置阴影颜色和参数值。

STEP|21 再次将"圆角矩形"添加到容器中，调整大小和位置，右击执行【设置形状格式】命令，展开【填充】选项卡，设置其填充颜色。

STEP|22 使用同样的方法，在容器中分别添加"圆角矩形"形状和"矩形"形状，设置其大小、位置和填充颜色，输入文本并设置文本的字体格式。

STEP|23 将"普通箭头"形状添加到容器中，按住 Shift 键调整形状的大小和位置。

STEP|24 右击"普通箭头"形状，执行【设置形状格式】命令，展开【填充】选项卡，选中【渐变填充】选项，设置【类型】和【方向】选项。

STEP|25 删除多余的渐变光圈，选择左侧的渐变光圈，将【颜色】设置为"白色，白色"，将【亮度】设置为100%。

STEP|26 选择右侧的渐变光圈，将【位置】设置为73%，单击【颜色】下拉按钮，选择【其他颜色】选项，自定义渐变光圈的颜色。

STEP|27 复制"普通箭头"形状，按住 Shift 键调整形状的位置和方向。

STEP|28 制作菜单/列表内容。复制容器形状，删除内容形状，更改形状的填充样式和标题文本的对齐格式，并调整其大小和位置。

STEP|29 将"圆角矩形"添加到容器中，设置其大小、位置和形状样式，输入文本并设置文本的字体格式。

STEP|30 添加【具有凸起效果的块】模具，将该模具中的"框架"形状添加到绘图页中，并调整其大小和形状样式。

STEP|31 添加两个"矩形"形状，调整大小、位置，设置其填充颜色和边框样式，并调整其显示层次，使深色颜色的形状位于浅色颜色形状的下方。

STEP|32 在浅色颜色"矩形"形状中输入文本，设置文本字体格式并组合两个形状。复制组合形状，更改形状文本并调整其排列位置。

STEP|33 复制"普通箭头"形状，调整形状的位置和方向，并分别更改形状的渐变填充颜色。

STEP|34 制作标题。将【图案形状】模具中的"云朵"形状添加到绘图页中，设置其填充颜色，输入文本并设置文本的字体格式。

STEP|35 执行【开始】|【工具】|【文本块】命令，在绘图页中输入标题文本并设置文本的字体格式。

Visio 8.7 新手训练营

练习 1：制作网站建设系统流程图

⊘downloads\8\新手训练营\网站建设系统流程图

提示：本练习中，首先创建【软件和数据库】类别中的【数据流图表】模板文档，并自定义绘图页大

小。然后，将"多流程"形状添加到绘图页中，调整形状大小和位置。将"从中心到中 1"和"从中心到中心 2"形状连接各个"多流程"形状。同时，使用【文本块】工具输入说明性文本，并设置文本的字体格式。最后，执行【设计】|【背景】|【背景】和【边框和标题】命令，设置绘图页背景和标题。

练习 2：制作网站维护及更新流程图

downloads\8\新手训练营\网站维护及更新流程图

提示：本练习中，首先创建【软件和数据库】类别中的【数据流图表】模板文档，并自定义绘图页大小。然后，将【数据流图表】模具中的相应形状添加到绘图页中，调整形状大小和位置。双击形状输入形状文本，并设置文本的字体格式。同时，使用【矩形】工具绘制矩形形状，并分别设置形状的填充颜色。最后，使用【连接线】工具连接各个形状，并设置连接线的线条样式。执行【设计】|【背景】|【背景】和【边框和标题】命令，设置绘图页的背景和标题样式。

练习 3：制作物联网技术体系图

downloads\8\新手训练营\物联网技术体系图

提示：本练习中，首先创建【基本框图】模板文

档，并自定义绘图页的大小。将模具形状添加到绘图页中，调整形状大小和位置，输入形状文本并设置文本的字体格式。同时，选择相应的"矩形"形状，执行【插入】|【图部件】|【容器】命令，插入容器形状。然后，选择相应的容器，再次执行【插入】|【图部件】|【容器】命令，制作嵌套容器。最后，执行【设计】|【主题】命令设置绘图页的主题效果。同时，执行【设计】|【背景】|【背景】和【边框和标题】命令，设置绘图页的背景和标题样式。

练习 4：制作用户消费与企业营销流程图

downloads\8\新手训练营\用户消费与企业营销流程图

提示：本练习中，首先创建【流程图】类中的【工作流程图-3D】模板文档，并自定义绘图页的大小。然后，将相应的模具形状添加到绘图页中，调整形状大小并横向排列形状。随后，使用"箭头"类形状连接各个形状，并调整箭头形状的大小和位置。最后，使用【文本块】工具输入标题文本，并设置文本的字体格式。同时，执行【设计】|【背景】|【背景】命令，设置绘图页的背景样式，并执行【设计】|【主题】命令，设置绘图页的主题效果。

练习 5：制作春运客流量统计图

⭕downloads\8\新手训练营\春运客流量统计图

　　提示：本练习中，首先创建【商务】类别中的【图表和图形】模板文档，并自定义绘图页的大小。然后，使用【矩形】工具绘制一个矩形形状，并设置形状的大小、位置、填充颜色和线条样式。将"三维轴""条形图 1"和"横排文本三维条形"形状添加到绘图页中，组合成图表。最后，使用【文本块】工具输入坐标轴数据、说明性文本和图表标题。同时，执行【设计】|【主题】命令，设置其主题效果；执行【设计】|【背景】命令，设置绘图页的背景样式。

练习 6：制作海陆风和山谷风的形成图

⭕downloads\8\新手训练营\海陆风和山谷风的形成图

　　提示：本练习中，首先创建空白文档，自定义纸张大小，添加【路标形状】和【基本形状】模具。然后，添加相应的模具形状，组合成合成形状，并调整形状的大小和颜色。同时，使用【线条】工具绘制线条形状，设置其长度和线条样式，并组合线条和箭头形状。最后，执行【设计】|【主题】命令，设置绘图页的主题效果，并执行【设计】|【背景】|【背景】和【边框和标题】命令，设置绘图页的背景和标题样式。

第 9 章

应用 Visio 数据

　　在使用 Visio 绘制形状之后，用户还可以通过为形状定义数据信息，以及利用 "数据链接" 功能将数据与形状相融合的方法，以动态式与图形化的方式来显示图表数据，以便于用户查看数据的发展趋势以及数据中存在的问题。此外，Visio 还提供了多种与数据相结合的功能，包括资产管理、进程改进、项目管理、项目日程以及销售概要等。在本章中，将详细介绍 Visio 与数据之间的关系，以及查看和创建数据报表的基础知识。

Visio # 9.1　设置形状数据

Visio 中的形状不仅是绘图中的主要元素，还是所有元素中的主要设置对象。用户除了设置形状的外观格式之外，还可以将形状关联到相应的数据中。

9.1.1　定义形状数据

形状数据是与形状直接关联的一种数据表，主要用于展示与形状相关的各种属性及属性值。

选择一个形状，执行【数据】|【显示/隐藏】|【形状数据窗口】命令，在弹出的【形状数据】任务窗格中设置形状的数据。

另外，右击形状执行【数据】|【定义形状数据】命令，在弹出的【定义形状数据】对话框中，设置形状的各项数据。

在【形状数据】对话框中，需要设置以下选项：

❑ **标签**　用于设置数据的名称，由字母、数字、字符组成，包括下划线 (_) 字符。

❑ **名称**　用于设置 ShapeSheet 电子表格中的数据的名称。只有在以开发人员模式运行时，该选项才可用。

❑ **类型**　用于设置数据值的数据类型。

❑ **语言**　用于标识与【日期】和【符串】数据类型关联的语言。

❑ **格式**　用于设置所指定数据的显示方式，其方式取决于【类型】和【日历】设置。

❑ **日历**　可将日历类型设置为用于选定的语言。其中，日历类型将会影响【格式】列表中的可用选项。

❑ **值**　用来设置包含数据的初始值。

❑ **提示**　用来指定在【形状数据】对话框中选择属性，或将鼠标悬停于【形状数据】窗口中的数据标签上时，所显示的说明性文本或指导性文本。

❑ **排序关键字**　用来指定【形状数据】对话框和【形状数据】窗口中数据的放置方式。只有在以开发人员模式运行下，该选项才可用。

❑ **放置时询问**　当用户创建形状的实例或重复形状时，提示用户输入形状的数据。只有在以开发人员模式运行下，该选项才可用。

❑ **隐藏**　启用该选项，将对用户隐藏属性。只有在以开发人员模式运行下，该选项才可用。

❑ **属性**　用于显示所选形状或数据集定义的所有属性。选择属性后可对其进行编辑或删除。

❑ **新建**　启用该选项，将向属性列表添加新属性。

❑ **删除**　启用该选项，将删除所选属性。

注意

【定义形状数据】对话框中的【格式】选项，不可用于布尔值数据类型。

9.1.2 导入外部数据

在 Visio 中，除了直接定义形状数据之外，还可以将外部数据快速导入到形状中，并直接在形状中显示导入的数据。

1. 导入数据

执行【数据】|【外部数据】|【自定义导入】命令，弹出【数据选取器】对话框。在【要使用的源】列表中选择使用的数据类型，并单击【下一步】按钮。

在数据类型列表中，主要包括 Excel 工作簿、Access 数据库等 6 种数据源类型。

单击【下一步】按钮，系统会根据所选择的数据源类型来显示不同的步骤。其中，每种数据源所显示的步骤如下所述：

- **Microsoft Office Excel 工作簿** 在【要导入的工作簿】中选择工作簿文件，单击【下一步】按钮。在【要使用的工作表或区域】中选择工作表，执行【选择自定义范围】选项，可以选择工作表中的单元格范围。

- **Microsoft Office Access 数据库** 在【要使用的数据库】中选择 Access 数据库文件，在【要导入的表】下拉列表中选择数据表，并单击【下一步】按钮。

- **Microsoft Windows SharePoint Services 列表** 在【网站】文本框中输入需要链接

的 SharePoint 网页的地址，并单击【下一步】按钮。

- **Microsoft SQL Server 数据库** 在【服务器名称】文本框中指定服务器名称，获得允许访问数据库的授权。然后，在【登录凭据】选项组中设置登录用户名与密码，并单击【下一步】按钮。

- **其他 OLEDB 或 ODBC 数据源** 在数据源列表中选择数据源类型，并指定文件和授权。

- **以前创建的连接** 在【要使用的链接】下拉列表中选择链接，或单击【浏览】按钮，在弹出的【现有链接】对话框中选择链接文件。

在弹出的【连接到 Microsoft Excel 工作簿】对话框中，单击【浏览】按钮，在弹出的【数据选取器】对话框中选择 Excel 数据文件，并单击【打开】按钮。然后，返回到【连接到 Microsoft Excel 工作簿】对话框中，单击【下一步】按钮。

在弹出的对话框中的【要使用的工作表或区域】下拉列表中，设置工作表或区域；同时，启用【首行数据包含有列标题】复选框，并单击【下一步】按钮。

此时，系统会自动弹出【连接到数据】对话框，选择【所有列】和【所有行】中的数据，并选择需要链接的行和列；或者保持系统默认设置，并单击【下一步】按钮。

最后，在弹出的【配置刷新唯一标识符】对话框中，保持默认设置，并单击【完成】按钮。

其中，【使用以下列中的值唯一标识我的数据中的行】选项表示选择数据中的行来标识数据的更改，该选项为默认选项。而【我的数据中的行没有唯一标识符，使用行的顺序来标识更改】选项表示不存在标识符，Visio 基于行的顺序来更新数据。

> **注意**
>
> 用户还可以将绘图连接到多个数据源上，在【外部数据】窗口中的任意位置中，右击鼠标并执行【数据源】|【添加】命令，系统会自动弹出【数据选取器】对话框，遵循"将绘图连接到数据源"小节中的步骤即可。

2．手动链接数据

在绘图页中添加形状，并在【外部数据】窗口中选择一行数据，拖至形状上，当光标变成"链接"箭头时，松开鼠标，即可将数据链接到形状上。

另外，用户也可以选择一个形状，然后在【外部数据】窗口中，选择一行要链接到形状上的数据，右击执行【链接到所选的形状】命令，即可将数据链接到形状上。

> **注意**
>
> 在【形状】模具中选择要添加数据的形状，在【外部数据】窗口中，选择一行数据，并拖至绘图页中，即可将数据链接至形状上。

3．自动链接数据

自动链接适用于数据容量很大或修改很频繁时，在绘图页中执行【数据】|【高级的数据链接】|【链接数据】命令，系统会自动弹出【自动链接】对话框。在【希望自动链接到】选项组中选择需要链接的所选形状或全部形状，并单击【下一步】按钮。

在【数据列】与【形状字段】下拉列表中选择需要链接的数据，以及在形状中显示数据的字段。对于需要链接多个数据列的形状来讲，可以单击【和】按钮，增加链接数据列与形状字段。然后，启用【替换现有链接】复选框，以当前的链接数据替换绘图页中已经存在的链接。最后，单击【下一步】按钮并单击【完成】按钮即可。

4．添加形状到链接

当用户为绘图页添加新的形状时，可同时添加数据链接。首先，在模具中选择将要添加的形状。然后，在【外部数据】窗口中拖动一行数据记录到绘图页中，即可在绘图页中同时添加形状与数据链接。

9.1.3 更改形状数据

当导入的数据包含多列内容时，用户可通过更改形状数据的方法来设置形状的显示格式。

在导入的外部数据列表中，右击执行【列设置】命令，在弹出的【列设置】对话框中，提供了数据表中的各个列，此时用户可以通过修改列属性来更改形状的显示格式。

在【选择要配置的列】列表框中选择列之后，可通过单击【上移】或【下移】按钮来调整列的显示顺序。另外，单击【重命名】按钮，可以更改所选列的名称；单击【充值名称】按钮，可以恢复被修改的列名称。此外，单击【数据类型】按钮，可在弹出的【类型和单位】对话框中，设置该列内容的数据类型、单位、货币等属性。

在 Visio 中主要包含了货币、数值、布尔型等6 种数据类型，每种数据类型的具体含义，如下所述。

据源，单击【配置】按钮，在弹出的【配置刷新】
对话框中设置相应的选项即可。

- **数值**　该数据类型为系统默认数据类型，表示普通的数值。
- **布尔型**　该数据类型是由 True（真）和 False（假）组成的逻辑数据。
- **货币**　该数据类型是由两位小数的数字和货币符号构成的数值。
- **日期**　该数据类型是一种日期格式的数据，是一种可通过日历更改的日期时间。
- **持续时间**　该数据类型是由整数和时间单位构成的数值。
- **字符串**　该数据类型为普通的字符。

9.1.4　刷新形状数据

执行【数据】|【外部数据】|【全部刷新】|【刷新数据】命令，弹出【刷新数据】对话框。在该对话框中选择需要刷新的数据源，单击【刷新】按钮即可刷新数据。另外，直接单击【全部刷新】按钮，即可对绘图页中的所有链接执行刷新操作。

另外，用户也可以配置数据刷新的间隔时间、唯一标识符等数据源信息。在列表框中选择一个数

在该对话框中，需要设置下列几种选项：

- **更改数据源**　启用该选项，可在弹出的【数据选取器】对话框中重新设置数据源。
- **自动刷新**　启用【刷新时间间隔　分钟】选项，并在微调框中输入或设置刷新时间即可。
- **唯一标识符**　用户设置数据源的唯一标识符，执行【使用行的顺序来表示更改】选项时，表示数据源没有标识符。
- **覆盖用户对形状数据的更改**　启用该选项，可以覆盖形状数据属性中值。

9.2　使用数据图形

Visio 中的数据图形是一组增强元素，可以形象地显示数据信息。使用数据图形，在绘图中具有大量信息的情况下，可以保证信息的传递通畅。

9.2.1　应用数据图形

Visio 为用户提供了两种数据图形类型，即普

通数据和高级数据图形。用户可根据设计需求来应用置不同的数据图形。

1. 添加普通数据图形

通常情况下，Visio 会以默认的数据图形样式来显示形状的数据。此时，用户可执行【数据】|【数据图形】|【数据图形】命令，在其级联菜单中选择一种样式选项，即可快速设置数据图形的样式。

> **注意**
>
> 可通过执行【数据】|【数据图形】|【数据图形】|【无数据图形】命令，取消已设置的数据图形样式。

2. 添加高级数据图形

执行【数据】|【高级的数据链接】|【高级数据图形】命令，在其级联菜单中选择一种样式选项，即可快速设置数据图形的样式。

3. 设置显示位置

为形状添加数据图形之后，可根据绘图页的整体布局，来调整数据图形的显示位置。

选择数据形状，执行【数据】|【数据图形】|【位置】命令，在其级联菜单中选择相应的选项即可。

9.2.2 编辑数据图形

除了使用 Visio 内置的数据图形样式之外，用户还可以自定义现有的数据图形样式，以使数据图形样式完全符合形状数据的类型。

1. 设置数据图形

右击形状，执行【数据】|【编辑数据图形】命令，在弹出的【编辑数据图形】对话框中，设置数据图形的位置及显示标注。

在【编辑数据图形】对话框中，主要可以执行下列几种操作：

❏ **创建新项目** 启用【新建项目】选项，选择相应的选项，即可在弹出的对话框中设置项目属性。可以设置文本、数据栏、图表集与按值显示颜色 4 种类型。

❏ **编辑项目** 启用【编辑项目】选项，即可在弹出的对话框中重新设置项目的属性。

❑ **删除项目** 启用【删除】选项，即可删除选中的项目。

❑ **排列项目** 该选项适用于将所有项目放置于同一个位置。选择项目，执行【上三角形】⬆ 与【下三角形】⬇ 选项即可。

❑ **设置位置** 启用【默认位置】选项组中的【水平】与【垂直】选项，即可设置项目的排放位置。

❑ **设置显示** 可以通过启用【在默认位置显示项目周围的边框】选项，将项目周围的边角显示在默认位置。同时，可以启用【应用数据图形时隐藏形状文本】选项，在应用"数据图形"时隐藏形状的文本。

2．使用文本增强数据

在绘图中，用户可以使用包含列名与列值的文本标注，或只显示数据值标题的文本样式来显示形状数据。在【编辑数据图形】对话框中，单击【新建项目】按钮，在【新项目】对话框中设置【数据字段】选项，将【显示为】设置为"文本"选项，然后设置各选项即可。

在【新项目】对话框的详细信息中，各项标注的含义如下所述：

❑ **值格式** 用来设置文本标注中所显示值的格式。启用该选项右侧的按钮▯，即可在弹出的【数据格式】对话框中，设置显示值的数据格式。

❑ **值字号** 用来设置文本值的字体大小，用

户在其文本框中直接输入字号数据即可。

❑ **边框类型** 用来设置文本标签的边框显示样式，主要包括"无""靠下""轮廓"等样式。

❑ **填充类型** 用来设置在显示文本数据时是否显示填充颜色。

❑ **水平偏移量** 用来设置标签的水平位置，包括"无"与"靠右"选项。

❑ **标注宽度** 用来设置在文本标注的宽度，可以直接在文本框中输入宽度值。

❑ **垂直偏移量** 用来设置标签的水平位置，包括"无"与"向下"选项。

注意

【新项目】对话框中的【详细信息】选项组中的各项选项，会随着【样式】选项的改变而改变。

3．使用数据栏增强数据

数据栏以缩略图表或图形的方式动态显示数据。在【新项目】对话框中，将【显示为】选项设置为"数据栏"，并在【样式】下拉列表中选择一种样式。然后设置各项选项即可。

在【新项目】对话框的【详细信息】选项组中，主要包括下列各选项：

❑ **最小值** 用来显示数据范围中的最小值，默认时该值为 0。

❑ **最大值** 用来显示数据范围中的最大值，

默认时该值为 100。指定该值之后，数据条不会因形状数据的值比最大值大而变大。

❑ **值位置** 用来设置数据值的显示位置，可以将其设置为相对数据栏的靠上、下、左、右或内部位置。也可以通过选择"不显示"选项来隐藏数据值。

❑ **值格式** 用来设置数据值的数据格式，启用该选择后面的按钮，即可在【数据格式】对话框中设置数据显示的格式。

❑ **值字号** 用来设置标志中字体显示的字号，用户可以直接输入表示字号的数值。

❑ **标签位置** 用来显示数据标签的位置，可以将其设置为靠上、下、左、右或内部位置。

❑ **标签** 用来设置标签显示名称，系统默认为形状数据字段的名称，可直接在文本框中输入文字。

❑ **标签字号** 用来设置标签显示名称的字号，用户可以直接输入表示字号的数值。

❑ **标注偏移量** 用来设置文本数据标注是靠右侧偏移还是靠左侧偏移。

❑ **标注宽度** 用来设置标注的具体宽度，用户可以直接输入表示宽度的数值。

> **注意**
>
> 当用户选择【样式】中的"多栏图形"样式或其以后的样式时，在【详细信息】选项组中将添加标签与字段等多种选项。

4. 使用图标集增强数据

用户还可以使用标志、通信信号和趋势箭头等图标集来显示数据。图标集的设置方法等同于 Excel 中的"条件格式"，系统会根据定义的第 1 条规则来检测形状数据中的值，以根据数据值来判断用什么样的图标来标注值。如果第 1 个值没有通过系统的检测，那么系统会使用第 2 条规则继续检测，依此类推，直到检测到符合标准的值。

在【新项目】对话框中，将【显示为】设置为"图标集"，并在【样式】下拉列表中选择一种样式。然后，设置各项选项即可。

该对话框中，各选项的功能如下所述：

❑ **显示** 用来设置数据字段名称与标注样式。

❑ **位置** 用来设置标注的水平与垂直位置。当启用【使用默认设置】选项时，【水平】与【垂直】选项将不可用。

❑ **显示每个图表的规则** 用来设置每个图标所代表的值、包含的值范围或表达式。

5. 使用颜色增强数据

在 Visio 中，可以通过应用颜色来表示唯一值或范围值，每种颜色代表一个唯一值，用户也可以将多个具有相同值的形状应用相同的颜色。在【新项目】对话框中，将【显示为】选项设置为"按值显示颜色"，并在【着色方法】下拉列表中选择一种选项，设置各选项即可。

该对话框中各选项的功能如下所述：

❑ **数据字段** 用于设置数据字段的名称。

□ **着色方法** 用于设置应用颜色的方法。启用【每种颜色代表一个唯一值】选项，表示可向相同值的所有形状应用同一种颜色。启用【每种颜色代表一个范围值】选项，表示可以使用整个范围内从鲜亮到柔和的各种颜色，来表示一个范围内的不同值。

□ **颜色分配** 用于设置具体数据值，以及数据值的填充颜色与文本颜色。用户可启用【插入】选项来插入新的值列，启用【删除】选项删除选中的值列。

9.3 使用形状表数据

Visio 是一种面向对象的形状绘制软件，每一个 Visio 中的显示对象都具有可更改的数值属性。一般情况下，形状数值属性位于形状表中，而形状表又称为 ShapeSheet，主要用于显示形状的各种关联数据。

9.3.1 查看形状表数据

选择形状，右击执行【显示 ShapeSheet】命令，即可显示形状数据窗口，将该窗口最大化后，用户便可以详细查看表中的各种数据。

> **注意**
>
> 也可以执行【开发工具】|【形状设计】|【显示 ShapeSheet】|【形状】命令，打开形状表数据窗口。

另外，在形状表数据窗口中，选择一个单元格，在【数据栏】中的"="号后面输入新的表数据值和单位，单击【接受】按钮，完成形状数据的编辑操作。

9.3.2 使用公式

当用户想通过运算功能来实现数值的编辑时，可以单击【数据栏】右侧的【编辑公式】按钮，在弹出的【编辑公式】对话框中，可根据提示信息输入公式内容，并单击【确定】按钮完成公式的输入操作。

> **注意**
>
> 在输入公式时，Visio 会显示一些简单的公式代码提示，帮助用户进行简单的公式计算，例如允许用户使用三角函数、乘方开方等数学计算。

另外，也可以执行【SHAPESHEET 工具】|

【设计】|【编辑】|【编辑公式】命令，在弹出的【编辑公式】对话框中，对公式进行编辑操作。

9.3.3 管理表数据节

默认状态下，形状表数据可以分为 18 种，它们以节的方式显示于形状表的窗口中。各节的作用如下表所示。

表数据类型	作　　用
Shape transform	形状变换属性，包括宽度和高度等
User-defined cells	用户定义表，包括各种主题设置
Shape Data	形状数据信息
Controls	用户控制信息
Protection	锁定形状属性信息
Miscellaneous	调节手柄设置
Group properties	形状组合设置
Line format	形状线条格式
Glue info	粘贴操作信息
Fill format	形状填充格式
Character	字符格式
Paragraph	段落格式
Tabs	表格格式
Text block format	文本框格式
Tex transform	文本变换属性
Events	事件属性
Image properties	图片属性
Shape layout	形状层属性设置

当用户需要查看节数据时，可执行【设计】|【视图】|【节】命令，在弹出的【查看内容】对话框中选择需要显示的形状数据即可。

在形状表窗口中，用户可以选择任意一个节中的表数据，执行【设计】|【节】|【删除】命令，即可删除表数据。

另外，用户还可以执行【设计】|【节】|【插入】命令，在弹出的【插入内容】对话框中，选择需要插入的内容，单击【确定】按钮，在表数据窗口中插入相应的表内容。

9.4 显示形状数据

Visio 为用户提供了一些显示形状数据的功能，例如，可通过创建数据报告来显示和分析形状数据，或者通过创建数据透视关系图形象地显示不同类型的形状数据。

9.4.1 创建数据报告

Visio 为用户提供了预定义报告的功能，用户可利用这些报告来查看与分析形状中的数据，还可以根据工作需求创建新报告，以便分析与保存报告数据。

1. 使用预定义报告

在绘图页中，执行【审阅】|【报表】|【形状报表】命令，在弹出的【报告】对话框中，选择报告类型并运行该报告即可。

该对话框中各选项的功能如下所述：

- ❑ **新建** 启用该选项，可以在弹出的【报告定义向导】中创建新报告。
- ❑ **修改** 启用该选项，可以在弹出的【报告定义向导】中修改报告。
- ❑ **删除** 改用该选项，可以从列表中删除选定的报告定义。但是，只能删除保存在绘图中的报告定义。要删除保存在文件中的报告定义，应删除包含该报告的文件。

- ❑ **浏览** 用于搜索存储在不存在于任何默认搜索位置的文件中的报告定义。
- ❑ **仅显示特定绘图的报告** 用来指示是否将报告定义列表限制为与打开的绘图相关的报告。清除此复选框，将列出所有报告定义。
- ❑ **运行** 启用该选项，在弹出的【运行报告】对话框中，设置报告格式并基于所选的报告定义创建报告。

2. 自定义报告

在【报告】对话框中单击【新建】按钮，即可弹出【报告定义向导】对话框。通过该对话框自定义报告时，主要分为选择报告对象、选择属性、设置报告格式与保存报告定义 4 个步骤。

自定义报告的第一步，便是选择报告对象。在【报告定义向导】对话框的首要页面中，可以选择所有页上的形状、当前页上的形状、选定的形状，以及其他列表中的形状，并单击【下一步】按钮。

> **注意**
>
> 用户也可以通过单击【高级】按钮，在弹出的【高级】对话框中定义形状的标准，用来筛选符合条件的形状。

在弹出的对话框中，启用【显示所有属性】复选框，显示所有的属性。然后，【选择要在报告中显示为列的属性】列表框中，选择要在报告中显示为列的属性，并单击【下一步】按钮。

然后，在弹出的对话框中，设置报告标题、分组依据、排序依据和格式，并单击【下一步】按钮。

最后，在弹出的对话框中保存报告定义名称、说明及位置，单击【完成】按钮，完成自定义报告的操作。

9.4.2 使用图例显示

图例是结合数据显示信息而创建的一种特殊标记，当设置列数据的显示类型为数据栏、图标集或按值显示颜色时，便可以为数据插入图例。

在包含形状数据的绘图页中，执行【数据】|【显示数据】|【插入图例】命令，在其级联菜单中选择一种选项即可。

此时，Visio 会根据绘图页中设置的数据显示方式，自动生成关于数据的图例。

Visio 9.5 练习：制作学时表

学时表是记录学员所修学时的一种可视化图表，主要用于监督和分析学员的上课情况。在本练习中，将运用"导入外部数据"与"数据图形增强数据"功能，来制作一份"学时表"图表。

练习要点
- 设置纸张方向
- 添加形状
- 导入外部数据
- 链接数据
- 使用数据图形
- 应用主题
- 应用变体
- 应用边框和标题

操作步骤 >>>

STEP|01 添加模具。新建空白文档，单击【形状】任务窗格中的【更多形状】下拉按钮，选择【流程图】|【工作流对象-3D】选项，添加模具。

STEP|02 设置纸张方向。在绘图页中，执行【设计】|【页面设置】|【纸张方向】|【横向】命令，设置纸张方向。

STEP|03 添加形状。在绘图页中添加 6 个【工作流对象-3D】模具中的【人-半身】形状，并排列

形状。

STEP|04 导入外部数据。执行【数据】|【外部数据】|【自定义导入】命令，选中【Microsoft Office Excel 工作簿】选项，并单击【下一步】按钮。

STEP|05 单击【浏览】按钮，选择相应的工作簿文件，并单击【下一步】按钮。

STEP|06 单击【选择自定义范围】按钮，在弹出的 Excel 窗口中，选择数据区域，单击【下一步】

按钮。

STEP|07 在【数据选取器】对话框中，保持默认选项，并单击【完成】按钮。

STEP|08 连接数据。选择绘图页中所有的形状，并选择【外部数据】窗口中的所有数据。将【外部数据】窗口中的数据拖到形状中，当光标变成"链接"箭头时，释放鼠标即可。

STEP|09 使用数据图形。选择所有形状，执行【数据】|【高级的数据链接】|【高级数据图形】|【新建数据图形】命令，在弹出的对话框中单击【新建

项目】按钮。

STEP|10 在【新项目】对话框中，分别设置【数据字段】、【显示为】和【样式】选项。

STEP|11 在【新建数据图形】对话框中，单击【新建项目】按钮。在【新项目】对话框中，分别设置【数据字段】、【显示为】和【样式】选项。

STEP|12 在【新建数据图形】对话框中，单击【新

建项目】按钮，分别设置【数据字段】、【显示为】
和【样式】选项，以及【颜色分配】选项。

STEP|13 在【新建数据突显】对话框中，单击【新
建项目】按钮，分别设置【数据字段】、【显示为】
和【样式】选项，以及每个图标的显示规则。

STEP|14 在【新建数据突显】对话框中，单击【新
建项目】按钮，分别设置【数据字段】、【显示为】
和【样式】选项。

STEP|15 美化图表。执行【设计】|【主题】|【主
题】|【线性】命令，为绘图页添加主题效果。

STEP|16 执行【设计】|【变体】|【线性，变量3】
命令，设置变体效果。

STEP|17 执行【设计】|【背景】|【边框和标题】
|【市镇】命令，切换到【背景-1】绘图页中，为形
状添加标题文本，设置文本的字体格式并设置填充
颜色。

STEP|18 执行【设计】|【背景】|【背景】|【货币】
命令，设置绘图页的背景效果。

9.6 练习：制作考勤统计图

考勤统计图是根据员工实际考勤数据统计而来的，主要用于记录员工一定时期内的考勤情况，具有监督员工出勤率的功能。在本练习中，将运用导入外部数据以及创建数据形状，并通过对数据图形进行相关增强数据效果的设置等内容，来制作一个"考勤统计图"图表。

练习要点

- 创建模板文档
- 导入外部数据
- 添加数据形状
- 使用数据图形
- 应用主题
- 应用边框和标题

操作步骤 >>>>

STEP|01 创建模板文档。执行【文件】|【新建】命令，在展开的列表选择【类别】选项，同时选择【流程图】选项。

STEP|02 然后，在展开的列表中，双击【工作流程图】选项，创建模板文档。

STEP|03 导入外部数据。执行【数据】|【外部数据】|【自定义导入】命令，选中【Microsoft Office Excel 工作簿】选项，并单击【下一步】按钮。

STEP|04 单击【浏览】按钮，选择相应的工作簿文件，并单击【下一步】按钮。

STEP|05 在【要使用的工作表或区域】文本框中，保持现有选项，单击【下一步】按钮。

STEP|06 在【数据选取器】对话框中，保持默认选项，并单击【完成】按钮。

STEP|07 添加数据形状。在【工作流程对象】中选择"人员"形状，然后拖动【外部数据】窗格中的第 1 条数据至绘图页中，添加数据形状。

STEP|08 使用同样方法，依次添加其他数据形状，并调整其显示位置。

STEP|09 选择所有的形状，执行【开始】|【排列】|【位置】|【横向分布】命令，横向排列形状。

STEP|10 然后，选择第 1 排内的所有形状，执行【开始】|【排列】|【位置】|【自动调整间距】命令，自动调整形状间距。使用同样方法，调整其他排中的形状间距。

STEP|11 使用数据图形。选择所有形状，执行【数据】|【高级的数据链接】|【高级数据图形】|【新建数据图形】命令，在弹出的对话框中单击【新建项目】按钮。

STEP|12 在【新项目】对话框中，分别设置【数据字段】、【显示为】和【样式】选项。

STEP|13 在【新建数据图形】对话框中，单击【新建项目】按钮。在【新项目】对话框中，分别设置【数据字段】、【显示为】和【样式】选项，以及【显示每个图表的规则】选项。

STEP|14 在【新建数据图形】对话框中，单击【新建项目】按钮。在【新项目】对话框中，分别设置【数据字段】、【显示为】和【样式】选项。

STEP|15 在【新建数据图形】对话框中，单击【新建项目】按钮。在【新项目】对话框中，分别设置

【数据字段】、【显示为】和【样式】选项。

STEP|16 美化绘图。执行【设计】|【主题】|【主题】|【线性】命令，设置绘图页的主题效果。

STEP|17 执行【设计】|【背景】|【背景】|【货币】命令，设置绘图页的背景样式。

STEP|18 执行【设计】|【背景】|【边框和标题】

|【市镇】命令，添加边框和标题，切换到"背景-1"页中输入标题文本。

Visio 9.7 新手训练营

练习 1：制作拓扑结构示意图

🌐 downloads\9\新手训练营\拓扑结构示意图

提示：本练习中，首先创建【网络】类别中的【详细网络图-3D】模板文档，自定义绘图页大小并添加相应的模具。然后，导入外部数据，添加数据形状并排列形状，然后设置高级数据图形样式。最后，使用【连接线】形状连接各个形状，执行【设计】|【主题】命令设置主题效果，并执行【设计】|【背景】|【背景】和【边框和标题】命令，设置绘图页的背景和标题样式。

练习 2：制作客户参与工作流图

🌐 downloads\9\新手训练营\客户参与工作流图

提示：本练习中，首先创建【流程图】类别中的

【基本流程图】模板文档，并自定义绘图页的大小。然后，添加【跨职能流程图】模具中的"泳道"和"分隔符"形状，调整形状大小并修改形状文本。同时，添加【基本流程图】模具中的"流程"形状，调整大小和位置，自定义填充颜色并使用【连接线】工具连接各个形状。

最后，导入外部数据，将数据链接到形状上，并为形状添加数据图形功能。同时，执行【设计】|【主题】命令，设置绘图页的主题效果。然后执行【设计】|【背景】|【背景】命令，设置绘图页的背景样式。

练习 3：制作网络机柜图

🌐 downloads\9\新手训练营\网络机柜图

提示：本练习中，首先创建空白文档，自定义绘图页大小并在【形状】窗格中添加相应的模具。然后，

在绘图页中添加相应的机架形状，排列形状并设置形状的填充样式、大小和位置。同时，导入外部数据，并将数据链接到各个形状上。最后，执行【设计】|【主题】命令，设置绘图页的主题效果。同时，执行【设计】|【背景】|【背景】和【边框和标题】命令，设置绘图页的背景和标题样式。

练习 4：制作购物支付流程图

🔽downloads\9\新手训练营\购物支付流程图

提示：本练习中，首先创建【流程图】类别中的

【基本流程图】模板文档，并自定义绘图页的大小。然后，将【跨职能流程图】模具中的相应形状添加到绘图页中，调整形状间距、修改形状文本并设置文本的字体和对齐格式。同时，将【基本流程图】模具中的相应形状添加到绘图页中，设置形状大小，输入形状文本并设置文本的字体格式。最后，使用【连接线】连接各个形状，并执行【设计】|【主题】命令，设置绘图页的主题效果。

第 10 章

构建常规图表

 常规图表是 Visio 图表世界的主要元素，也是构建各类绘图文档的主力军，它不仅易于创建，还易于传达数量惊人的信息。用户既可以使用 Visio 中的基本形状和具有透视效果的 3D 形状来构建精美的图表，又可以使用层级树或扇状图表，来构建更加专业化的组合图表，以帮助用户形象地展示、分析与交流绘图中的各类数据图形。在本章中，将详细介绍构建和配置一些常规图表的基础知识和实用技巧。

Visio 中的块图模板是绘图中最常用的模板，它不包含任何专业化的模具或加载项，通常是由二维和三维形状组合而成，充分体现了方块图强大易用的特性。

10.1.1 方块图模板

方块图模板位于"新建"页面中的"常规"类型中，主要用于记录结构、层级和数据流，包括"框图""基本框图"和"具有透视效果的框图"3种模具。

另外，从图表类型上来讲，方块图又分为"块""树"与"扇状图"3种类型。其中，"块"用来显示流程中的步骤，"树"用来显示层次信息，而"扇状图"用来显示从核心到外表所构建的数据关系。

上述所讲述的3种类型的块图并非与Visio所提供的方块图模板一一对应，它们根据方块图中不同模板中所罗列的形状进行取舍并构建而成。不同模板中所包含的具体形状及模具，如下表所述。

图表类型	模板名称	模具
基本方块图	基本框图	基本形状、箭头形状、图案形状、图表和数字图形
树状图	框图	方块、具有凸起效果的块
扇状图	框图	方块、具有凸起效果的块
具有凸出效果的方块图	具有透视效果的框图	具有透视效果的块

10.1.2 方块图形状

在 Visio 中，虽然每个方块图模具都具有独立的形状，但用户可以通过互换使用每个模具中的形状，来创建丰富多彩的块图图表。

1. 基本框图

在"基本框图"模板中，包含用于制作一些图表的基本几何形状、箭头形状、装饰和图形形状。其中，每个模具中的具体形状如下所述。

- □ **基本形状** "基本形状"模具是绘制简单块图的主力军，包括一些几何形状。例如，矩形、六边形、圆形、四角形等形状。

- □ **箭头形状** 一般情况下，"箭头形状"模具中的形状主要用于链接几何形状，包括普通箭头、现代箭头、环形箭头灯形状。用户可通过控制点来改变箭头的长度、宽度，以及箭头和箭尾的角度和长度。

- □ **图案形状** 该模具是从 Visio 2013 新增的模具，包括笑脸、云朵、太阳、月亮等一些图案形状，主要用来增加图表的美观性和独特性。

- □ **图表和数字符号** 该模具是从 Visio 2013 新增的模具，包括加号、减号、饼图扇区和饼图弧等形状，主要用来增加图表的可读性。

2. 框图

"框图"模板是方块图模板中功能最多的模具，通过该模具中的形状可以创建块图、树状图和扇状图。在"框图"模板中包含"方块"和"具有凸起效果的块"两种模具。

其中，"方块"模具中又包含了几何形状、箭头形状、扇环形状等形状，如下所述。

- □ **几何形状** 该模具中的几何形状主要用于构建图表中的步骤或组件，包括菱形、圆形和三维框等形状。

- □ **箭头框** 该类型的形状将箭头和方块形状融合在一起，主要用于显示过程和下一步骤的流向。

- □ **开放/闭合形状** 该类型的形状可以通过显示或隐藏边框来显示或隐藏形状边界。例如，"开放/闭合条"形状则可以隐藏两端边框，或者隐藏一端边框。

- □ **自动调节框** 该类型的形状主要包括"高度自动调节框"和"自动调整大小的框"

两种形状。其中，"高度自动调节框"可以根据文本内容自动调节文本框的高度，而"自动调整大小的框"则根据文本的长度和高度自动调节框的高度和宽度。

❑ **扇状形状** 该类型的形状主要包括同心圆和扇环形状，可以将两种类型的形状进行叠放，以用来显示围绕中心的关系图表。该类型的形状包括同心圆第1层、第1层扇环等形状。

❑ **树枝形状** 该类型的形状主要用来构建层级树图表，包括多树枝直角、双树枝斜角、多树枝斜角等形状。

❑ **箭头形状** 箭头形状主要用于链接各个几何形状，包括曲线箭头、一维双向箭头等形状。用户不仅可以通过控制点来更改箭头的方向、长度和宽度，还可以更改箭头的曲率。

❑ **连接符** 该类型的形状主要用于链接各个形状，包括动连接线、直线-曲线连接线、中间带箭头的直线等形状。

在"具有凸起效果的块"模具中，包含了一些三维样式的几何和箭头形状，例如框架、圆形等形状。

3．具有透视效果的块

"具有透视效果的框图"模板中只包含了"具有透视效果的块"一种模具，包括用于功能分解图、层次图和数据结构图中一些可更改深度和透视效果的三维几何形状、孔洞形状、消失点和线框等形状。

将该类型的多个形状拖到绘图页中时，可以通过调整绘图页中的"消失点"，来调整所有形状的深度和透视效果。

10.2 构建框图

框图多用于显示静态结构关系和动态流数据图，通常使用几何形状来显示其过程或步骤，使用箭头形状显示过程或步骤的顺序关系。

10.2.1 创建框图

在绘图页中，执行【文件】|【新建】命令，在展开的【新建】页面中，选择【类别】选项。同时，选择【常规】选项，并双击【框图】选项，创建框图模板文档。

然后，在【形状】任务窗格中，将【方块】或【具有凸起效果的块】模具中的形状拖到绘图页中。当在绘图页中放置形状之后，可以将鼠标移到形状上方，此时在形状四周将显示"自动连接"箭头。将鼠标移动到自动连接箭头上方，将显示连接形状。

注意

当用户需要访问其他框图形状时，可单击【形状】任务窗格中的【更多形状】按钮，选择【常规】级联菜单中相应的选项即可。

最后,使用"自动链接"命令链接形状,或将【方块】模具中的"箭头"类型的形状拖动到绘图页中。将"箭头"类型形状的一端链接到一个形状上,拖动"箭头"类型形状的另一端,将其链接到第 2 个形状上。

注意

在使用"箭头"类型的形状链接形状时,成功链接形状后,在"箭头"类型形状上将会以一个绿点显示链接点。

10.2.2 编辑框图

Visio 中的框图包含的形状都是一些普通的形状,它们并不具有专业化的格式或布局样式。加入框图形状后,可以使用 Visio 中的基本操作方法来编辑方块图的形状与外观。

1. 编辑形状

在 Visio 中,可以使用下列任意一种操作方法来编辑方块图中的形状。

- ❑ **调整形状关系** 可通过改变连接符或"箭头"形状端点的方法,来调整形状之间的关系。
- ❑ **调整形状大小** 可通过拖动"选择手柄"来调整形状的大小,或拖动形状的角来按比例调整形状的大小。
- ❑ **调整形状的弯曲程度** 拖动形状中的"顶点"或"离心手柄"即可调整形状的弯曲程度。
- ❑ **调整形状的叠放顺序** 选择形状,执行【开始】|【排列】|【置于顶层】|【上移一

层】命令,或执行【置于底层】|【下移一层】等命令即可。

- ❑ **设置形状格式** 右击形状,执行【设置形状格式】命令即可。
- ❑ **设置阴影颜色** 用于设置【具有凸起效果的块】与【具有透视效果的块】模具中形状的阴影颜色。右击形状,执行【自动添加阴影】或【手动添加阴影】命令即可。其中,执行【自动添加阴影】命令时,形状阴影的颜色由主题颜色决定。执行【手动添加阴影】命令,然后执行【开始】|【形状样式】|【效果】|【阴影】|【阴影选项】命令,即可在打开的对话框中设置阴影颜色。
- ❑ **添加文本** 选择形状,直接输入文本内容即可。另外,当形状中已包含文本时,可双击形状编辑文本内容。

2. 编辑形状外观

Visio 框图中的形状具有可调特性,用户可以通过形状中的"控制点"或文本来调整形状的外观。

- ❑ **调整箭头框** 通过调整箭头的控制点来调整箭头的宽度,还可以通过调整【框】形状中箭头端点与框交点处的控制点来调整箭头的长度。
- ❑ **调整可变箭头** 通过调整箭头的控制点来调整箭头的宽度、箭头形状与尾部形状。
- ❑ **调整曲线箭头** 通过调整箭头的控制点来调整箭头的位置,还可以通过调整弧线上的控制点来调整弧度。
- ❑ **调整自调节框** 通过输入文字来调整框的高度与宽度。

3. 突出形状之间的流

当形状之间的边界消失或隐藏时,更容易显示图表中的流现象。此时,可以通过调整闭合状态来打开或闭合形状边界的方法,来突出形状之间的流。

对于【框图】模板中【方块】模具中的"箭头"类型形状及【具有凸起效果的块】模具中的"箭头"类型、"条"类型与"肘形"类型的形状,可进行

打开或闭合边界的操作。

❏ **打开箭头边界**　右击形状，在快捷菜单中

执行【箭尾开放】命令。

❏ **闭合箭头边界**　右击形状，在快捷菜单中
执行【箭尾闭合】命令。

❏ **打开/闭合"条"类型与"肘形"类型形状的边界**　右击形状，在快捷菜单中执行
【左端开发】、【底端开放】、【两端开放】
或【两端闭合】命令。

> **注意**
>
> 对于【垂直条】形状来讲，右击形状，快捷
> 菜单中出现的前两项命令是【仅顶端开放】
> 与【仅底端开放】选项。

Visio **10.3**　构建层级树

层级树主要用来显示图表中的层级关系，例如家族族谱。其中，树连接符中的控制点的增减决定了层级树中树级的多少。

10.3.1　创建层级树

创建层级树，主要使用的是【方块】形状中的"树"类型形状。执行【文件】|【新建】命令，在展开的【新建】页面中，选择【类别】选项。同时，选择【常规】选项，并双击【框图】选项，创建框图模板文档。

然后，在【形状】任务窗格中，将【方块】模具中的"树"类型形状拖到绘图页中。例如，将"双树枝直角"形状拖动到绘图页中，并链接到绘图页中的其他形状中。

> **技巧**
>
> 选择"树"类型形状，按 Ctrl+L 快捷键可以
> 将形状旋转 90 度，按 Ctrl+H 快捷键可以将
> 形状从右向左翻转。

另外，用户还可以通过双击该形状，在"树"类型形状的干枝上输入文本。在添加文本时，只能向"树"的干支添加文本，无法向树的分支添加文本。

> **注意**
>
> 当层级树的主干粘附到形状上时，移动形状
> 则会一同移动主干与形状相粘附的一端。

10.3.2　编辑层级树

编辑层级树主要是增减"多树枝"形状树的主干与分支，以及调整树枝之间的位置与距离。

1．添加树枝

选择"多树枝"形状，拖动主干上的控制手柄至合适的位置即可。一个"多树枝"形状最多可以添加 4 个分支，一共显示为 6 个分支。当用户需要 6 个以上的分支时，可以为绘图添加第 2 个"多树枝"形状。将第 2 个"多树枝"形状放置在第 1 个"多树枝"形状上面，并拖动主干上的控制手柄添加树枝。

2．调整树枝

用户还可以通过下列操作，对"多树枝"形状进行调整操作。

- ❑ **删除树枝** 选择"多树枝"形状，拖动树枝端点的控制手柄至主干上，或其他树枝的端点处即可。
- ❑ **调整树枝位置** 拖动树枝端点的控制手柄至合适位置即可。
- ❑ **调整树枝间距** 拖动树枝端点的控制手柄或拖动粘贴在树枝上的形状，也可以使用【对齐形状】与【分布形状】命令。
- ❑ **调整主干位置** 选择"多树枝"形状，可以使用方向键移动形状，或使用鼠标直接拖动形状。

Visio 10.4 构建三维块图

三维块图是一种由具有透视效果的形状组合而成的图表，可以形象地表现绘图内容。其形状的深度与方向可以通过绘图中的"消失点"来改变。

10.4.1 创建三维块图

创建三维块图，主要使用【具有透视效果的块】模具中的形状。

执行【文件】|【新建】命令，在展开的【新建】页面中选择【类别】选项。同时，选择【常规】选项，并双击【具有透视效果的框图】选项，创建该模板。

然后，在【形状】任务窗格中，将【具有透视

效果的块】模具中的形状拖到绘图页中，并通过调整"消失点"的位置来调整形状的深度

> **注意**
>
> 只有【具有透视效果的块】模具中的形状才具有"消失点"。

10.4.2 编辑三维块图

创建三维块图之后，可通过调整"消失点"的方法来编辑三维块图的透视效果。另外，还可以通过向图表添加多个"消失点"，并将"消失点"关联到相关形状上的方法，来创建更加生动的图表。

1．编辑透视效果

用户可通过下列方法来编辑透视图的透视性，

及透视形状的透视性与深度。

- ❏ **连接形状与"消失点"** 将形状的控制手柄拖动到"消失点"形状的连接点上即可。
- ❏ **调整形状的透视性** 如果形状已链接到"消失点"上，拖动"消失点"至新位置即可。如果形状没有链接到"消失点"上，直接拖动形状上的控制手柄即可。
- ❏ **调整形状的深度** 右击形状并执行【设置深度】命令，在弹出的【形状数据】对话框中，设置深度值即可。
- ❏ **调整图表的透视性** 在确保没有选择任何形状的情况下，拖动绘图页中的"消失点"，即可调整图表的透视性。

技巧

执行【开始】|【编辑】|【图层】|【层属性】命令，在【图层属性】对话框中，禁用"消失点"对应的【可见】复选框，即可隐藏"消失点"。

2．使用多个"消失点"

理论上讲，Visio 中并不支持真正的多个"消失点"。通常情况下，绘图页中无论存在多少个透视形状，均具有一个共同的"消失点"，此时可通过为绘图页添加"消失点"，并将形状连接到"消失点"的方法，来增加图表的精彩演示效果。

首先，在绘图页中添加多个具有透视效果的形状，此时系统会默认一个"消失点"，在不选择任何形状的状体下拖动该"消失点"，会同时调整所有形状的透视效果。

然后，将【具有透视效果的块】模具中的"消失点"形状拖到绘图页的左侧。此时，新增加的"消失点"只作为一个形状存于绘图页中，并不具有其真正的调整透视的功能。例如，选择"圆形"形状，则显示其黄色控制点连接在右侧的"消失点"中。

选择"圆形"形状，拖动该形状的黄色控制点至新增加的"消失点"上，当显示高亮绿色方框时，则表示该形状的控制点连接到新增的"消失点"上了。此时，绘图页中便存在两个真正的"消失点"了，拖动不同的"消失点"将调整不同形状的透视效果。

注意

当用户继续往绘图页中添加新的透视形状时，系统将默认连接到绘图页中默认的"消失点"上。

Visio **10.5** 构建扇状图

扇状图是使用同心圆和扇环来创建从同一核心向外发展，或者从外向核心发展的概念或元素类型的图表,例如表示地球各个底层的图表。

10.5.1 创建扇状图

创建扇状图时,首先创建【框图】模板,在【形状】任务窗格中的【方块】模具中,将"同心圆中心层"形状拖到绘图页中,创建扇状图的最里层。

然后,将"同心圆第 3 层"形状拖到绘图页中,创建扇状图的第 2 层。以此类推,在绘图页中创建 4 层的扇状图。

> **注意**
>
> 使用"扇环"类型形状创建扇状图时,也是按照顺序将"第 1 层扇环""第 2 层扇环"等形状拖放在一起。

10.5.2 编辑扇状图

创建扇状图之后,不仅可以调整形状的大小和厚度,还可以使用"扇环"形状来分解"同心圆"形状。

1. 调整扇状图形状

在 Visio 中,选择"同心圆"形状,拖动形状

四周的选择手柄即可调整形状的大小。

然后,选择"同心圆"形状,拖动形状内侧的黄色控制手柄即可调整形状的厚度。

2. 自由分解同心圆

首先,将【方块】模具中的"同心圆第 1 层"形状拖到绘图页中,同时将"第 1 层扇环"形状拖到"同心圆第 1 层"形状上,使其符合分解形状。

然后,将【方块】模具中的"同心圆第 2 层"形状拖到绘图页中,同时将"第 2 层扇环"形状拖到"同心圆第 2 层"形状上,并按下 Ctrl+L 快捷键调整"第 1 层扇环"形状。依次类推,分别分解

其他同心圆形状。

然后，将"第 1 层扇环""第 2 层扇环"等形状添加到绘图页中，并组合在一起。最后，将扇环的组合形状拖到同心圆的组合形状上。

注意

调整同心圆的大小和厚度后，选择所有的同心圆，执行【开始】|【排列】|【排列】|【垂直居中】命令，重新对齐形状。

3．固定分解同心圆

首先，将【方块】模具中的"同心圆 1 层""同心圆 2 层"等形状添加到绘图页中，并选择所有的形状，右击执行【组合】|【组合】命令，组合形状。

Visio 10.6 练习：制作市场调查步骤图

Visio 为用户提供了多功能的"框图"模板，运用该模板可以创建反馈循环图、分解图、层次图、信号流和数据流框图的二维形状、三维形状和方向图。在本练习中，将构建市场调查步骤图，展示完整市场调查中所涉及的具体步骤，并详细介绍"框图"模板的使用方法和操作技巧。

练习要点

● 创建模板文档
● 设置形状格式
● 设置字体格式
● 设置主题效果
● 设置边框和标题

操作步骤 ▷▷▷▷

STEP|01 创建模板文档。执行【文件】|【新建】命令，选择【类别】选项，同时选择【常规】选项。

STEP|02 然后，在弹出的列表中双击【框图】选项，创建模板文档。

STEP|03 设置纸张。在【设计】选项卡的【页面设置】选项组中，单击【对话框启动器】按钮。激活【页面尺寸】选项卡，自定义页面大小。

STEP|04 然后，激活【打印设置】选项卡，设置打印缩放比例选项，并单击【应用】按钮。

STEP|05 制作步骤图。将【方块】模具中的【框】形状拖到绘图页中，并调整其位置与大小。

STEP|06 双击形状，在形状中输入文本，并设置文本的字体格式。

STEP|07 选择形状，单击【字体】选项组中的【对话框启动器】按钮，激活【字符】选项卡，将【间距】设置为"加宽"，并将【磅值】设置为3pt。

STEP|08 复制多个"框"形状，修改形状文本并排列各个"框"形状。

STEP|09 将【方块】模具中的【一维单向箭头】形状拖到绘图页中，并调整其大小与位置。

STEP|10 复制【一维单项箭头】形状至其他位置，并排列各个形状。

STEP|11 将【方块】模具中的【曲线箭头】形状拖到绘图页中，并调整形状的大小与方向。

STEP|12 美化图表。执行【设计】|【主题】|【线性】命令，设置绘图页的主题效果。

STEP|13 选择【曲线箭头】形状，执行【开始】|【形状样式】|【快速样式】|【强烈效果-绿色，变体着色 2】命令，设置形状样式。

STEP|14 执行【设计】|【背景】|【边框和标题】

【都市】命令，添加边框和标题，并在"背景-1"页面中修改标题名称。

10.7 练习：制作考试系统图

Visio 中的常规图表类最常用的领域便是绘制流程图，流程图主要用于展示一个系统内事物的发展顺序和运作方式。在本练习中，将运用 Visio 中的"基本框图"模板来制作一个考试系统流程图，以图表的形式来展示考试系统的运作方式。

练习要点

● 创建模板文档
● 设置页面大小
● 设置背景
● 设置边框和标题
● 添加形状
● 设置形状格式
● 链接形状
● 设置文本格式
● 添加项目符号

操作步骤 >>>>

STEP|01 创建模板文档。执行【文件】|【新建】命令，在展开的列表中双击【基本框图】选项，创建模板文档。

STEP|02 设置页面大小。执行【设计】|【页面设置】|【大小】|【其他页面大小】命令，选中【自定义大小】选项，输入大小值并单击【确定】按钮。

STEP|03 添加"圆角矩形"形状。将【基本形状】模具中的"圆角矩形"形状添加到绘图页中，调整其大小和位置。

STEP|04 选择形状，执行【开始】|【形状样式】|【线条】|【黑色，黑色】命令，同时执行【粗细】命令，在其级联菜单中选择一种线条类型。

STEP|05 右击形状执行【设置形状格式】命令，展开【填充】选项组，选中【渐变填充】选项，将【类型】设置为"矩形"，将【方向】设置为"从中心"。

STEP|06 删除多余的渐变光圈，选择左侧的渐变光圈，单击【颜色】下拉按钮，选择【白色，白色】选项。

STEP|07 选择右侧的渐变光圈，单击【颜色】下拉按钮，选择【其他颜色】选项。激活【自定义】选项卡，自定义填充颜色。

STEP|08 双击形状，输入说明性文本，并在【开始】选项卡的【字体】选项组中，设置文本的字体格式。

STEP|09 复制"圆角矩形"形状，修改形状文本并调整形状的具体位置。

STEP|10 添加"矩形"形状。将【基本形状】模具中的"矩形"形状添加到绘图页中，并调整其大小和位置。

STEP|11 选择形状，执行【开始】|【形状样式】|【填充】|【浅绿】命令，设置形状的填充颜色。

STEP|12 执行【开始】|【形状样式】|【线条】|【黑色，黑色】命令，然后执行【粗细】命令，在其级联菜单中选择一种线条类型。

STEP|13 双击形状，输入形状文本并设置文本的字体格式。使用同样方法，分别添加其他"矩形"形状。

STEP|14 制作说明性文本。执行【插入】|【文本】|【文本框】|【横排文本框】命令，绘制文本框并输入说明性文本。

STEP|15 选择文本框，在【开始】选项卡的【字体】选项组中，设置文本的字体样式、字体效果、

字号和字体颜色。用同样方法，制作其他文本框。

STEP|16 复制文本框，修改文本框内容和字体格式。同时，单击【段落】选项组中的【对话框启动器】按钮。

STEP|17 在弹出的【文本】对话框中，激活【项目符号】选项卡，选择项目符号样式，并单击【确定】按钮。用同样方式，制作其他带项目符号的文本框。

STEP|18 连接形状。执行【开始】|【工具】|【连接线】命令，拖动鼠标绘制连接线，连接各个形状。

STEP|19 选择最上面的连接线，右击执行【曲线连接线】命令，设置连接线类型并调整曲线弧度。

STEP|20 选择上面第 2 条连接线，右击执行【直线连接线】命令，设置连接线类型。使用同样方法，设置其他连接线的类型。

STEP|21 在"本机构统计信息查询"文本上下绘制两条连接线，同时选择这两条连接线，执行【开始】|【形状样式】|【线条】|【箭头】命令，在其级联菜单中选择一种箭头样式。

STEP|22 美化绘图。执行【设计】|【背景】|【背景】|【货币】命令，设置绘图页的背景样式。

STEP|23 执行【设计】|【主题】|【主题】|【切片】命令，设置绘图页的主题效果。

STEP|24 执行【设计】|【背景】|【边框和标题】|【凸窗】命令，添加边框和标题形状，输入标题文本并设置文本的字体格式。

Visio 10.8 新手训练营

练习1：制作项目安全检查流程图

downloads\10\新手训练营\项目安全检查流程图

提示：本练习中，首先创建创建【基本框图】模板文档，并将纸张方向调整为"纵向"方向。然后，将"矩形"和"菱形"形状添加到绘图页中，调整形状大小和位置，双击形状输入形状文本并设置文本的字体格式。同时，使用【连接符】工具连接各个形状。然后，执行【设计】|【主题】命令，设置绘图页的主题效果。最后，执行【设计】|【背景】|【背景】和【边框和标题】命令，设置绘图页的背景和标题样式。

练习 2：制作分层数据流图

⊙downloads\10\新手训练营\分层数据流图

提示：本练习中，首先创建【基本框图】模板文档，添加相应的模具形状，并设置形状的大小、位置、填充颜色、阴影效果和线条样式。然后，使用【连接线】工具连接各个形状，并设置连接线的线条颜色和样式。添加"普通双箭头"形状，设置形状填充颜色和棱台样式，输入文本并设置文本的字体格式。最后，执行【设计】|【主题】命令，设置绘图页的主题效果。同时，执行【设计】|【背景】命令，设置绘图页的背景样式。

练习 3：制作工作评定方法层级树

⊙downloads\10\新手训练营\工作评定方法层级树

提示：本练习中，首先创建【框图】模板文档，并自定义绘图页大小。然后，添加【方块】模具中的"多树枝直角"形状，输入形状文本并设置文本的字体格式。最后，执行【设计】|【主题】命令，设置绘图页的主题效果。同时，执行【设计】|【背景】|【边框和标题】命令，设置绘图页的边框和标题样式。

第 **11** 章

构建流程图

　　Visio 中的流程图是最常见的绘图类型之一，被广泛应用到各个领域中。Visio 内置了基本流程图、跨职能流程图、工作流程图等 9 种流程图模板，方便用户快速构建各种类型的流程图。通过流程图，不仅可以以图形的方式直观地显示流程的结构与元素，还可以直观地显示组织中的人员、操作、业务及部门之间的相互关系。在本章中，将详细介绍创建和编辑各类流程图的基础知识和操作方法。

构建基本流程图

基本流程图是一种以序列或流的方法显示服务、业务程序、工作过程等步骤罗列形式的图表。在实际应用中，流程图主要作为一种诊断工具，通过揭示和掌握所绘系统的运动状况来辅助管理者选择相应的可行性方案，以便直观地跟踪和了解整个企业的运作方式。

11.1.1　创建单页面流程图

单页面流程图是在一个页面中显示的流程图，一般适用于步骤比较少的流程图。创建单页面流程图一般包括设置主要形状和连接形状两个步骤。

1. 设置主要形状

执行【文件】|【新建】命令，在【类别】列表中选择【流程图】选项。然后，在展开的列表中选择【基本流程图】选项，并单击【创建】按钮。

提示

在【新建】页面中，双击【基本流程图】选项，可直接创建空白基本流程图模板。

在新版本的 Visio 中，系统为用户提供了垂直流程图、判定分支流程图、页面内引用流程图和基本流程图 4 种初学者图，用户可根据需要选择相应的初学者图。在此，选择【基本流程图】选项，单击【创建】按钮创建空白模板。

创建"基本流程图"模板之后，根据绘图内容与流程，将【基本流程图形状】模具中相应的形状拖到绘图页中，调整大小与位置。

2. 连接形状

创建模板文档之后，用户会发现在"基本流程图"模板中只包含【基本流程图形状】和【跨职能流程图形状】两个模具，而模具中并不包含连接形状。

此时，单击【形状】任务窗格中的【更多形状】下拉按钮，选择【流程图】|【箭头形状】选项，以及【其他 Visio 方案】|【连接符】选项，添加相应的模具，并将【箭头形状】模具中相应的形状拖到绘图页中，调整大小与位置，链接绘图页中的形状。此外，用户还可以使用【连接符】模具中的【动

态连接线】或【直线-曲线连接线】形状来链接绘图页中的形状。

> **注意**
>
> 用户可以执行【开始】|【工具】|【连接线】命令，连接各个流程形状。

11.1.2 设置流程图的布局

创建基本流程图之后，为了确保流程图的流畅性，也为了增强流程图的美观性，还需要设置流程的布局样式。

1. 设置流程方向

用户不仅可以改变流程图的布局，还可以改变步骤之间连接线的方向。在绘图页中选择需要编辑的连接线，执行【开始】|【排列】|【位置】|【旋转形状】|【水平翻转】或【垂直翻转】命令即可。

另外，选择需要编辑的连接线，执行【开始】|【形状样式】|【线条】|【箭头】命令，在其级联菜单中选择相应的选项，即可更改流程方向。

2. 手动布局

手动布局是指直接拖动流程图中的形状或连接线，来更改整体布局的一种操作方法。当用户想手动排列流程图中的形状时，只需将绘图页中的形状拖至新位置即可。而当用户想手动修改连接线，只需要拖动连接线上的绿色顶点即可。

3. 自动布局

在绘图页中，执行【设计】|【版式】|【重新布局页面】|【其他布局选项】命令，弹出【配置布局】对话框，设置【放置】、【连接线】等选项即可。

该对话框中各项选项的功能如下所述：

❑ **放置样式** 设置排放形状的样式。使用预览可查看所选设置是否能达到所需的效果。对于没有方向的绘图（如网络绘图），可以使用"圆形"样式。

❑ **方向** 设置用于放置形状的方向。只有当使用"流程图""压缩树"或"层次"样式时，此选项才会启用。

❏ **对齐**　设置形状的对齐方式。只有当使用"层次"样式时，此选项才会启用。

❏ **间距**　设置形状之间的间距。

❏ **连接线样式**　设置用于连接形状的路径或路线的类型。

❏ **外观**　指定连接线是直线还是曲线。

❏ **将排列样式应用到连接线**　启用该选项，可以将所选的连接线样式和外观应用到当前页的所有连接线中，或仅应用于所选的连接线。

❏ **放大页面以适合绘图**　选中此复选框可在自动排列形状时放大绘图页以适应绘图。

❏ **将设置应用于**　启用【选定内容】选项时，可以将布局仅仅应用到绘图页中选定的形状。启用【当前页】选项时，可以将布局应用到整个绘图页中。

11.1.3　创建多页面流程图

当用户在 Visio 中制作大型流程图时，可以通过流程图中的"跨页引用"形状，将流程图中的不同部分分别绘制在不同的绘图页中。其中，跨页引用又分为"页面内引用"和"跨页引用"两种类型。

1. 跨页引用

首先，在"基本流程图"模板中创建基本流程图，然后，将【基本流程图形状】模具中的"跨页引用"形状添加到绘图页中，系统会自动弹出【跨页引用】对话框，设置各项选项即可。

在【跨页引用】对话框中主要包括下列选项：

❏ **新建页**　选择该选项，可以在图表中创建并命名新页，并且添加从"跨页引用"形状到该新页的链接。

❏ **现有页**　选择该选项，可以添加从"跨页引用"形状到图表中现有页的链接。

❏ **将跨页引用形状放到页面上**　启用该复选框，可以在原来的"跨页引用"形状所链接到的页上添加【跨页引用】形状。

❏ **保持形状文本同步**　启用该复选框，可以使"跨页引用"形状中输入的文本与另一页上该形状中的文本相匹配。

❏ **在形状上插入超链接**　启用该复选框，可以向 Web 网页中发布图表，并可以导航到图表中。

> **注意**
>
> 用户可以右击"跨页引用"形状，执行【传入】、【传出】等命令来改变形状的观。

2. 页内引用

首先，在"基本流程图"模板中创建基本流程图。然后，将【基本流程图形状】模具中的"页面内引用"形状添加到绘图页中，并使用连接线连接该形状。同时，选择"页面内引用"形状，为形状添加标注与文字。利用上述方法，在被链接的流程图步骤中再添加一个"页面内引用"形状。

Visio 2016

Visio **11.2** 构建跨职能流程图

跨职能流程图主要用于显示商务流程与负责该流程的职能单位（例如部门）之间的关系。跨职能流程图中的每个部门都会在图表中拥有一个水平或垂直的带区，用来表示职能单位（例如部门或职位），而代表流程中步骤的各个形状被放置在对应于负责该步骤的职能单位的带区中。

11.2.1 创建跨职能流程图

跨职能流程图分为垂直和水平两种布局，垂直布局中代表职能单位的带区以自上而下的垂直方式进行显示，而水平布局中代表职能单位的带区以水平方式显示在图表上方。由于不同方向的流程图所表示的侧重点不同，因此在创建跨职能流程图之前，用户还需要先设置流程图的方向。

执行【文件】|【新建】命令，在【类别】列表中选择【流程图】选项，然后双击【跨职能流程图】选项，系统会自动弹出【流程图】对话框。

注意

执行【跨职能流程图】|【泳道方向】|【水平】或【垂直】命令，可以更改流程图方向。

在【流程图】对话框中单击【确定】按钮后，便可以在绘图页中创建一个跨职能流程图。选中跨职能流程图中的标题块带区与标注带区，输入相应

的文本。然后，通过下列操作为流程图添加代表流程过程与步骤的形状：

- ❑ **添加形状** 将【基本流程图形状】模具中相应的形状拖到绘图页中，定义形状之间的顺序与交互方向，并输入文本。
- ❑ **标注步骤** 将表示步骤的形状拖到绘图页中，输入文本即可。
- ❑ **关联部门与步骤** 拖动步骤形状的选择手柄，调整形状的大小，直到形状覆盖多个有关部门。

注意

创建跨职能流程图之后，可通过执行【跨职能流程图】|【排列】|【泳道方向】|【设置默认值】命令，打开【跨职能流程图】对话框。

11.2.2 编辑跨职能流程图

创建跨职能流程图之后，为了使流程图更加符合绘图的要求，还需要对流程图进行一系列的编辑操作。

1. 编辑泳道

用户可以通过下列方法来编辑流程图的泳道。

- ❑ **添加职能带区** 将【泳道】形状拖到绘图页中，并输入部门名称或职能名称。
- ❑ **删除职能带区** 选择需要删除的职能带区，按 Delete 键即可。
- ❑ **调整职能带区的大小** 选择某个职能带区，拖动选择手柄即可调整带区的大小。另外，选择流程图的边框或标题，拖动图表组合的选择手柄，可以调整泳道区的长度。
- ❑ **移动带区** 在绘图页中直接拖动泳道至合适的位置即可。

- **插入泳道**　选择某个泳道，右击执行【在此之前插入"泳道"】或【在此之后插入"泳道"】命令，然后执行【跨职能流程图】|【插入】|【泳道】命令即可。
- **更改带区标签方向**　选择整个流程图，执行【跨职能流程图】|【排列】|【泳道方向】|【水平】或【垂直】命令即可。

2．编辑分隔符

在跨职能流程图中，用户可以使用【分隔符】形状来标识过程中的阶段。执行【跨职能流程图】|【插入】|【分隔符】命令，或者将【分隔符】形状添加到绘图页中，系统会根据流程图的大小自动调整【分隔符】形状的长度。

添加"分隔符"形状之后，双击形状，可在文本块中输入阶段名称。另外，选择"分隔符"形状，按 Delete 键可删除"分隔符"形状。

11.2.3　设计跨职能流程图

创建跨职能流程图之后，为了使跨职能流程图适合整体布局，也为了美化跨职能流程图，还需要设计跨职能流程图的样式、标题栏和分隔符。

1．设置流程图样式

样式是将填充和线条格式应用到标题、泳道和其他元素的一组命令集合。Visio 为用户内置了无填充颜色样式、具有填充颜色样式、无填充颜色样式副标题和具有填充颜色样式副标题 4 类 12 种跨职能流程图样式，以方便用户根据整体布局快速设置流程图样式。

执行【跨职能流程图】|【设计】|【样式】命

令，在其级联菜单中选择一种样式即可，例如选择【具有填充颜色样式 3】选项。

注意

在【样式】级联菜单中，其【无填充颜色样式 1】选项为系统默认的跨职能流程图样式。

2．旋转线标签

旋转线标签是将选定跨职能流程图中的泳道标题标签旋转为水平或垂直方向。默认情况下，泳道标签标签显示为水平方向。

创建跨职能流程图之后，执行【跨职能流程图】|【设计】|【旋转线标签】命令，即可更改泳道标题标签的方向。

3．隐藏标题栏和分隔符

创建跨职能流程图之后，系统默认显示跨职能流程图的标题栏和分隔符。此时，用户可在【跨职能流程图】选项卡的【设计】选项组中，通过禁用【显示标题栏】和【显示分隔符】复选框的方法，隐藏跨职能流程图中的标题栏和分隔符。

Visio 11.3 构建工作流和工作流程图

在 Visio 中，不仅可以构建基本流程图与跨职能流程图，还可以构建显示商务过程交互与控制的工作流程图。此外，Visio 还为用户提供了用于配置 Microsoft SharePoint Designer 时使用的工作流图图表。

11.3.1 构建工作流程图

工作流程图是以部门形状、工作流程对象形状、工作流程步骤形状和箭头形状组合而成的一种显示流程的图表，主要用于创建信息流、业务流程自动化、业务流程重建、会计核算、管理和人力资源任务的图表，以及编写六西格玛和 ISO 9000 流程文档。

新版本的 Visio 为用户提供了 "工作流程图" 和 "工作流程图-3D" 两个相同类型的模板，其中 "工作流程图-3D" 模板中的形状主要以 Visio 2010 及以下版本的形状进行显示，以方便习惯使用旧版本的用户选择使用。

1．工作流程图模板

执行【文件】|【新建】命令，在展开的【新建】列表中选择【类别】选项，同时选择【流程图】选项。然后，在展开的列表中双击【工作流程图】选项，创建工作流程图模板。

"工作流程图" 模板显示了 "箭头形状" "部门" "工作流程对象" 和 "工作流程步骤" 4 个模具，同时以横向纸张方向进行显示。用户只需将相应模具中的形状添加到绘图页中，按照图表的实际情况进行布局，并使用 "箭头形状" 模具中的形状或 "连接符" 工具连接各个形状。

2．工作流程图-3D 模板

执行【文件】|【新建】命令，在展开的【新建】列表中选择【类别】选项，同时选择【流程图】选项。然后，在展开的列表中双击【工作流程图-3D】选项，创建工作流程图模板。

"工作流程图-3D"模板是 Visio 保留的 2010及其以下版本中的一种工作流程图模板，它以旧版本的形状样式显示了"箭头形状""部门-3D""工作流程对象-3D"和"工作流程步骤-3D" 4 个模具。用户只需将相应模具中的形状添加到绘图页中，按照图表的实际情况进行布局，并使用"箭头形状"模具中的形状或"连接符"工具连接各个形状。

3．设置布局和效果

设置工作流程图之后，用户还需要通过下列方法来设置工作流程图的布局和效果：

❑ **绘图标题**　选择【边框和标题】命令，通过添加边框和标题形状来添加绘图标题。

❑ **设置图表外观**　选择【主题】和【变体】命令，来设置工作流程图的主题颜色与主题效果。

❑ **添加背景**　选择【背景】命令，将形状添加到绘图页中。

❑ **设置页面尺寸**　执行【设计】|【页面设置】|【对话框启动器】命令，在【页面设置】对话框的【页面尺寸】选项卡中，设置页面尺寸。

❑ **说明文本**　选择【文本块】和【文本框】命令，或者双击形状输入说明性文本。

11.3.2　构建工作流图

流程图类别中的工作流图是 SharePoint 2010和 SharePoint 2016 工作流模板，它们主要用于构建带批注的 SharePoint Server 2010（2016）和 SharePoint Foundation 2010（2016）工作流程图，并可以将工作流程图导出以供 SharePoint Designer 2010（2016）配置使用。

1．Microsoft SharePoint Server 2010 工作流

执行【文件】|【新建】命令，在展开的【新建】列表中选择【类别】选项，同时选择【流程图】选项。然后，在展开的列表中双击【Microsoft SharePoint Server 2010 工作流】选项，创建工作流程图模板。

"Microsoft SharePoint Server 2010 工作流"模板中包含了"操作-SharePoint 2010 工作流""条件- SharePoint 2010 工作流"和"终止符- SharePoint 2010 工作流"3 个模具，用户只需将不同模具中的形状添加到绘图页中即可。

形状添加到绘图页中即可。

2．Microsoft SharePoint Server 2016 工作流

执行【文件】|【新建】命令，在展开的【新建】列表中选择【类别】选项，同时选择【流程图】选项。然后，在展开的列表中双击【Microsoft SharePoint Server 2016 工作流】选项，创建工作流程图模板。它与"Microsoft SharePoint Server 2016 工作流"模板不同，系统默认启动页面中自动包含了"开始"和"阶段"形状。

"Microsoft SharePoint Server 2016 工作流"模板中包含了"操作-SharePoint 2016 工作流""条件- SharePoint 2016 工作流"和"终止符- SharePoint 2016 工作流"3 个模具，用户只需将不同模具中的

3．设置工作流布局和效果

构建工作流之后，用户还需要通过下列方法，来设置工作流的布局和效果：

❏ **连接形状** 模板中没有为用户提供连接线形状，可通过"连接符"工具或"箭头形状"和"连接符"模具中的形状连接各个形状。

❏ **更改连接线样式** 选择连接线，执行【设计】|【版式】|【连接线】命令，来更改连接线的直线、曲线和直角样式。

❏ **绘图标题** 选择【边框和标题】命令，通过添加边框和标题形状来添加绘图标题。

❏ **设置图表外观** 选择【主题】和【变体】命令，设置工作流程图的主题颜色与主题效果。

❏ **添加背景** 选择【背景】命令，将形状添加到绘图页中。

❏ **设置页面尺寸** 执行【设计】|【页面设置】|【对话框启动器】命令，在【页面设置】对话框的【页面尺寸】或【打印设置】选项卡中设置页面尺寸。

❏ **说明文本** 选择【文本块】和【文本框】命令，或者双击形状输入说明性文本。

11.4 构建其他流程图表

在 Visio 中的 "流程图" 类别中，除了基本流程图、跨职能流程图、工作流程图等常用流程图之外，还包含了 BPMN 图、IDEFO 图表和 SDL 图表，以供用户根据绘图内容选择使用。

11.4.1 构建 BPMN 图

BPMN 是一个由图形对象组成的网状图，其图形对象包括活动和用于定义活动而执行顺序的流程控制器。Visio 中的 BPMN 图主要用于创建遵循业务流程模型和标注 2.0 标准的流程图。

1. BPMN 基础

BPMN 业务流程图由一系列形状元素组合而成，它不仅可以在创建业务流程模型时提供一个简单的机制，还可以同时处理来自业务流程的复杂性。

BPMN 图以简单且易识别的形状来标记类别，其形状类别一般分为流对象、连接对象、泳道和人工信息 4 类，各类的具体说明如下所述。

❑ **流对象** 通常情况下，BPMN 业务流程中包括事件、活动和条件 3 个流对象。其中，事件一般使用圆圈来表示，包括开始、中间和结束 3 种事件；活动一般使用圆角矩形来表示，包括任务和子流程；条件一般使用菱形来表示，用于控制序列流的分支和合并。

❑ **连接对象** 连接对象用于连接流对象，包括顺序流、消息流和关联 3 个对象。其中，顺序流使用实心箭头来表示，用于指定流程顺序；消息流使用虚线开箭头来表示，用于描述两个独立流程之间发送和接收的消息流；关联使用点线表示，用于展示活动的输入和输出。

❑ **泳道** 泳道用于划分活动中的类别，一般情况下包括池和道。其中，池用于描述流程中的参与者，一般用于 B2B 上下文

中；道用于细分池，分为垂直和水平 2 个方向。

❑ **人工信息** 人工信息用于备注或说明业务流程中的一些特殊信息，包括数据对象、组合注释 3 种对象。

2. 创建 BPMN 图

执行【文件】|【新建】命令，在展开的【新建】列表中选择【类别】选项，同时选择【流程图】选项。然后，在展开的列表中双击【BPMN 图】选项，创建 BPMN 图模板。

"BPMN 图" 模板中只包含了 "BPMN 基本形状" 一种模具，用户只需将模具中相应的形状添加到绘图页中，便可以构建 BPMN 图了。

> **注意**
>
> 当用户将【池/泳道】形状添加到绘图页中时，系统会自动显示【跨职能流程图】选项卡，方便用户设置流程图的泳道、分隔符和样式等。

3. 设置 BPMN 形状

BPMN 模具中的形状大部分具有多选性，用户只需将形状添加到绘图页中，右击形状执行相应的命令，即可更改形状的用途。例如，右击 "任务" 形状，执行【循环】|【标准】命令，即可设置该形状的循环类别。

11.4.2 构建 IDEFO 图表

IDEFO 是一种结构化分析方法，可以通过表达系统中的活动、数据流以及它们之间的关系来全面地描述系统。使用 IDEFO 过程制图模型可以为模型配置管理、需要和收益分析，以及创建要求定义和持续改进等分层图。

1. 添加标题快

执行【文件】|【新建】命令，在展开的【新建】列表中选择【类别】选项，然后选择【流程图】选项。在展开的列表中双击【IDEFO 图表】选项，创建 IDEFO 图表模板。

将【IDEFO 图表】模具中的"标题块"形状添加到绘图页中，系统会自动弹出【形状数据】对话框，设置标题块的节点、编号、title 等即可。

2. 添加活动框

将【IDEFO 图表】模具中的"活动框"形状添加到绘图页中，系统会自动弹出【形状数据】对话框，设置标题块的流程名称、流程 ID 和子图表 ID 即可。

3. 添加节点

将【IDEFO 图表】模具中的"节点"形状添加到绘图页中，系统会自动弹出【形状数据】对话框，设置节点形状的编号，单击【确定】按钮即可。

11.4.3 构建 SDL 图表

SDL 图表可以使用规范和说明语言（SDL）为通信和电信系统和网络创建面向对象的图表，它基于 CCITT 规范，多用于通信系统和协议设计。

1. 创建 SDL 图表

"SDL 图表"模板中只包含了"SDL 图形状"一种模具，用户只需将模具中相应的形状添加到绘图页中，便可以构建 SDL 图表了。

2．设置 SDL 图表形状

创建 SDL 图表时，用户可以根据每个形状所代表的具体含义，来设置形状的显示数据。右击形状，执行【属性】命令，在弹出的【形状数据】对话框中，设置形状的成本、持续时间和资源信息。

另外，对于模板中的"可变起始点"和"可变过程"等可变形状，还可以设置其可变类型。右击

可变形状，执行【N 型】或【X 型】命令即可。

Visio 11.5 练习：制作风险评估流程图

风险评估可以量化测评某一事件、事物或信息资产所带来的影响或损失程度，是确定信息安全需求的一种重要途径。在 Visio 中，用户可以通过"基本流程图"模板来构建风险评估流程图，以图表的方式显示风险评估过程和相关负责人。

练习要点
- 创建模板文档
- 设置形状填充格式
- 设置线条格式
- 设置文本格式
- 应用主题
- 应用边框和标题
- 应用变体

操作步骤 ▶▶▶▶

STEP|01 创建模板文档。执行【文件】|【新建】命令，在展开的列表中双击【基本流程图】选项，创建流程图模板。

STEP|02 设置页面大小。执行【设计】|【页面设置】|【大小】|【其他页面大小】命令，选中【自定义大小】选项，自定义页面大小。

STEP|03 制作流程步骤。将【基本流程图形状】模具中的"流程"形状添加到绘图页中，并调整形状的大小和位置。

STEP|04 双击"流程"形状，输入说明性文本，并设置文本的字体格式。

STEP|05 使用同样的方法，分别为绘图页添加其他"流程"形状，并排列形状。

STEP|06 将"判定"形状添加到绘图页中，调整形状的大小和位置，并输入说明性文本。

STEP|07 将3个"文档"形状添加到绘图页中，排列形状，并输入说明性文本。

STEP|08 执行【开始】|【工具】|【连接线】命令，拖动鼠标连接各个形状。

STEP|09 双击"可行性报告"形状右侧的连接线，输入说明性文本。使用同样的方法，为其他连接线添加说明性文本。

STEP|10 制作负责人列表。将"流程"形状添加到绘图页中，调整大小和位置，输入文本并设置文本的字体格式。

STEP|11 执行【开始】|【形状样式】|【填充】|

【无填充】命令，同时执行【线条】|【无线条】命令，设置形状样式。

STEP|12 复制多个"流程"形状，并更改形状中的文本。然后，对齐各个形状，并调整形状之间的垂直距离。

STEP|13 执行【开始】|【工具】|【连接线】命令，连接各个形状。

STEP|14 选择左侧第 1 条连接线，右击执行【直线连接线】命令，更改连接线的类型。使用同样方法，更改其他相关连接线的类型。

STEP|15 选择左侧一列中的所有连接线，执行【开始】|【形状样式】|【线条】|【箭头】命令，在其级联菜单中选择箭头样式。

STEP|16 美化图表。执行【设计】|【主题】|【离

子】命令，设置绘图页的主题样式。

STEP|17 同时，执行【设计】|【变体】|【离子，变量 3】命令，设置变体效果。

STEP|18 执行【设计】|【背景】|【背景】|【货币】命令，为绘图页添加背景效果。

STEP|19 执行【设计】|【背景】|【边框和标题】

|【凸窗】命令，同时切换到"背景-1"页面中，输入标题文本并设置文本的字体格式。

STEP|20 最后，选择背景页右下角的页码形状和文本框，按下 Delete 键删除形状。

Visio 11.6　练习：制作危机管理业务流程图

　　危机管理业务流程图是集团风险管控项目中的一个分支，主要显示了不同阶段和上下级部门间的工作流程。通过危机管理业务流程图，可以清楚地查看及了解集团危机管理的工作流程及步骤，从而减少因业务生疏而造成的时间与资源的浪费。在本练习中，将运用 Visio 中的"跨职能流程图"模板与设置线条和形状格式等基础知识，来制作一份"危机管理业务流程图"。

练习要点

- 创建模板文档
- 设置主题效果
- 添加形状
- 连接形状
- 设置形状格式
- 设置字体格式
- 设置绘图背景

操作步骤　▶▶▶

STEP|01 创建模板文档。执行【文件】|【新建】命令，在展开的列表中选择【类别】选项，同时选

择【流程图】选项。

STEP|02 然后，在展开的列表中双击【跨职能流程图】选项，创建模板文档。

STEP|03 此时系统以用户所设置的方向显示流程图，拖动流程图中"泳道"的边缘，调整流程图的大小。

STEP|04 添加分隔符。将【跨职能流程图形状】

模具中的"分隔符"形状添加到流程图中，并调整其具体位置。

STEP|05 使用同样的方法，分别为流程图再添加4个"分隔符"形状，并调整其具体位置。

STEP|06 设置形状标题。双击"分隔符"形状标题区域，分别输入不同的分隔符标题。

STEP|07 选择所有的"分隔符"形状，在【字体】选项组中设置文本的字体格式，并在【段落】选项组中设置其对齐格式。

STEP|08 同时，选择单个"分隔符"形状的标题块，调整其大小。然后，修改"泳道"标题文本并设置其字体格式。

STEP|09 添加流程形状。将【基本流程图形状】模具中的"流程"形状添加到绘图页中，并调整其大小和位置。

STEP|12 选择所有的"上报"和"下发"形状，执行【开始】|【形状样式】|【快速样式】|【强烈效果-蓝色，变体着色 7】命令，设置形状样式。

STEP|13 连接形状。执行【开始】|【工具】|【连接线】命令，根据流程走向连接各个形状。

STEP|14 选择所有的连接线，执行【开始】|【形状样式】|【线条】|【粗细】命令，在其级联菜单中选择一种线条样式。

STEP|10 双击形状，输入形状文本并在【开始】选项卡【字体】选项组中设置文本的字体格式。

STEP|11 复制多个"流程"形状，更改形状文本并调整其具体位置。

STEP|15 美化绘图。执行【设计】|【主题】|【主题】|【离子】命令，设置绘图页的主题效果。

STEP|16 执行【设计】|【背景】|【背景】|【货币】命令，设置绘图页的背景样式。

STEP|17 执行【跨职能流程图】|【设计】|【样式】|【无填充颜色样式 3】命令，设置流程图的样式。

STEP|18 双击标题文本区域，输入标题文本，并设置文本的字体格式。

STEP|19 选择所有的形状，执行【开始】|【形状样式】|【效果】|【棱台】|【圆】命令，设置形状的棱台效果。

STEP|20 最后，执行【设计】|【页面设置】|【大小】|【其他页面大小】命令，选中【自定义大小】选项，自定义页面的大小。

11.7 新手训练营

练习 1：制作购销存流程图

downloads\11\新手训练营\购销存流程图

提示：本练习中，首先创建【工作流程图-3D】
模板文档，并执行【设计】|【主题】命令，设置绘图
页的主题效果。同时，执行【设计】|【背景】|【背
景】和【边框和标题】命令，设置绘图页的边框和标
题样式。然后，添加工作流程形状，排列形状并输入
形状文本。最后，使用"普通箭头"形状连接各个工
作流程形状即可。

练习 2：制作面试工作流程图

downloads\11\新手训练营\面试工作流程图

提示：本练习中，首先创建【工作流程图-3D】
模板文档，并执行【设计】|【主题】命令，设置绘图
页的主题效果。同时，执行【设计】|【背景】|【背
景】和【边框和标题】命令，设置绘图页的边框和标
题样式。然后，添加工作流程形状，排列形状并输入
形状文本。最后，使用"普通箭头"形状连接各个工
作流程形状即可。

练习 3：制作网站建设流程图

downloads\11\新手训练营\网站建设流程图

提示：本练习中，首先创建【基本流程图】模板文
档，并添加【基本形状】模具。然后，执行【设计】|
【主题】命令，设置绘图页的主题效果。执行【设计】|
【背景】|【背景】和【边框和标题】命令，设置绘图页
的边框和标题样式。最后，添加【基本流程图】模具中
的形状，排列形状并输入形状文本，并设置形状的填充
颜色和线条样式，并使用【连接符】工具连接各个形状。

练习 4：制作招标流程图

⊙downloads\11\新手训练营\招标流程图

提示：本练习中，首先创建【跨职能流程图】模板文档，并自定义绘图页的大小。然后，添加"泳道"和"分隔符"形状，更改形状文本，设置文本格式并设置其棱台效果。同时，添加【基本流程图】模具中的形状，设置形状大小、填充颜色和棱台效果。最后，使用【连接线】工具连接各个形状，并设置连接线的线条样式。

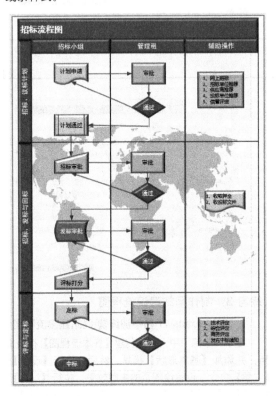

练习 5：制作项目实施流程图

⊙downloads\11\新手训练营\项目实施流程图

提示：本练习中，首先创建【跨职能流程图】模板文档，并自定义绘图页的大小。添加"泳道"和"分隔符"形状，更改形状文本，并设置文本格式和对齐格式。然后，将"流程形状"添加到绘图页中，设置形状大小和位置，输入形状文本并设置部分形状的填充颜色。同时，使用【椭圆】工具绘制一个圆形，设置圆形的填充效果和叠放层次，输入文本并设置文本的字体格式。最后，使用【连接线】工具连接各个形状，输入标题文本并设置文本的字体格式。

第 12 章

构建日程安排图

　　日程安排图是用于排定、规划、跟踪与管理项目日程活动的图表，广泛应用于日程安排和项目管理中。Visio 内置了日历、日程表、甘特图和 PERT 图 4 种日程安排图表模板，以方便用户在记录日程事物、计划安排等一系列日程计划时，可以快速、准确地控制和管理项目进程及创建项目报告。本章中，将详细介绍构建项目管理图的基础知识与操作方法。

Visio **12.1** 构建日历

"日历"可以构建跨越一天到数年日历的形状，并将该形状用于项目或事物跟踪中。在 Visio 中，可以独立地显示按照日、周、月或年安排的日程活动，还可以以直观的方式为项目日程显示提醒、会议、特殊事件、里程碑及其他内容。

12.1.1 创建日历

在 Visio 中，日历按日期的长度可分为日、周、月、年 4 种类型。执行【文件】|【新建】命令，选择【类别】选项，同时选择【日程安排】选项，并在展开的列表中双击【日历】选项，创建日历模板。

在该模板中，只包含"日历形状"一个模具。通过拖动该模具中的形状，可以轻松快速地创建各种类型的日历。

1. 构建日日历

日日历适用于记录一天天或不连续的几天构成的日历。在【日历形状】模具中，将【日】形状拖到绘图页中，弹出【配置】对话框。在该对话框中，设置日历的【日期】、【语言】和【日期格式】下选项。

在【配置】对话框中，单击【确定】按钮即可在绘图页中添加一个日历形状。使用同样方法添加其他天的日历形状。

> **注意**
>
> 右击"日历"形状并执行【配置】命令，可在【配置】对话框中更改日期格式。

2. 构建周日历

周日历适用于记录规划一周或多周的日程。在【日历形状】模具中，将【周】形状拖到绘图页中，弹出【配置】对话框，设置各项配置选项即可。

【配置】对话框中主要包括下列选项。

- ❏ **开始日期** 用来设置日历的开始日期，可以在下拉列表中选择日期，也可以直接输入日期。

- ❏ **结束日期** 用来设置日历的结束日期，可以在下拉列表中选择日期，也可以直接输入日期。

- ❏ **语言** 用来设置日历中所使用的语言。

- ❏ **日期格式** 用来设置日历中所显示的日期样式。该选项会跟随【语言】选项的改变而改变。

- ❏ **为周末加上底纹** 通过选择该选项组中的【是】与【否】单选按钮，来设置是否为表示周末的日期添加底纹。

- ❏ **显示标题** 启用该复选框，表示是否在日历中显示日历标题。

另外，对于需要设置多个周日历的用户，可以将【日历形状】模具中的"多周"形状拖到绘图页中，在弹出的【配置】对话框中，设置"开始日期""结束日期""一周的第一天为"等选项。

3．构建月日历

与周日历一样月日历，可以设置单月日历，也可以设置多月日历。在【日历形状】模具中，将【月】形状拖到绘图页中，弹出【配置】对话框，设置各项配置选项即可。

该对话框中主要包括下列选项。

- ❏ **月**　用于设置日历的月份。
- ❏ **年**　用于设置日历的年份。
- ❏ **一周的第一天为**　用于设置日历中周开始的日。
- ❏ **语言**　用于设置日历中所使用语言。
- ❏ **为周末加上底纹**　通过选择该选项组中的【是】与【否】单选按钮，设置是否为表示周末的日期添加底纹。
- ❏ **显示标题**　启用该复选框，表示是否在日历中显示日历标题。

如果用户想构建连续的多个月日历，可以右击绘图页标签，执行【插入页】命令。为绘图页添加新页，并在新页中创建月日历。

4．构建年日历

在【日历形状】模具中，将【年】形状拖到绘图页中，弹出【形状数据】对话框。在该对话框中设置年份、每周的开始日及语言。

如果用户想构建多个年日历，可以右击绘图页标签，执行【插入页】命令。在插入的新页中创建年日历即可。

12.1.2　编辑日历

为了使日历具有强大的记录功能，也为了美化日历，需要对日历的颜色、标题、附属标志等进行编辑。

1．设置日历格式

创建日历之后，可以使用下列方法来设置日历的格式。

- ❏ **更改配置设置**　右击日历形状，执行【配置】命令。
- ❏ **使用主题颜色**　执行【设计】|【主题】命令，选择相应的主题样式。执行【设计】|【变体】命令，设置主题变体效果。
- ❏ **更改日历标题**　对于日、周与月日历，直接双击标题输入文本即可。对于年日历，应该右击形状并执行【配置】命令，在【形状数据】对话框中输入年份值。

2．添加约会事件

用户使用日历的主要作用是提醒用户计划中的任务、约会或时间的发生日期。将【日历形状】模具中的【约会】形状拖到绘图页中，弹出【配置】对话框，配置各项选项即可。

该对话框中主要包括下列选项。

❑ **开始时间** 用于设置约会的开始时间。

❑ **结束时间** 用于设置约会的结束时间。

❑ **主题** 用于设置约会的描述性文本，该文本将会出现在日历中相应的约会上。

❑ **位置** 用于设置约会的地点，该选项内容不会显示在约会标识中，只会存储在形状数据中。

❑ **日期格式** 用于设置约会的时间格式。

❑ **日期** 用来设置约会时的日期格式。

3．添加多日事件

当日历中出现同一个事件发生在多日的情况，可通过添加"多日事件"形状来描述事件。将【日历形状】模具中的"多日事件"形状拖到绘图页中，弹出【配置】对话框，设置事件的主题、位置及起止时间，单击【确定】按钮即可。

4．添加艺术形状

在日历中除了可以添加"约会"和"多日事件"形状来描述日历中所发生的事情之外，还可以通过添加艺术字形状，在美化日历的同时提醒用户日历中的特殊安排。

添加艺术形状比较简单，用户只需将【日历形状】模具中的艺术类形状添加到日历中即可。例如，将"构思""图钉""注意"和"旅行-飞机"等形状添加到日历中。

5．编辑事件和艺术形状

编辑事件主要包括为事件和艺术形状添加文本、修改或删除事件和艺术形状。用户可通过下列方法进行操作：

❑ **添加文本** 双击事件、艺术形状日历中的日，在文本块中直接输入文本即可。

❑ **编辑约会事件** 右击约会事件，执行【配置】命令，在【配置】对话框中修改相应的选项。

❑ **删除事件** 右击事件或艺术形状，执行【剪切】命令；或者选择事件和艺术形状，按下 Delete 键。

> **注意**
>
> 对于"月相"形状，可以通过右击并执行相应命令的方法，将形状设置为满月、新月等样式。

12.2 构建日程表

Visio 中的〝日程表〞用于显示沿着横向或纵向时间线发送的任务、阶段、间隔或里程碑等日程信息，主要用于传达日期并显示和总结项目进度。本节将详细介绍构建和设置日程表的基础知识和创建方法。

12.2.1 创建日程表

日程表用来显示某期间内的活动阶段与关键日期。在创建日程表之前，还需要根据实际需求，设置日程表的时间段和时间格式。

1．设置时间段

执行【文件】|【新建】命令，选择【类别】选项，选择【日程安排】选项，并双击【日程表】选项，创建日程表模板。

在【日程表形状】模具中，将〝块状日程表〞形状拖到绘图页中，系统会自动弹出【配置日程表】对话框，在【时间段】选项卡中设置日程表的时间段与刻度选项。

该选项卡中主要包括下列选项。

❑ **开始** 用于设置日程表的开始时间。

❑ **结束** 用于设置日程表的结束时间。

❑ **时间刻度** 用于设置日程表的时间刻度，应该选择小于指定日期范围的时间刻度。如果选择的时间刻度大于该日期范围，日

程表上将不会显示时间单位。

❑ **一周的第一天为** 用于设置一周的开始日，主要用来指定日程表上的周间隔。只有将【时间刻度】设置为〝周〞时，此选项才可用。

❑ **财政年度的第一天为** 用来设置财政年度的月份和日，主要用来指定日程表上季度间隔的月和日。只有将【时间刻度】设置为〝季度〞时，此选项才可用。

2．设置时间格式

在【配置日程表】对话框中，激活【时间格式】选项卡，设置日程表的时间格式。

Visio 2016

该选项卡中主要包括下列选项。

❑ **日程表语言**　用于设置日程表中日期格式所使用的语言。

❑ **在日程表上显示开始日期和完成日期**　启用该复选框，可以在日程表上显示开始日期和完成日期。

❑ **日期格式**　用于设置日程表上的日期或时间格式。

❑ **在日程表上显示中期计划时间刻度标记**　启用该复选框，可以在日程表上显示各天、周、月或年时间单位。

❑ **在中期计划时间刻度标记上显示日期**　启用该复选框，可以在日程表上显示各中期计划标记的日期。只有启用了【在日程表上显示中期计划时间刻度标记】复选框，该复选框才可用。

❑ **日期格式**　用于设置时间刻度标记的日期格式。

❑ **当移动标记时自动更新日期**　启用该复选框后，在移动日程表上的标记、里程碑和间隔形状时，上述形状上的日期会自动更新。

> **注意**
>
> 创建日程表之后，右击"块状日程表"形状并执行【配置日程表】命令，可修改时间段与时间格式。

12.2.2　设置日程表

Visio 中的"日程表"形状只显示一条时间线，无法详细展示具体的日程安排。为此，用户可通过为"日程表"形状添加间隔、里程碑或标记等辅助形状，来完善日程表的功能。

1．添加间隔和里程碑

间隔主要用来显示日程表上某时间段内的活动。在【日程表形状】模具中，将"块状间隔"形状拖到日程表上，在弹出的【配置间隔】对话框中，设置起止时间与日期、说明性文本及日期格式，单击【确定】按钮即可。

里程碑主要用来显示某阶段内的特定事件。在【日程表形状】模具中，将"圆形里程碑"形状拖到日程表上，在弹出的【配置里程碑】对话框中，设置里程碑的日期、时间、说明性文本及日期格式，单击【确定】按钮即可。

> **注意**
>
> 右击"里程碑"形状，执行【置于顶层】|【置于顶层】命令，将该形状放置于绘图页的最上层，防止其他图形覆盖。

2．展开日程表

展开日程表可以为总日程表中的某阶段创建详细的任务日程表。在【日程表形状】模具中，将"展开日程表"形状拖到日程表上，在弹出的【配置日程表】对话框中，设置【时间段】与【时间格式】选项卡中相应的选项。单击【确定】按钮，即

可在绘图中显示"展开日程表"形状。

用户可通过下列操作来编辑"展开日程表"形状。

- ❑ **移动**　直接拖动形状到新位置。
- ❑ **调整大小**　拖动形状中的选择手柄调整形状的大小。
- ❑ **调整开始与结束日期**　右击形状，执行【配置日程表】命令。
- ❑ **调整日程表类型**　右击形状，执行【日程表类型】命令，在其级联菜单中选择相应的选项。
- ❑ **显示起始与完成箭头**　右击形状，执行【箭头】命令，在其级联菜单中选择相应的选项。

3．同步间隔和里程碑

在 Visio 中，可以实现同一页中多个日程表上的间隔与里程碑保持同步的状态。在绘图页中，选择一个日程表上需要保持同步的"里程碑"形状，执行【日程表】|【里程碑】|【同步处理】命令，

选择"间隔"形状，执行【日程表】|【间隔】|【同步处理】命令，弹出【使间隔保持同步】对话框，在【使间隔与以下对象保持同步】下拉列表中选择相应的选项。

同样，选择一个日程表上需要保持同步的"里程碑"形状，执行【日程表】|【里程碑】|【同步处理】命令，设置各项选项即可同步里程碑。

> **注意**
>
> 可以通过删除"间隔"或"里程碑"形状的方法，删除形状之间的同步关联。

Visio **12.3**　构建甘特图

甘特图又称为横道图和条状图，是以提出者亨利·甘特的名字命名的，它以图示的方式，通过活动类别时间刻度形象地显示项目中各项任务的活动顺序和持续时间，广泛应用于简单且短期的项目中。

12.3.1　创建甘特图

甘特图主要用来显示项目中的任务名称、开始时间、结束时间、持续时间等任务信息。

执行【文件】|【新建】命令，在展开的列表

中选择【类别】选项，同时选择【日程安排】选项，并双击【甘特图】选项，创建甘特图模板。创建模板之后，系统会自动弹出【甘特图选项】对话框，此时还需要根据项目计划设置甘特图的【日期】和【格式】选项。

1. 设置【日期】选项

在【甘特图选项】对话框中，激活【日期】选项卡，设置任务选项、持续时间选项和时间刻度范围等选项。

【日期】选项卡中主要包括下列选项。

- ❑ **任务数目** 用于设置在甘特图中显示的任务数量。
- ❑ **主要单位** 用于设置在时间刻度中使用的最大单位，如年或月等。在甘特图的时间刻度上，主要单位显示于次要单位之上。主要单位和次要单位在很大程度上决定甘特图的宽度。
- ❑ **次要单位** 用于设置在时间刻度中使用的最小单位。
- ❑ **格式** 用于设置在甘特图的"持续时间"列中显示的时间单位。
- ❑ **开始日期** 用于设置项目的开始日期和时间。只有将【次要单位】设置为"小时"时，才可以设置开始时间。
- ❑ **完成日期** 用于设置项目的完成日期和时间。只有将【次要单位】设置为"小时"时，才可以设置完成时间。

2. 设置【格式】选项

在【甘特图选项】对话框中，激活【格式】选项卡，设置任务栏、里程碑、摘要栏和各标签选项。

【格式】选项卡中各选项的功能如下表所述。

选项组	选 项	功 能
任务栏	开始形状	用于设置显示在所有任务栏开始处的形状类型
	完成形状	用于设置显示在所有任务栏结束处的形状类型
	左标签	用于设置作为标签而显示于所有任务栏左侧的列标题文本
	右标签	用于设置作为标签而显示于所有任务栏右侧的列标题文本
	内部标签	用于设置作为标签而显示于所有任务栏内部的列标题文本
里程碑	形状	用于表示所有里程碑的形状类型
摘要栏	开始	用于设置显示在所有摘要任务栏开始处的形状类型
	完成	用于设置显示在所有摘要任务栏结束处的形状类型

在【甘特图选项】对话框中，单击【确定】按钮即可在绘图页中创建一个甘特图。创建甘特图之后，还需要在【任务名称】列中输入任务名称，在【开始时间】列中输入任务的开始时间，在【持续

时间】列中输入任务的持续时间，并组织和链接任务。

> **注意**
>
> 使用 Ctrl+A 快捷键，拖动甘特图四周的选择手柄，可调整甘特图的大小。

12.3.2　设置甘特图

创建甘特图之后，为了完善甘特图中的任务，也为了充分显示甘特图的作用，还需要添加里程碑、组织与链接任务，以及设置甘特图的格式。

1．导航任务

对于大型的甘特图，往往包含大量的任务信息。为了快速查看任务信息，需要利用【甘特图】选项卡的【导航】选项组中的命令来查看各项任务。

- ❏ **转到开始**　执行该命令，可以显示项目的首个任务信息。
- ❏ **上一步**　执行该命令，可以转到甘特图时间刻度中的上一个任务或里程碑。
- ❏ **下一步**　执行该命令，可以转到甘特图时间刻度中的下一个任务或里程碑。
- ❏ **转到完成**　执行该命令，可以显示最后一个任务信息，即完成处。
- ❏ **滚动至任务**　执行该命令，可以显示当前选中的任务信息。

2．添加里程碑任务

里程碑是标记项目中主要事件的参考点，用于监视项目的进度，里程碑的工期通常为零，但也不排除工期不为零的里程碑。Visio 中的里程碑任务的持续时间默认为零，并以"菱形"形状显示。

在【甘特图形状】模具中，将"里程碑"形状拖到甘特图中。在【任务名称】列中选择"新建任务"，并输入表示里程碑名称的文本。然后，在【开始日期】列中，设置里程碑的开始时间。在【持续时间】单元格中，将里程碑的持续时间设置为 0。

> **注意**
>
> 如果用户将"里程碑"的【持续时间】设置为非 0 值，则"里程碑"标记会变成任务栏的标记。

3．组织任务

组织任务按照范围将任务降级或升级，从而使每个任务范围中分别具有一个摘要任务。组织任务后的摘要任务是以粗体显示并靠单元格左侧放置，子任务降级在摘要任务之下。

在甘特图中选择任务，执行【甘特图】|【任务】|【降级】命令，即可将该任务变成上一个任务的子任务。当用户组织任务之后，甘特图中会显示摘要任务，而摘要任务中的字体将自动变成"加粗"格式，【开始时间】、【完成】与【持续时间】变成所有时间的累积值。另外，摘要任务的标记会变成"三角端点"形状。

4．链接任务

项目中的任务需要相互关联，才能显示它们之间的关系与实施顺序，并保证项目的顺利完成。选择第 1 个任务，按住 Shift 或 Ctrl 键的同时按照顺

序依次选择其他任务，执行【甘特图】|【任务】|【链接】命令，链接选中的任务。

5．配置工作时间

配置工作时间是指定甘特图中的工作日以及工作日的开始和结束时间。默认情况下，Visio 为甘特图配置了每周工作 5 天的工作时间。此时，执行【甘特图】|【管理】|【配置工作时间】命令，在弹出的【配置工作时间】对话框中，设置甘特图的具体工作时间即可。

6．设置甘特图内容

用户可通过下列方法添加或删除甘特图中的内容。

- ❑ **新建任务**　在甘特图中选择一个任务，执行【甘特图】|【任务】|【新建】命令，或将【甘特图形状】模具中的"行"形状拖到甘特图中。
- ❑ **删除任务**　选择任务，执行【甘特图】|【任务】|【删除】命令，或右击任务执行【删除任务】命令。
- ❑ **插入列**　选择需要插入列的任意位置，执行【甘特图】|【列】|【插入】命令，在弹出的【插入列】对话框中选择列类型。
- ❑ **隐藏列**　选择需要隐藏列的任意位置，执行【甘特图】|【列】|【隐藏】命令。

> **注意**
>
> 通过执行【设计】选项卡的【主题】选项组中的各项命令，可设置甘特图的外观。

Visio
12.4　构建 PERT 图表

PERT 图又称为"计划评审技术"，它是一种采用网络图来描述项目任务的有向图表，用于创建项目或任务管理的 PERT 图、日程、日程表、议程、任务分解结构、关键路径和日程表等图表。

12.4.1　创建 PERT 图表模板

PERT 图表不仅描述每个任务的开始时间、结束时间、持续时间和可宽延时间等任务所需的时间，还使用连接线显示任务之间的依赖关系。

在绘图页中，执行【文件】|【新建】命令，选择【类别】选项，同时选择【日程安排】选项。然后，在展开的列表中双击【PERT 图】选项，创建 PERT 图模板。

在"PERT 图"模板中，系统只提供了【PERT 图表形状】模具，用户可将相应的形状添加到绘图页中，按照一定的规则排列和连接，并输入相应的任务信息。

在【PERT 图表形状】模具中，主要包括 PERT 1 和 PERT 2 主形状。其中，PERT 1 形状主要包括任务名称和用来描述任务信息的 6 个方块，而 PERT 2 形状则包括任务名称和用来描述任务信息的 4 个方块。两个形状所描述的任务信息各不相同，用户可根据日程的实际情况，选择相应的

形状。

12.4.2　编辑 PERT 图表

创建 PERT 图表后，还需要通过为其添加图例、摘要结构或标注等方法来完善 PERT 图表的功能。

1．添加标注形状

在【PERT 图表形状】模具中，包括"水平标注"和"直角水平"两种标注形状，以帮助用户记录项目中的特殊事件。用户只需将"水平标注"或"直角水平"形状添加到绘图中，链接到相应的形状中，输入说明性文本并设置文本格式即可。

2．添加图例形状

图例主要用来显示整个项目的计划、实际值和当前值，以帮助用户了解项目的整体状况。在【PERT 图表形状】模具中，将"图例"形状添加到绘图页中，并分别修改"计划""实际"和"当前"文本。

3. 添加摘要结构

摘要结构形状除了用于描述某个任务形状的 具体情况之外,还可以以单独的形状显示项目的大 纲组织结构。用户只需将【PERT 图表形状】模具 中的"摘要结构"形状添加到绘图页中即可。

Visio **12.5** 练习:制作网站项目开发计划图

在网站项目开发实施之前,往往需要根据开发目标、资源和费 用等要素制定整个项目开发的计划,以确保项目在何时需要完成何种 工作。在 Visio 中,可以使用"日程表"模板,快速且清晰地列出项 目运作的流程,并制定这些流程所需花费的时间。本练习中,将使用 Visio 中内置的模板文档来制订一份某商业网站的项目开发计划。

练习要点

- 创建模板文档
- 配置日程表
- 添加形状
- 设置形状属性
- 设置主题效果
- 设置边框和标题

操作步骤 ▶▶▶▶

STEP|01 创建模板文档。执行【文件】|【新建】 命令,在列表中选择【类别】列表中,选择【日程

安排】选项。

STEP|02 然后,在展开的【日程安排】列表中, 双击【日程表】选项,创建模板文档。

的日期格式。

STEP|03 配置日程表。将【块状日程表】形状拖到绘图页中，在【配置日程表】对话框中设置起止时间与时间刻度。

STEP|04 激活【时间格式】选项卡，设置日程表

STEP|05 选择整个日程表，右击执行【箭头】|【结束】命令，添加完成箭头标志。

STEP|06 添加间隔。将"块状间隔"形状添加到日程表中，在【配置间隔】对话框中设置间隔选项。

STEP|07 使用同样的方法，分别为日程表添加其他块状间隔。

STEP|08 展开日程表。将"展开的日程表"形状添加到绘图页中，在【配置日程表】对话框中设置日期选项。

STEP|09 使用同样的方法，为主日程表中的第 3 段与第 4 段的间隔添加"展开的日程表"形状。

STEP|10 将主日程表中与"展开的日程表"形状

相同间隔的文本说明删除。

STEP|11 将"块状间隔"形状添加到展开的日程表形状上，为其添加展开的时间间隔内容。

STEP|12 添加里程碑。将"双三角形里程碑"形状添加到主日程表中，并在【配置里程碑】对话框中设置日期格式。

STEP|13 使用同样的方法，为主日程表添加其他里程碑。

STEP|14 美化绘图。执行【设计】|【主题】|【离子】命令，设置图表的主题效果。

STEP|15 执行【设计】|【背景】|【背景】|【活力】命令，设置图表的背景效果。

STEP|16 执行【设计】|【背景】|【边框和标题】|【方块】命令，添加边框和标题样式并更改标题文本。

Visio **12.6** 练习：制作道路施工进度表

在项目实施之前，用户需要先使用甘特图来规划项目的进度，以保证项目可以在预定时间内完成。甘特图是显示活动及持续时间的条形图，主要用来显示项目中的任务名称、开始时间、结束时间、持续时间等任务信息。在本练习中，将运用 Visio 中的"甘特图"模板来构建一份道路施工进度表。

练习要点

- 创建模板文档
- 设置甘特图选项
- 链接任务
- 设置甘特图格式
- 设置图表主题效果
- 添加图表背景
- 设置边框和标题

操作步骤 ▷▷▷

STEP|01 创建模板文档。执行【文件】|【新建】命令，在列表中选择【类别】列表中，选择【日程安排】选项。

STEP|02 然后，在展开的【日程安排】列表中，双击【甘特图】选项，创建模板文档。

STEP|03 设置日期选项。在弹出的【甘特图选项】对话框中，将【任务数目】设置为 13，将【格式】设置为"天"，并设置开始与结束日期。

STEP|04 调配甘特图。按 Ctrl+A 快捷键，将鼠标置于选择手柄上，向下拖动，调整甘特图的

位置。

STEP|05 在甘特图中输入任务名称和持续时间，并设置文本的字体格式。

STEP|06 选择第 1 个任务，执行【甘特图】|【任务】|【新建】命令，插入新任务，并输入任务名称。

STEP|07 按住 Ctrl 键同时选择第 2～第 14 个任务，执行【甘特图】|【任务】|【降级】命令，降

级任务。

STEP|08 同时，执行【甘特图】|【任务】|【链接】命令，链接第 2～第 14 个任务。

STEP|09 执行【甘特图】|【管理】|【图表选项】命令，激活【格式】选项卡，设置甘特图的格式。

STEP|10 美化图表。执行【设计】|【主题】|【序列】命令，同时执行【变体】|【序列，变量 4】命

令，设置图表的主题和变体效果。

STEP|11 在【设计】选项卡【页面设置】选项组中，单击【对话框启动器】按钮。激活【页面尺寸】选项卡，选中【自定义大小】选项，并设置大小数值。

STEP|12 执行【设计】|【背景】|【边框和标题】|【霓虹灯】命令，添加边框和标题样式，同时在"背景-1"页面中修改标题文本。

Visio 12.7 新手训练营

练习1：制作店庆周日程表
downloads\12\新手训练营\店庆周日程表

提示：本练习中，首先创建【日历】模板文档，并自定义绘图页的大小。然后，将"周"日历添加到绘图页中，并配置日历选项。同时，将【日历形状】模具中的相应形状添加到周日历中，双击形状输入说明性文本并调整文本的位置。最后，执行【设计】|【主题】命令设置绘图页的主题效果，执行【设计】|【背景】|【背景】和【边框和标题】命令设置绘图页的背景和标题样式。

练习2：制作Java程序检测系统图表
downloads\12\新手训练营\Java程序检测系统图表

提示：本练习中，首先创建【PERT图表】模板文档，并自定义绘图页的大小。然后，将"PERT 1"形状添加到绘图页中，输入形状文本并设置形状的填充颜色。同时，使用【连接线】工具连接各个形状。最后，执行【设计】|【主题】命令设置绘图页的主题效果，执行【设计】|【背景】|【背景】和【边框和标题】命令设置绘图页的背景和标题样式。

练习3：制作考研时间安排表
downloads\12\新手训练营\考研时间安排表

提示：本练习中，首先创建【日程表】模板文档，并自定义绘图页的大小。然后，将"圆柱形日程表"形状添加到绘图页中，并配置日程表选项。同时，为日程表添加"里程碑"和"间隔"类形状。最后，执行【设计】|【主题】命令设置绘图页的主题效果，执行【设计】|【背景】|【背景】和【边框和标题】命令，设置绘图页的背景和标题样式。

练习 4：制作企业内勤工作进度表

⬤ downloads\12\新手训练营\企业内勤
工作进度表

　　提示：本练习中，首先创建【甘特图】模板文档，并自定义绘图页的大小。然后，输入任务名称和持续时间，并连接各个任务。同时，执行【插入】|【图部件】|【标注】命令，为进度表插入标注，输入标注内容并调整其位置。最后，执行【设计】|【主题】命令设置绘图页的主题效果，执行【设计】|【背景】|【背景】和【边框和标题】命令设置绘图页的背景和标题样式。

第 **13** 章

构建商务图

　　Visio 是一款强大的绘图软件，可以运用图表清晰地显示和分析绘图数据，运用组织结构图以图形方式直观地表示组织中的人员、业务及部门之间的结构与关系，还可以运用灵感触发图使杂乱无章的信息流转换为易读且清晰的形式，以及运用因果图系统地评价影响或导致特定情况的因素。另外，Visio 还提供了类似 Excel 数据分析功能的数据透视图表模板，帮助用户创建可视化分析的数据分层图。在本章中，将详细介绍各种商务图表的基础知识和构建方法，帮助用户提高 Visio 的操作能力。

13.1 构建图表

Visio 为用户提供了演示财务报表、统计分析、营销数据、市场预测等各类数据的图表和图形形状，以帮助用户更好地分析数据统计结果与发展趋势。

13.1.1　构建条形图

Visio 为用户提供二维条形图与三维条形图两种条形图形状，其中二维条形图最多可以显示 12 个条，三维条形最多可以显示 5 个条。

1．创建二维条形图

执行【文件】|【新建】命令，在【类别】列表中选择【商务】选项，双击【图表和图形】选项，创建模板文档。

然后，将【绘制图表形状】模具中的二维条形图类型的"条形图 1"形状拖到绘图页中，在弹出的【形状数据】对话框中，设置条形数目并单击【确定】按钮，即可在绘图页中创建一个二维条形图。

注意

在【形状数据】对话框中，单击【定义】按钮，即可在弹出的【定义形状数据】对话框中，自定义该形状的数据选项。

2．创建三维条形图

在"图表和图形"模板文档中，将【绘制图表

形状】模具中的"三维轴"形状拖到绘图页中，并拖动形状上的控制手柄，调整形状的网格线、墙体厚度与第三维的深度。然后，将"三维条形图"形状拖到"三维轴"形状的原点处，在弹出的【形状数据】对话框中设置条形数、值与颜色，单击【确定】按钮即可在绘图页中创建一个三维条形图。

3．编辑条形图

编辑条形图主要是指更改条形图的高度、宽度、条值、数量、颜色等外观样式。用户可根据下列方法来编辑二维条形图。

- ❏ **调整高度与宽度**　可通过拖动"条形图"形状左上方的控制手柄来调整条形图的高度。同时，通过拖动"条形图"中第 1 条右下方的控制手柄来调整条形图的宽度。

- ❏ **指定条值**　选中"条形图"形状中的条，直接输入数值即可。

- ❏ **调整条数量**　右击"条形图"形状，执行【设置条形数目】命令，在弹出的【形状数据】对话框中设置条形数目值。

- ❏ **设置条颜色**　右击"条形图"形状，执行【设置形状格式】命令，在弹出的【设置形状填充格式】任务窗格中，可以设置条形图的填充线条样式和效果。

- ❏ **添加坐标轴**　将【绘制图表形状】模具中

的"X-Y 轴"形状拖到图表中即可。

❑ **设置轴单位** 单击 X 轴或 Y 轴,在文本框中输入文本。

另外,用户可以使用下列方法编辑三维条形图。

❑ **调整高度与宽度** 可通过拖动"条形图"中的选择手柄调整条形图的高度。通过拖动"条形图"形状中第 1 条右下方的控制手柄调整条形图的宽度。

❑ **指定条值与颜色** 右击"条形图"形状,执行【条形属性】命令,在弹出的【形状数据】对话框中设置条值与颜色。

❑ **隐藏条值** 右击"条形图"形状,执行【隐藏值】命令。

❑ **显示线条** 右击"条形图"形状,执行【显示线条】命令。

❑ **调整条数目** 右击"条形图"形状,执行【条形计数与范围】命令,在弹出的【形状数据】对话框中设置"条形计数"值。

❑ **调整相对高度** 右击"条形图"形状,执行【条形计数与范围】命令,在弹出的【形状数据】对话框中设置"范围"值。该"范围"值为 Y 轴顶端的值。

13.1.2 构建饼图

Visio 为用户提供饼图及组合饼状图的饼图扇区和特殊饼图扇区,以帮助用户更详细地展示演示数据。

1. 直接创建饼图

直接将【绘制图表形状】模具中的"饼图"拖到绘图页中,在弹出的【形状数据】对话框中设置扇区数量,单击【确定】按钮即可在绘图页中创建一个饼状图。

2. 组合饼图

由于内置的"饼图"形状只能提供 10 个扇区,所以用户可以使用自定义饼状图的方法,创建大于 10 个扇区的饼图。

首先,将【绘制图表形状】模具中的"饼图扇区"拖到绘图页中。然后,将第 2 个"饼图扇区"拖到绘图页中,拖动第 2 个形状上右下方的选择手柄,将其粘附到第 1 个形状左上方的顶点上。拖动第 2 个形状左下方的选择手柄,将其粘附到第 1 个形状左下方的顶点上。最后,拖动形状上的控制手柄调整扇区的大小。以此类推,分别添加其他扇区形状。

> **注意**
>
> 在自定义【饼图】形状时,按住 Ctrl 键的同时选择所有的【饼图扇区】形状,右击执行【组合】|【组合】命令,组合所有的【饼图扇区】形状。

3. 编辑饼图

用户可通过下列操作,编辑饼状图的值、颜色与大小。

❑ **设置扇区数目** 右击"饼图"形状,执行【设置扇区数目】命令,在弹出的【形状数据】对话框中设置"扇区"值。

❑ **设置扇区大小** 右击"饼图"形状,执行【设置扇区大小】命令,在弹出的【形状数据】对话框中设置数值。

13.1.3　构建功能比较图

　　功能比较图主要用来显示产品的特性。在【形状】任务窗格中，将【绘制图表形状】模具中的"功能比较"形状拖到绘图页中，在弹出的【形状数据】对话框中设置产品与功能数量，单击【确定】按钮即可在绘图页中创建一个比较图表。

注意

右击"功能图表"形状，执行【设置域】命令，即可更改图表的功能与产品数量。

　　然后，将"功能开关"形状拖到"功能比较"图表上的单元格中，在弹出的【形状数据】对话框中，设置状态图标样式，单击【确定】按钮即可为图表添加状态标志。

注意

"功能开关"形状包括空白、实心圆与空心圆 3 种状态标注。其中，空白表示产品不存在特性，实心圆表示产品提供特性，空心圆表示产品提供受限制的特性。

13.1.4　构建营销图表

　　Visio 为用户提供了显示销售数据的营销图表，利用该图表不仅可以帮助用户分析数据与数据之间的关系，还可以帮助用户分析数据的层级、发展趋势，以及制作产品的销售塔形分布和市场占有率等图表。

1．创建中心辐射图

　　中心辐射图表主要用来显示数据之间的关系，最多可包含 8 种数据关系。

　　在绘图页中，执行【文件】|【新建】命令，在【类别】列表中选择【商务】选项，并双击【营销图表】选项，创建绘图模板。

　　然后，在【营销图表】模具中，将"中心辐射图"形状拖到绘图页中，在弹出的【形状数据】对话框中，指定"圆形数"值，单击【确定】按钮即可在绘图页中创建一个中心辐射图。

　　创建中心辐射图之后，用户可通过下列方法来编辑"中心辐射图"形状。

❏ 调整大小　可通过拖动选择手柄的方法来调整形状的大小。

❏ 调整外围圈的位置　可通过拖动圆圈内的控制手柄的方法来调整外围圈的位置。

❏ 调整外围圈的数目　右击"中心辐射图"形状，执行【设置圆形数目】命令，在弹出的【形状数据】对话框中，设置"圆形数"值。

❏ 调整外围圈的颜色　单击"中心辐射图"形状中的单个围圈，右击执行【设置形状格式】命令，选择相应的颜色。

2．创建三角形

三角形主要用来显示数据的层次级别,最多可以设置 5 层数据。在【形状】任务窗格的【营销图表】模具中,将"三角形"形状拖到绘图页中,在弹出的【形状数据】对话框中指定"级别数"值,单击【确定】按钮即可在绘图页中创建一个三角形。

创建三角形之后,用户可通过下列方法来编辑"三角形"形状。

- ❑ **调整大小** 可通过拖动选择手柄的方法,来调整形状的大小。
- ❑ **设置维度** 右击形状,执行【二维】或【三维】命令。
- ❑ **设置级别** 右击形状,执行【设置级别数】命令,在弹出的【形状数据】对话框中设置级别数值。
- ❑ **设置偏移量** 右击形状,执行【设置偏移量】命令,在弹出的【形状数据】对话框中设置偏移值。

3．创建金字塔

金字塔将以三维的样式显示数据的层级关系,最多可包含 6 层数据。在【形状】任务窗格中的【营销图表】模具中,将"三维金字塔"形状拖到绘图

页中,在弹出的【形状数据】对话框中指定"级别数"与"颜色",单击【确定】按钮即可在绘图页中创建一个金字塔。

创建金字塔之后,用户可通过下列方法来编辑"三维金字塔"形状。

- ❑ **调整大小** 可通过拖动选择手柄的方法来调整形状的大小。
- ❑ **设置级别数** 右击形状,执行【设置级别数】命令,在弹出的【形状数据】对话框中设置"级别数"值。
- ❑ **设置金字塔颜色** 右击形状,执行【设置金字塔颜色】命令,在弹出的【形状数据】对话框中设置"金字塔颜色"选项。
- ❑ **设置层颜色** 选择"三维金字塔"形状,单击单个层,右击执行【设置形状格式】命令,选择相应的颜色。

> **注意**
>
> 在"营销图表"模具中,还可以通过拖动其他形状来创建市场分析、SWOT、步骤图、三维矩阵、定位图、波士顿矩阵及营销综合图等图表。

Visio **13.2** 构建组织结构图

企业结构图用来说明企业的流程运转、部门设置以及智能规划等,常见的组织结构图形式包括中

央集权制、分权制、直线式及矩阵式等。

13.2.1　手动创建组织结构图

手动创建组织结构图适用于规模比较小的结构图。执行【文件】|【新建】命令，选择【商务】选项，双击【组织结构图】选项，创建模板文档。然后，在【组织结构图形状】模具中，添加相应的箱子即可。

创建组织结构图框架之后，双击形状，在文本块中直接输入职位、姓名等形状数据。另外，用户也可以右击形状并执行【属性】命令，在弹出的【形状数据】对话框中设置相应的数据信息。

13.2.2　向导创建组织结构图

在绘图页中，执行【组织结构图】|【组织数据】|【导入】命令；或者执行【文件】|【新建】命令，在【类别】列表中选择【商务】选项，双击【组织结构图向导】选项，启用组织结构图向导模板，在弹出的【组织结构图向导】对话框中，根据步骤创建组织结构图。

1. 使用向导输入信息创建

在【组织结构图向导】对话框中的【根据以下信息创建组织结构图】选项卡中，选中【使用向导输入的信息】选项，并单击【下一步】按钮。

在【选择要向其输入数据的文件的类型】选项卡中，选中【Excel】选项，并单击【浏览】按钮，在弹出的【组织结构图向导】对话框中指定文件名称与路径，单击【保存】按钮。在【组织结构图向导】对话框中，单击【下一步】按钮。

在弹出的【组织结构图向导】对话框中，单击【确定】按钮，系统会自动弹出含有数据的 Excel 工作簿。

	A	B	C	D	
1	姓名	隶属于	职务	部门	
2					
3	Joe Sampleboss		CEO	高管	x
4	Jane Samplemgr	Joe Sampleboss	开发部经理	产品开发	x
5	John Samplepos	Jane Samplemgr	软件开发人员	产品开发	x
6					
7					
8					
9					

OCW3DCD

在工作簿中输入数据，保存并退出工作簿。系统会自动跳转到【组织结构图向导】对话框中。用户按照下面的步骤提示进行操作，即可创建组织结构图。

2. 使用已存在的文件创建

在【组织结构图向导】对话框的【根据以下信息创建组织结构图】选项卡中，选中【已存储在文件或数据库中的信息】选项，并单击【下一步】按钮。

然后，选择【文本、OrgPlus(*.txt)或 Excel 文件】选项，并单击【下一步】选项。

在【定位包含组织结构信息的文件】选项卡中，单击【浏览】按钮，在弹出的【组织结构图向导】对话框中选择包含数据源的文件，单击【打开】按钮，并单击【下一步】按钮。

在【从数据文件中包含组织结构定义信息的列】选项组中，设置"姓名""隶属于"信息的列，单击【下一步】按钮。在【从数据文件中选择要显示的列（字段）】与【从数据文件中选择作为形状数据字段添加到组织结构图形状中的列】选项卡中，添加或删除列字段。

单击【下一步】按钮，在弹出的【组织结构图向导】对话框中，设置组织结构图的布局，并单击【下一步】按钮，单击【完成】按钮。

该选项卡中主要包括下列几种选项。

- ❑ **指定每页显示的组织结构内容** 该选项主要用于指定每页中所显示的组织结构图内容。选择该选项，单击【下一步】按钮后，在弹出的新对话框中可以修改已定义的页、添加新页或者删除绘图页。
- ❑ **向导自动将组织结构内容分成多页** 该选项表示每页中所显示的组织结构图内容由系统决定。
- ❑ **页面顶部的名称** 主要用来指定组织结构图顶层的名称，只有选择【向导自动将

组织结构内容分成多页】选项时，才会显
示该选项。

❑ **超链接各页上的雇员形状** 启用该复选
框，可以链接绘图页中的形状。

❑ **同步各页上的雇员形状** 启用该复选框，
可以将更改自动应用到该形状在其他页
上的所有副本。

13.2.3 设置组织结构图

为了保持组织结构图的实时更新，也为了美化
组织结构图，需要设置组织结构图的格式与布局。
同时，为了使组织结构图更具有实用性，还需要编
辑与分布组织结构图。

1．编辑组织结构图

编辑组织结构图，主要是指编辑组织结构图中
的形状，即设置形状文本与数据值，改变组织结构
图形状的类型等内容。组用户可通过下列几种方法
来编辑形状文本和数据。

❑ **编辑形状文本** 选择形状，直接输入文本
字段。

❑ **编辑形状数据** 右击形状并执行【属性】
命令，在弹出的【形状数据】对话框中设
置数据值。

❑ **插入图片** 右击形状并执行【图片】命令，
在其级联菜单中选择相应的选项，即可更
改、删除或隐藏图片。

❑ **设置下属职务** 右击形状并执行【下属】
命令，在其级联菜单中选择相应的选项，
即可排列、隐藏或同步下属形状。

❑ **更改职务类型** 右击形状并执行【更改职
务类型】命令，在弹出的【更改职务类型】
对话框中选择相应的职务。

❑ **删除形状** 右击形状并执行【剪切】命令，
或使用 Ctrl+X 快捷键。

2．分页组织

分页组织是将组织结构图分布到多个页面中。
在绘图页中选择需要移动的形状，执行【组织结构
图】|【布局】|【同步】|【创建同步副本】命令，
弹出【创建同步副本】对话框，设置各项选项。

在【创建同步副本】对话框中，主要包括下列
3 种选项。

❑ **新页** 选择该选项，可以在组织结构图绘
图上创建一个新页面，并将原始页面中的
副本放置在新页面中。

❑ **现有页面** 选择该选项，并在下拉列表中
选择放置页的名称，即可将原始页面的部
门副本放置在所选择的绘图页上。

❑ **隐藏原始页上的下属形状** 启用该复选
框，可在原始页上隐藏下属形状。其上级
形状的外观就会发生变化，指明其下属形
状已隐藏。

> **注意**
>
> 如果绘图页中只包含一个页面，则【创建同
> 步副本】对话框中的【现有页面】选项将不
> 可用。

3．设置布局

当用户为单个团队设置布局时，选择团队的上
级形状，执行【组织结构图】|【布局】|【布局】
命令，在其级联菜单中选择一种布局样式。

另外，在【布局】选项组中，单击【对话框启动器】按钮，可在【排列下属形状】对话框中设置组织结构图的布局样式。

除了上述方法之外，用户还可以通过下列两种方法来设置组织结构图的布局。

❑ **重新布局** 执行【组织结构图】|【布局】|【重新布局】命令，即可将组织结构图恢复到原始的排列方式。

❑ **恰好适合页面** 执行【组织结构图】|【布局】|【恰好适合页面】命令，即可将组织结构图自动移动到绘图页的中上部。

13.2.4 美化组织结构图

在 Visio 中，除了利用【主题】命令来设置形状的颜色与效果之外，还可以利用下述几种方法来美化组织结构图。

1．设置形状样式

在绘图页中，执行【组织结构图】|【形状】|【其他】命令，在其级联菜单中选择相应的选项。

2．设置选项

在绘图页的【组织结构图】选项【形状】选项组中，单击【对话框启动器】按钮，弹出【选项】对话框。激活【选项】选项卡，设置相应的选项即可。

该选项卡中主要包括下列选项。

❑ **宽度** 用于设置组织结构图中各框的宽度。

❑ **高度** 用于设置组织结构图中各框的高度。

❑ **显示绘图提示（如果有）** 启用该复选框，可以自动显示绘图提示（如果有提示）。

❑ **将这些选项设置用于新组织结构图** 启用该复选框，可将上述设置应用到以后使用该模板创建的所有组织结构图中。

❑ **恢复默认设置** 单击该按钮，可以取消对话框中的所有选项卡设置，使之恢复成默认设置。

3．设置字段

在【选项】对话框中激活【字段】选项卡，并在【字段】选项卡中设置相应的选项。

该选项卡中主要包括下列选项。

❑ **块 1**　表示组织结构图形状的中心文本块。

❑ **上移**　单击该按钮，可以将所选的域向上移动一级。

❑ **下移**　单击该按钮，可以将所选的域向下移动一级。

❑ **块 2**　表示组织结构图形状上左上角的文本块。

❑ **恢复默认设置**　单击该按钮，可以取消此对话框中的所有选项卡，使之恢复成默认设置。

4．设置形状间距

在绘图页中，用户还可以设置形状之间的距离，在【组织结构图】选项卡的【排列】选项组中，单击【对话框启动器】按钮，在弹出的【间距】对话框中设置相应的选项。

该对话框中主要包括下列选项。

❑ **更接近**　选择该选项，可以使组织结构图形状之间的间距缩小一个绘图页网格单位。

❑ **进一步**　选择该选项，可以使组织结构图形状之间的间距增加一个绘图页网格单位。

❑ **自定义**　选择该选项并单击【值】按钮，可以在弹出的【自定义间距值】对话框中设置布局类型，以及上级形状和下属形状之间、下属形状之间的准确间距。

❑ **所选形状**　选择该选项，可以将间距设置应用到打开此对话框之前选定的形状中。

❑ **当前页**　选择该选项，可以将间距设置应用到当前显示页面上的所有形状中。

❑ **全部页**　选择该选项，可以将间距设置应用到组织结构图中所有绘图页上的全部形状中。

> **注意**
> 用户也可以通过执行【组织结构图】|【排列】|【增加间距】或【减少间距】命令来调整形状的间距。

13.3　构建灵感触发图

灵感触发图主要用来显示标题、副标题之间的关系与层次。通过灵感触发图，不仅可以进行规划、解决问题、指定决策和触发灵感，还可以使杂乱无章的信息流转换为易读且清晰的图表。

13.3.1　创建灵感触发图

在 Visio 中，执行【文件】|【新建】命令，在【类别】列表中选择【商务】选项，并双击

【灵感触发图】选项，创建绘图模板。然后，在绘图页中可以使用【灵感触发形状】模具、【灵感触发】选项卡或【大纲窗口】视图来创建灵感触发图。

1．创建主标题

用户可以使用下列方法来创建主标题。

❑ **选项卡创建**　执行【灵感触发】|【添加主题】|【主要】命令，即可在绘图页中添加

一个主标题。

- 大纲窗口创建　右击文件名执行【添加主标题】命令。
- 模具创建　在【灵感触发形状】模具中，将"主标题"形状拖到绘图页中。
- 快捷菜单创建　右击绘图页，执行【添加主标题】命令。

2. 创建副标题

用户可以使用下列方法来创建副标题。

- 选项创建　执行【灵感触发】|【添加主题】|【副标题】命令，即可在绘图页中添加一个副标题。
- 大纲窗口创建　右击主标题名并执行【添加副标题】命令。
- 模具创建　在【灵感触发形状】模具中，将"标题"形状拖到绘图页中。
- 快捷菜单创建　右击"主标题"形状，执行【添加副标题】命令。

3. 创建对等标题

用户可以使用下列方法来创建对等标题。

- 选项卡创建　执行【灵感触发】|【添加主题】|【对等】命令。
- 快捷菜单创建　右击"标题"形状，执行【添加对等标题】命令。

4. 同时创建多个标题

用户可以使用下列方法同时创建多个标题。

- 选项卡创建　执行【灵感触发】|【添加主题】|【多个副标题】命令，在弹出的【添加多个标题】对话框中，输入标题名称并

按 Enter 键，依此类推。

- 大纲窗口创建　右击标题名并执行【添加多个副标题】命令。
- 快捷菜单创建　右击"主标题"形状，执行【添加多个副标题】命令。

5. 连接标题

在【灵感触发形状】模具中，将"动态连接线"形状拖到绘图页中。将其中一个端点连接到一个形状上，然后将另外一个端点链接到另外一个形状上。同时，拖动离心率手柄来调整曲线连接线与关联连接线的曲率。

13.3.2　导入与导出标题

在 Visio 中，用户不仅可以将创建的灵感触发图导出为 Word、Excel 或 XML 格式的文件，还可以将 XML 文件导入到 Visio 中的灵感触发图中。

1. 导出标题

在 Visio 绘图页中，执行【灵感触发】|【管理】|【导出数据】命令，在级联菜单中选择需要导出的程序，弹出【保存文件】对话框。在【文件名】文本框中输入保存名称，单击【保存】按钮。

当用户选择【导出数据】菜单中的 Microsoft Word 与 Microsoft Excel 程序, 并在【保存文件】对话框中单击【保存】按钮时, Visio 将自动启动 Word 或 Excel 程序。

2．导入标题

在 Visio 中, 只能导入 XML 文件。执行【灵感触发】|【导入数据】命令, 弹出【打开】对话框。选择需要导入的文件, 单击【打开】按钮。

另外, 用户也可以先将灵感触发图导出为 XML 文件, 然后在 XML 编辑器中编辑标题后, 再将 XML 文件导入到 Visio 中。

13.3.3　编辑灵感触发图

创建灵感触发图之后, 可以通过编辑灵感触发图的布局与样式、排序和移动标题等操作, 使灵感触发图具有整洁外观与独特的个性。

1．排序和移动标题

用户可通过下列方法, 对标题进行排序与移动。

- ❑ **排列标题**　执行【灵感触发】|【排列】|【自动排列】命令。
- ❑ **在当前页中移动标题**　直接拖动标题至新位置。
- ❑ **移动标题至新页中**　选择主标题, 执行【灵感触发】|【排列】|【将标题移到新页】命令, 在弹出的【移动标题】对话框中, 选择"现有页"或"新建页"单选按钮。
- ❑ **复制标题至其他页中**　右击形状并执行【复制】命令, 选择其他绘图页, 右击绘图并执行【粘贴】命令。
- ❑ **调整标题的层次位置**　在【大纲窗口】视图中, 将标题拖动到该标题的上级标题上, 即可调整该标题的层次位置。

> **注意**
>
> 在复制标题时, 按住 Shift 键的同时选择多个标题形状, 右击形状并执行【复制】命令, 即可同时复制多个标题形状。

2．设置布局

通过设置布局, 可以改变绘图页中标题形状的显示顺序。执行【灵感触发】|【排列】|【布局】命令, 弹出【布局】对话框。在【选择布局】列表框中选择形状的布局样式, 在【连接线】列表框中选择连接线的样式, 单击【应用】按钮。

3．设置样式

通过设置样式, 可以改变每个层次结构中标题的形状。执行【灵感触发】|【管理】|【图表样式】命令, 弹出【灵感触发样式】对话框。在【选择样式】列表框中选择相应的样式, 单击【确定】按钮, 预览样式效果。

Visio 提供用于创建分层图的数据透视图表模板，以帮助用户将数据进行分组或汇总后进行可视化分析和呈现。

13.4.1 创建数据透视图表

执行【文件】|【新建】命令，选择【商务】选项，同时双击【数据透视图表】选项，即可创建数据透视图表模板。此时，系统会自动弹出【数据选取器】对话框，在【要使用的数据】列表中，选中需要导入的数据类型，单击【下一步】按钮。

在【连接到 Microsoft Excel 工作簿】列表中，单击【浏览】按钮，在弹出的对话框中选择 Excel 文件，

单击【打开】按钮，然后单击【下一步】按钮。

然后，单击【选择自定义范围】按钮，系统会自动弹出 Excel 窗口，选择相应的数据区域，单击【确定】按钮，选择数据区域。

	A	B	C	D	E	F	G
1	工牌号	姓名	所属部门	职务	工资总额	考勤应	
2	001	杨光	财务部	经理	¥9,200.00	¥4	
3	002	刘晓	办公室	主管	¥8,500.00	¥50.00	¥0.0
4	003	贺龙	销售部	经理	¥7,600.00	¥20.00	¥1,500
5	004	冉					
6	005	刘					
7	006	金					
8	007	李					
9	008	李					
10	009	张					
11	010	赵					
12	011	苏					
13	012	黄					
14	013	王					
15	014	于					

在【数据选取器】对话框中单击【下一步】按钮，在【连接到数据】列表中，保持默认选项，单击【下一步】按钮，并单击【完成】按钮，完成数据透视图表的创建过程。

创建数据透视图表之后，系统会在绘图页中显示"数据透视节点""数据透视表名称""图例"3个形状和"数据透视关系图"任务窗格。

13.4.2　编辑数据透视图表

创建数据透视图表之后，为了充分体现其强大的数据分析功能，还需要对数据透视图表进行添加归类和汇总，以及方便设置布局和排列图表等编辑操作。

1. 添加归类

选择"数据透视节点"形状，在【数据透视关系图】任务窗格中的【添加类别】列表框中，选择相应的选项即可，例如，选择"职务"和"所属部门"选项，即可将这两种类别添加到数据透视图表中。

2. 添加汇总

选择"数据透视节点"形状，在【数据透视关系图】任务窗格的【添加汇总】列表框中，启用相应的复选框即可，例如启用"工资总额（合计）"和"考勤应扣总额（合计）"复选框，即可将这两种汇总选项添加到数据透视图表中。

另外，在【数据透视关系图】任务窗格的【添加汇总】列表框中，单击【工资总额（合计）】下拉按钮，在其下拉列表中选择相应的选项，即可设置汇总数据的计算方式。

3. 布局数据透视图表

在 Visio 中，可通过设置数据透视图表的布局
方向来增加数据透视图表的实用性。选择"数据透
视表节点"汇总形状，执行【数据透视图表】|【布
局】|【方向】命令，在其级联菜单中选择一种
选项。

另外，除了更改透视图表的显示方向之外，还
需要设置其对齐方式，以美化数据透视图表。选择
"数据透视表节点"汇总形状，执行【数据透视图
表】|【布局】|【对齐方式】命令，在其级联菜单
中选择一种选项。

4. 排列数据透视图表

创建数据透视图表之后，为了使某个字段或节
点适应图表的整体布局，还需要合并、移动或折叠
节点，其具体操作方法如下。

- ❏ **左移/上移** 在数据透视图的某一级别中
  向左或向上移动选定的节点。
- ❏ **右移/下移** 在数据透视图的某一级别中
  向右或向下移动选定的节点。
- ❏ **折叠** 用于折叠选定父节点下所有子节
  点，使其处于隐藏状态。
- ❏ **升级** 可将子节点提升为顶部节点，从而
  仅显示数据透视图的部分展开细节。
- ❏ **合并** 可将选定的多个节点的数据组合
  成一个节点。
- ❏ **取消合并** 可以将一个合并后的节点分
  解为多个节点。

13.4.3 排序和筛选数据

Visio 中的数据透视图表，除了可视化呈现绘

图数据之外，还可以通过排序和筛选功能，达到简单分析绘图数据的功能。

1．排序数据

排序数据是根据数据中的一个值按照升序或降序规则更改级别中的节点顺序。选择数据透视图表中的细分形状（分解形状），执行【数据透视图表】|【排序和筛选】|【排序和筛选】命令，在弹出的【细目选项】对话框中，设置排序条件和显示选项。

2．筛选数据

筛选是使用数据筛选器来选择数据透视图中给定级别中的节点。选择数据透视图表中的细分形状（分解形状），执行【数据透视图表】|【排序和筛选】|【筛选】命令，在弹出的【配置列】对话框中设置筛选器选项。

13.5 练习：制作生产管理价值流图

在生产管理过程中，价值会随着流程不断变化，包括生产、组装、运输、销售都可以体现出价值的所在。在本练习中，使用 Visio 内置的"价值流图"模板制作一个与生产管理相关的价值流图。

练习要点

- 创建模板文档
- 设置主题效果
- 设置变体效果
- 应用边框和标题
- 设置字体格式
- 排列形状

操作步骤 ▷▷▷▷

STEP|01 创建模板文档。执行【开始】|【新建】命令，在列表中选择【类别】选项，同时选择【商务】选项。

STEP|02 然后，在展开的【商务】列表中，双击【价值流图】选项，创建模板文档。

STEP|03 设置纸张大小。在【设计】选项卡的【页面设置】选项组中，单击【对话框启动器】按钮。激活【页面尺寸】选项卡，自定义页面尺寸。

STEP|04 然后，激活【打印设置】选项卡，设置打印缩放比例，并单击【应用】按钮。

STEP|05 美化图表。执行【设计】|【主题】|【离子】命令，同时执行【变体】|【离子，变量4】命令，设置绘图页的主题和变体效果。

STEP|06 执行【设计】|【背景】|【边框和标题】|【市镇】命令，添加边框和标题，在"背景-1"绘图页中输入标题文本并设置文本的字体格式。

STEP|07 添加形状。切换到"页-1"绘图页，将"生产控制"形状拖到绘图页中，调整其大小与位置并输入文本。

STEP|08 将"客户/供应商"形状拖到"生产控制"形状的两侧，分别输入"钢材厂"与"组装厂"文本。

STEP|09 将"电子信息"形状拖到绘图页中，连接各个形状，并输入说明性文本。

STEP|10 在绘图页中添加"矩形"与"模拟运算表"形状，并分别为形状输入文本。

STEP|11 将"运输箭头"与"运输卡车"形状添加到绘图页中，调整其位置与大小，并输入说明性文本。

STEP|12 将"库存"与"流程"形状添加到绘图页中，并输入相应的文本。

STEP|13 在"冲压"流程的右侧添加 4 个"流程"与 1 个"生产控制"形状，并输入说明性文本。

STEP|14 在形状之间使用"上推箭头"形状进行连接，然后拖入"库存"形状，并输入说明性文本。

STEP|15 使用"人工信息"形状连接"生产控制"与"冲压""电焊#2""组装#1"等形状，并在指定的位置输入文本。

STEP|16 将"模拟运算表"形状添加在"流程"

形状下方，并依次输入文字内容。

STEP|17 将"日程表片段"形状添加到绘图页的左下方，调整大小并输入文字内容。使用同样的方法，添加其他"日程表片段"形状。

STEP|18 最后，在最右端添加"日程表汇总"形状，并输入生成周期与工序加工时间。

Visio **13.6** 练习：制作产品监督抽查图表

　　Visio 中的数据透视图表以一种可视化、易于理解的数据显示样式，用来显示、分析与汇总绘图数据。通过数据透视图表可以连接 Excel 数据表，以协助用户查看、分析或监督绘图数据。在本练习中，通过制作产品监督抽查图表介绍创建数据透视图表的操作方式和实用技巧。

练习要点
- 创建模板文档
- 导入数据
- 添加汇总数据
- 添加类别数据
- 设置字体格式
- 设置形状格式
- 设置背景效果
- 设置主题效果
- 插入图片
- 设置页面大小

操作步骤 >>>

STEP|01 创建模板文档。执行【文件】|【新建】命令，选择【类别】选项，在列表中选择【商务】选项。

STEP|02 然后，在展开的列表中，双击【数据透视图表】选项，创建模板文档。

STEP|03 在弹出的【数据选取器】对话框中，选中【Microsoft Excel 工作簿】选项，并单击【下一步】按钮。

STEP|04 在对话框中，单击【浏览】按钮，选择需要导入的 Excel 工作簿，并单击【下一步】按钮。

STEP|05 然后，在对话框中单击【选择自定义范围】按钮，在弹出的 Excel 工作表中选择数据范围，并单击【下一步】按钮。

STEP|06 在对话框的【连接到数据】列表中，单击【选择列】按钮，准备选择数据列。

STEP|07 然后，在弹出的【选择列】对话框中，禁用不需要的列内容，并单击【确定】按钮。

STEP|08 最后，在【要包含的列】列表框中查看所需显示的数据列，单击【完成】按钮。

STEP|09 设置主题效果。执行【设计】|【主题】

【主题】|【离子】命令，设置主题效果。

STEP|10 设置绘图背景。执行【设计】|【背景】|【背景】|【实心】命令，设置绘图页背景。

STEP|11 切换到"背景-1"页面中，执行【插入】|【插图】|【图片】命令，在弹出的【插入图片】对话框中，选择图片文件，单击【打开】按钮，并调整图片大小。

STEP|12 制作标题。在标题块中，输入标题文本，设置文本的字体格式并调整标题块形状的大小。

STEP|13 设置图例。选择图例形状，在【开始】选项卡的【字体】选项组中设置其字体格式。

STEP|14 同时，执行【开始】|【形状格式】|【填充】|【绿色】命令，设置其填充颜色。

STEP|15 添加汇总数据。选择"汇总"形状，在【数据透视关系图】窗格中，选择【添加类别】列表框中的【详细名称】选项，添加该汇总数据。

STEP|16 同时，在【添加汇总】列表框中，启用【数量】复选框。

STEP|17 选择"泳裤"形状，在【数据透视关系图】窗格中，选择【添加类别】列表框中的【品牌】选项，添加该汇总数据。

STEP|18 选择"贝迪斯"形状，在【数据透视关系图】窗格中，选择【添加类别】列表框中的【检验结果】选项，添加该汇总数据。

STEP|19 选择"合格"形状，在【数据透视关系图】窗格中，选择【添加类别】列表框中的【不合格项目】选项，添加该汇总数据。使用同样方法分别为其他形状添加汇总数据。

STEP|20 设置形状颜色。选择所有的"品牌"形状，执行【开始】|【形状样式】|【填充】|【黄色】命令，设置其填充颜色。同样方式，设置其他形状的填充颜色。

STEP21 同时，执行【开始】|【字体】|【字体颜色】|【黑色，黑色】命令，设置其字体颜色。

STEP|22 设置页面大小。执行【设计】|【页面设

置】|【大小】|【其他页面大小】命令,选中【自定义大小】选项,自定义页面大小。

13.7 新手训练营

练习 1:制作噪声超标因果图

📀downloads\13\新手训练营\噪声超标因果图

提示:本练习中,首先创建【因果图】模板文档,设置绘图页的主题效果。同时,添加【基本形状】和【混合流程图】模具。然后,删除绘图页中的所有形状,添加相应的形状,并使用【线条】工具绘制直线。最后,执行【设计】|【背景】命令,为绘图页添加背景效果。

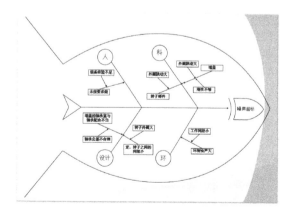

练习 2:制作营销图表

📀downloads\13\新手训练营\营销图表

提示:本练习中,首先创建【营销图表】模板文档,设置纸张方向,使用【横排文本框】工具输入标题文本,并设置文本的字体格式。

然后,添加"三角形"形状,调整其大小和位置,设置填充颜色,输入文本并设置文本的字体格式。同时,添加"三维框""彩色块"和"三维矩阵"形状,分别设置形状的大小和位置,以及填充颜色,并为其添加说明性文本。最后,执行【设计】|【背景】命令,为绘图页添加背景效果。

练习 3:制作网络营销策略思想图

📀downloads\13\新手训练营\网络营销策略思想图

提示:本练习中,首先创建【灵感触发图】模板文档,添加"主标题"形状,调整其大小和位置,并输入标题文本。然后,依次添加相应的"主标题"和"副标题"形状,并设置灵感触发图的图表样式。最后,为绘图页添加背景效果,并导出灵感触发图数据。

标题样式。

练习 4：制作 BCG 矩阵

downloads\13\新手训练营\ BCG 矩阵

提示：本练习中，首先创建【营销图表】模板文档，设置制纸张方向，并设置绘图页的背景、边框和

然后，添加绘图形状，设置形状大小和位置，以及填充颜色。同时，插入图片文件，并调整图片文件的大小和位置。

第14章

构建网络图

　　Visio 为用户提供了强大的网络图模板，包含用于记录高层网络设计的基本网络图模板，用于记录详细网络设计的详细网络图模板，用于记录服务目录服务器的 LDAP 目录图模板，以及用于机架网络设备摆放的机架模板。另外，用户还可以将网络图作为架构层的设计图，用来取代 UML 部署图。在本章中，将详细介绍使用 Visio 创建网络图的基础知识和操作方法。

14.1 构建基本网络图

Visio 内置了用于设计和记录简单网络，或生产高层网络的"基本网络图"类模板，以帮助用户使用基本网络形状和计算机设备形状，快速、专业地创建简单网络设计图和网络体系结构图。

14.1.1 创建网络图

Visio 中的"基本网络图"类模板包括"基本网络图"和"基本网络图-3D"两种类型，各种模板的使用方法如下所述。

1. 创建网络图模板

在绘图页中，执行【文件】|【新建】命令，选择【类别】选项，同时选择【网络】选项。然后，在展开的列表中双击【基本网络图】选项，即可创建基本网络图模板。

在"基本网络图"模板文档中，包含"计算机和显示器"和"网络和外设"两种模具，其每种模具中的形状相对于旧版本来讲都显示了新颖的外观。另外，模具形状的种类随着网络外设和技术的升级而更新，其数量也随之增加。

此时，用户只需按照图表的设计和规划，将不

同模具中的形状添加到绘图页中，并相互连接即可。

> **注意**
>
> 在连接形状时，可以使用【连接符】工具，或者使用模具中的"动态连接线"形状来连接各个形状。

2. 创建基本网络图-3D

Visio 中的"基本网络图-3D"模板是 Visio 2010 版及以下版本中的模板类型，包含旧版本中的一些形状，以方便用户选择使用。由于模具中的形状是以旧版本形状的外观显示的，所以为了与新版本形状加以区分，系统在模板和每个模具名称后面添加了"3D"字样。

在绘图页中，执行【文件】|【新建】命令，选择【类别】选项，同时选择【网络】选项。然后，在展开的列表中双击【基本网络图-3D】选项，即可创建基本网络图模板。

在"基本网络图-3D"模板文档中，包含"计算机和显示器-3D"与"网络和外设-3D"两种模具，每种模具中形状的数量和种类少于新版本中的形状。在模板文档中，用户只需按照图表的设计和规划，将不同模具中的形状添加到绘图页中，并相互

连接各个形状。

14.1.2　设置网络图

创建网络图之后，为了美化图表，也为了存储或查看网络设备数据，需要设置网络图的格式、批注以及存储网络信息。

1．编辑网络图

用户可通过下列方法来设置网络图的格式。

❑ **添加文本或批注形状**　可以执行【开始】|【工具】|【文本】命令为网络图添加文本。另外，还可以将【批注】模具中的文本形状与批注形状拖到绘图页中，来记录网络数据。

❑ **编号网络形状**　可以执行【视图】|【宏】|【加载项】|【其他 Visio 方案】|【给形状编号】命令，在弹出的【给形状编号】对话框中设置编号格式。

❑ **设置形状格式**　选择需要设置格式的形状，右击执行【设置形状格式】命令，在弹出的【设置形状格式】窗格中设置形状的填充、线条和阴影效果等。

❑ **设置背景和标题**　执行【设计】|【背景】|【背景】命令，或执行【设计】|【背景】|【边框和标题】命令，选择相应的选项即可。

2．存储与报告网络信息

用户可通过下列方法来存储和报告网络信息。

❑ **添加形状数据值**　选择形状，执行【数据】|【显示/隐藏】|【形状数据窗口】命令，在弹出的【形状数据】窗口中输入相应的数据。

❑ **创建新的形状数据属性**　右击形状执行【数据】|【定义数据】命令，在弹出的【定义形状数据】对话框中设置新的数据属性。

❑ **将形状链接到数据库字段**　选择形状，执行【数据】|【外部数据】|【自定义导入】命令，在弹出的【数据选取器】对话框中依据提示步骤完成操作。

❑ **生成设备报告**　执行【审阅】|【报表】|【形状报表】命令，在弹出的【报告】对话框中选择报告类型，并单击【运行】按钮。

❑ **显示绘图信息**　将【网络和外设】模具中的"图例"形状添加到绘图页中，以获取网络中形状的具体信息。

3．更改网络图形状

网络图模板中的形状有别于其他常用模板中的形状，用户可通过编辑形状的方法来调整形状的显示和外观样式。

在绘图页中，右击网络图形状（例如右击"主机"形状），执行【组合】|【打开主机】命令。此时，系统会自动以新的窗口显示"主机"形状，选择形状中的某个部分，对其进行编辑，即可更改形状的显示和外观样式。

Visio 14.2 构建详细网络图

Visio 除了内置用于构建简单网络图的"基本网络图"类模板之外，还内置了用于设计和记录逻辑网络链接或布局的"详细网络图"类模板，以帮助用户使用全面的网络和计算机设备形状来创建详细的物理架构图、逻辑架构图和网络架构图。

14.2.1 创建详细网络图

Visio 中的"详细网络图"类模板包括"详细网络图"和"详细网络图-3D"两种模板类型，每种模板的使用方法如下所述。

1. 创建网络图模板

Visio 中的"详细网络图"模板是从 Visio 2013 开始新增的模板类型，包含了全新的形状。在绘图页中，执行【文件】|【新建】命令，选择【类别】选项，同时选择【网络】选项。然后，在展开的列表中双击【详细网络图】选项，即可创建详细网络图模板。

在"详细网络图"模板文档中，包含"计算机和显示器""详细网络图""网络和外设""网络位置""网络符号""服务器"和"机架式服务器"7种模具，每种模具中的形状相对于旧版本来讲无论在数量上还是在外观上都有所改进。

此时，用户只需按照图表的设计和规划，将不同模具中的形状添加到绘图页中，并相互连接各个形状。

2. 创建基本网络图-3D

Visio 中的"详细网络图-3D"模板是 Visio 2010 版及以下版本中的模板类型，包含旧版本中的一些形状，以方便用户选择使用。为了与新版本形状加以区分，系统在模板和每个模具名称后面添加了"3D"字样。

在绘图页中，执行【文件】|【新建】命令，选择【类别】选项，同时选择【网络】选项。然后，

在展开的列表中双击【详细网络图-3D】选项，即可创建详细网络图模板。

在"详细网络图-3D"模板文档中，包含了与"详细网络图"模板文档中一样数量和名称的模具，但是每种模具中形状的数量和种类少于新版本中的形状。

在模板文档中，用户只需将不同模具中的形状添加到绘图页中，并相互连接各个形状，即可构建详细网络图。

14.2.2　创建"下卷"图表

当用户在 Visio 中绘制大型或复杂的网络图表时，为了清晰且详细地显示网络图中的具体情况，还需要将图表显示在多页绘图中，也就是通常所说的"下卷"图表。

1．创建高层网络图

"下卷"图表是在首页绘图页中显示网络图中的高层图，而在其他页中显示网络图中的细节图。例如，在构建校园网络图时，可以将网络访问点或建筑类形状布置在首页中，代表网络所支持的校园建筑图。

2．创建详细网络图

确定高层网络图之后，便可以依据不同建筑中所需要的网络图类型，在后续绘图页中继续构建更详细的网络图。例如，在后续页中显示高层图中的"图书馆"详细网络图。

3．链接网络图

创建高层网络图和详细网络图之后，为了区分页面中所绘制的内容而重命名绘图页之外，还可以在高层网络图中为每个形状创建超链接，以确保可以准确地查看每个高层网络图所关联的详细网络图。

例如，在高层网络图中，选择"图书馆"形状，执行【插入】|【链接】|【超链接】命令，在弹出的【超链接】对话框中单击【子地址】后面的【浏览】按钮，将【页】设置为"页-2"，单击【确定】按钮。

Visio 14.3 构建机架图

Visio 内置的机架图模板提供了标准行业尺寸的形状，用于帮助用户设计并绘制紧密结合的机架系统图。该模板中的形状能够精确适应，因此可以将形状堆叠起来，并通过精确估计所需的机架空间来优化设备的布局和配置。

14.3.1 使用机架设备

在绘图页中，执行【文件】|【新建】命令，选择【类别】选项，同时选择【网络图】选项。然后，在展开的列表中，双击【机架图】选项，创建机架图模板。

在 "机架图" 模板中，系统为用户提供了 "批注" "独立式机架设备" "网络房间元素" 和 "机架式安装设备" 4 种模具，用户只需将不同模具中的

形状添加到绘图页中，并排列各个形状即可。

例如，在【机架式安装设备】模具中，将 "机架" 或 "机柜" 形状拖到绘图页中。然后，将 "服务器" "路由器" 及 "电源" 等形状拖到 "机架" 或 "机柜" 形状中。

14.3.2 布局设备

创建机架图模板文档之后，还需要根据实际绘图情况，调整机架或机柜、添加尺寸度量和批注等。

1. 调整机架或机柜

对于 "机架" 和 "机柜" 形状，用户可右击形状执行【属性】命令，在弹出的【形状数据】任务

窗格中，设置形状的高度、单元高度和孔间宽度等数据。

另外，用户也可以右击形状，执行【隐藏单元大小】命令来隐藏形状上方显示的单元数据。

2．添加尺寸度量

尺寸度量是用来衡量绘图形状高度和宽度的度量形状。用户只需将【机架式安装设备】模具中的"尺寸度量-水平"或"尺寸度量-垂直"形状添加到绘图页中的形状中，即可显示形状的度量值。

在绘图页中添加尺寸度量形状之后，右击该形状，执行【精度和单位】命令，在弹出的【形状数据】对话框中设置精度、单位和角度等值。

3．添加批注

在模板中的【批注】模具中，存放了 33 种批注形状，以方便用户为机架图添加标签、注解和引用符号。例如，将"截面 3"形状添加到"机柜"形状上，用来标识所需要的截面范围。

14.4 构建记录目录服务图

记录目录服务图主要用于设计新目录、重新设　计现有目录或规划当前网络目录，以及规划网络资源和设置网络政策等。

14.4.1 构建 Active Directory 图

Active Directory 图主要用于设计和记录站点的目录服务，可以使用表示普通 Active Directory 对象、站点和服务的形状展示 Active Directory 服务。

1．创建 Active Directory 图

在绘图页中，执行【文件】|【新建】命令，选择【类别】选项，同时选择【网络图】选项。然后，在展开的列表中双击【Active Directory 图】选项，创建 Active Directory 图模板。

"Active Directory 图"模板提供"Active Directory 对象""Active Directory 站点和服务"和"Exchange 对象"3 个模具，用户只需将不同模具中的形状添加到绘图页中，排列并连接各个形状即可。

> **注意**
>
> 为绘图页添加形状之后，可通过调整形状四周控制点的方法来调整形状的大小。

2．显示 Active Directory 关系

"Active Directory 站点和服务"模具中的形状具有双重功能，既可以用于网络图和目录规划，又能显示网络信息的分布情况。其中，下列形状可以显示网络域、站点和服务之间的关系。

- □ **站点形状** 主要用于显示网络链接区域，以及显示一个或多个 LANS 之间的互联性。
- □ **域对象** 用于定义网络安全和管理网络边界，通常存在于一个或多个站点之间，而一个域则可以拥有一个或多个域控制器。
- □ **站点链接形状** 用于呈现站点之间通信信息的传送链接。例如，"站点链接网桥三维图"形状描述一套站点链接。
- □ **复制链接形状** 主要用于表现两个域控制器之间的站点链接。

14.4.2 构建 LDAP 目录图

Visio 内置的 LDAP 目录图模板主要用于设计和记录站点的目录服务，在该模板中可以使用表示普通 LDAP（轻型目录访问协议）对象的形状创建目录服务文档。

在绘图页中，执行【文件】|【新建】命令，选择【类别】选项，同时选择【网络图】选项。然后，在展开的列表中，双击【LDAP 目录】选项，创建 LDAP 目录模板。

LDAP 目录模板只包含一个"LDAP 对象"模具，用户只需将该模具中的形状添加到绘图页中，调整形状大小并排列形状。然后，使用模具中的"目录连接线"形状，连接各个绘图形状即可。

14.5 练习：制作办公室网络设备布置图

网络设备布置图是一种设计和记录网络结构的可视化图表，它可以清楚地展示出网络内的设备分布和使用情况。在本练习中，将运用【详细网络图-3D】模板，通过使用折线图工具绘制形状，然后设置形状填充等方法制作一份办公室网络设置布置图。

练习要点
- 使用参考线
- 绘制形状
- 设置形状格式
- 设置背景
- 设置主题
- 设置边框和标题
- 操作形状

操作步骤

STEP|01 创建模板文档。执行【文件】|【新建】命令，选择【类别】选项，并选择【网络】选项。

STEP|02 然后，在展开的【网络】列表中，双击【详细网络图-3D】选项，创建模板文档。

STEP|03 美化图表。执行【设计】|【主题】|【丝状】命令，设置图表的主题效果。

STEP|04 同时，执行【设计】|【背景】|【背景】

|【世界】命令，设置图表的背景效果。

STEP|05 执行【设计】|【背景】|【边框和标题】|【平铺】命令，设置图表的边框和标题样式，并在"背景-1"绘图页中更改标题文本。

STEP|06 制作菱形形状。切换到"页-1"绘图页中，单击【形状】任务窗格中的【更多形状】下拉按钮，选择【常规】|【基本形状】选项，添加形状。

STEP|07 将【基本形状】模具中的"菱形"形状

添加到绘图页中，并调整形状的大小。

STEP|08 右击形状，执行【设置形状格式】命令。展开【填充】选项组，选中【图案填充】选项，单击【模式】下拉按钮，选中模式 23。

STEP|09 单击【前景】下拉按钮，选择【其他颜色】选项，在【自定义】选项卡中自定义填充颜色。

STEP|10 单击【背景】下拉按钮，选择【其他颜色】选项，在【自定义】选项卡中自定义背景填充色。

STEP|11 展开【线条】选项组，选中【实线】选项，将【宽度】设置为"0.75 磅"，单击【颜色】下拉按钮，选择【其他颜色】选项，自定义线条颜色。

STEP|12 添加网络形状。将【计算机和显示器-3D】模具中的"笔记本电脑"拖至绘图页中，调整形状大小。然后，将【网络和外设-3D】模具中的"多功能设备""电话机"和"集线器"形状拖至绘图页中。

STEP|13 将【计算机和显示器-3D】模具中的"PC"

拖至绘图页中，调整形状大小。再将【网络和外设-3D】模具中的"交换机""电话机"形状拖至绘图页中。

STEP|14 使用同样方法，分别添加其他模具中的形状和图例，调整形状大小并排列形状。

STEP|15 绘制形状。在绘图页中添加 2 条垂直和水平参考线，在【大小和位置】对话框中将上下两条水平参考线的角度分别设置为 153 和 151。

STEP|16 执行【开始】|【工具】|【直线】命令，沿着参考线绘制 4 条相交直线。

STEP|17 选择 4 条直线，执行【开发工具】|【形状设计】|【操作】|【修剪】命令，删除相交直线中多余的线段。

STEP|18 同时选择 4 条直线，执行【开发工具】|【形状设计】|【操作】|【连接】命令，组成平行四边形。

STEP|19 右击平行四边形形状，执行【设置形状格式】命令。选中【渐变填充】选项，将【类型】设置为"线性"，将【角度】设置为135°。

STEP|20 保留两个渐变光圈，选中左侧渐变光圈，将【透明度】设置为50%，单击【颜色】下拉按钮，选择【其他颜色】选项，自定义填充颜色。

STEP|21 选中右侧渐变光圈，将【透明度】设置为50%，单击【颜色】下拉按钮，选择【其他颜色】选项，自定义填充颜色。

STEP|22 展开【线条】选项组，将【宽度】设置为 0.75 磅，单击【颜色】下拉按钮，选择【其他颜色】选项，自定义线条颜色。

STEP|23 使用同样方法，绘制其他平行四边形形状，自定义形状的填充颜色并排列形状。

STEP|24 绘制多个矩形形状，右击形状执行【设置形状格式】命令，选中【纯色填充】选项，将【颜色】设置为"白色，白色"，将【透明度】设置为50%。

14.6 练习：制作网络安全保密解决方案图

随着网络的高速发展，网络的安全性越来越受到商家和用户的关注。很多网络系统都会采用支持用户名与密码、IP 地址、MAC 地址绑定等认证方式的安全隔离与信息交换系统，以确保网络的高度安全性。在本练习中，将通过插入容器、标注等工具来制作一个"网上营业信息安全保密解决方案"的网络安全保密解决方案图。

练习要点

- 创建模板文档
- 插入容器
- 插入标注
- 应用主题
- 设置背景
- 设置字体格式
- 连接形状
- 添加形状
- 设置形状格式

操作步骤 >>>>

STEP|01 创建模板文档。执行【文件】|【新建】命令，选择【类别】选项，在展开的列表中选择【网络图】选项。

STEP|02 然后，在展开的列表中双击【详细网络图-3D】选项，创建模板文档。

STEP|03 设置主题效果。执行【设计】|【主题】|【主题】|【丝状】命令，设置主题效果。

STEP|04 设置绘图背景。执行【设计】|【背景】|【背景】|【世界】命令，设置绘图页的背景样式。

STEP|05 添加形状。将【网络位置-3D】模具中的"云"形状添加到绘图页中，并调整其大小和位置。

STEP|06 将【网络符号-3D】模具中的"路由器"形状添加到绘图页中，双击形状输入形状名称，并调整其大小和位置。

STEP|07 将【网络和外设-3D】模具中的"防火墙"形状添加到绘图页中，双击形状输入形状名称，并调整其大小和位置。使用同样方法，分别添加其他形状。

STEP|08 连接形状。执行【开始】|【工具】|【连接线】命令，连接各个形状。

STEP|09 插入标注。选择"云"形状，执行【插入】|【图部件】|【标注】|【雪橇】命令，插入标注。

STEP|10 调整标注的位置，双击标注输入标注文本并设置文本的字体格式。使用同样方法，插入其他标注。

STEP|11 插入容器。执行【插入】|【图部件】|【容器】|【凹槽】命令，调整容器的大小并输入容器标题文本。

STEP|12 选择容器，执行【容器工具】|【成员资格】|【锁定容器】命令，锁定容器成员。使用同样方法，添加另外一个容器。

STEP|13 制作标题。执行【开始】|【工具】|【文本块】命令，单击绘图页空白位置，输入标题文本。

STEP|14 选择文本块，在【开始】选项卡的【字体】选项组中，设置文本的字体格式。

STEP|15 选择文本块，执行【开始】|【段落】|【文字方向】命令，设置文本的显示方式并调整文本块的大小和位置。

STEP|16 同时，执行【开始】|【形状样式】|【效果】|【三维旋转】|【离轴 2 左】命令，设置文本的三维旋转效果。

STEP|17 右击文本块，执行【设置形状格式】命令，激活【效果】选项卡，设置阴影参数，并单击【颜色】下拉按钮，选择【橄榄色，着色 5，淡色 40%】选项。

14.7 新手训练营

练习 1：制作多媒体网站自建机房机架图

⟳ downloads\14\新手训练营\多媒体网站自建机房机架图

提示：本练习中，首先创建【机架图】模板文档，并执行【设计】|【主题】命令，设置绘图页的主题效果。然后，执行【设计】|【背景】命令，设置绘图页的边框和标题，以及背景效果。接着，将【网络房间元素】模具中的"门""窗户""椅子"和"桌子"形状添加到绘图页中，调整其大小和位置。最后，将【独立式机架设备】和【机架式安装设备】模具中的相应形状添加到绘图页中，并调整其大小和位置。

练习 2：制作三维网络分布图

⟳ downloads\14\新手训练营\三维网络分布图

提示：本练习中，首先创建空白文档，设置纸张方向，添加【服务器-3D】等模具。使用参考线和【线条】工具绘制一个四边形，修剪并连接形状，使其形成一个"四边形"形状。随后，设置形状的填充颜色和线条样式。然后，将相应模具中的形状依次添加到绘图页中，并使用【连接线】工具连接各个形状。最后，在绘图页中添加"图例"形状，使用【文本】工具，输入标题文本并设置文本和形状格式。

练习 3：制作三维网络系统图

downloads\14\新手训练营\三维网络系统图

提示：本练习中，首先创建【详细网络图-3D】模板文档，添加垂直和水平参考线，设置参考线的角度，并使用【线条】工具绘制直线。随后，修剪并连接直线，使其组合成一个四边形，并为形状设置填充颜色。然后，在形状上方添加相应的模具形状，调整其显示层次。添加【具有凸起效果的块】模具，将"框"形状添加到绘图页中，调整形状大小和位置，设置其填充颜色。最后，添加"云"和"通信链路"形状，使用【连接线】工具连接形状。同时，使用【文本】工具输入标题文本，并设置文本的字体格式。

练习 4：制作网络计费系统拓扑图

downloads\14\新手训练营\网络计费系统拓扑图

提示：本练习中，首先创建【详细网络图-3D】模板文档，添加【基本形状】和【Active Directory 站点和服务】模具。随后，设置绘图页的主题效果、实心背景效果，以及平铺边框和标题效果。然后，添加"八边形"形状，调整形状大小和位置，使用【文本】工具输入说明性文本，并设置形状的棱台效果。最后，在绘图页中添加相应的网络形状，使用【连接线】连接各个形状。

练习 5：制作网络拓扑图

downloads\第 14 章\新手训练营\网络拓扑图

提示：本练习中，首先创建空白文档并设置纸张方向，并添加【计算机和显示器-3D】等模具。使用参考线和【线条】工具绘制一个四边形，修剪并连接形状，使其形成一个"四边形"形状。随后，设置形状的填充颜色和线条样式。然后，添加【计算机和显示器-3D】模具中的形状，并添加【网络位置】模具中的形状，使用【线条】工具连接各个形状。最后，使用【文本】工具添加形状说明性文本，执行【设计】|【背景】命令，添加边框和标题效果，并输入标题文本。

练习 6：制作三维立体布线图

⊙downloads\14\新手训练营\三维立体布线图

　　提示：本练习中，首先创建【详细网络图】模板
文档，使用参考线和【线条】工具绘制一个四边形，
修剪并连接形状，使其形成一个"四边形"形状。随
后，设置形状的填充颜色和线条样式。然后，在形状
上面添加相应的网络形状，并调整其大小和位置。同
时，添加"图例"形状，显示网络图例。使用【连接
线】工具连接各个层次和形状，并设置连接线的线条
样式。最后，使用【文本块】工具输入标题文本，并
设置文本的字体格式。

第 15 章

构建地面和平面布置图

　　在日常工作中，地图和平面布置图属于比较常用的绘图类型。用户可通过 Visio 中的地图和平面布置图类模板，来绘制办公室布局、家居设计图、工程布局图和空间规划等一些常用建筑平面和规划图。除了建筑平面图和规划图之外，运用该模板类型还可以根据实际情况快速、形象地绘制各种类型的地图和方向图。在本章中，将详细介绍一些构建有关地图和平面布置图图表的基础知识和实用技巧。

15.1 构建建筑图

在构建建筑图时，除了使用 AutoCAD 软件之外，还可以使用 Visio 软件来绘制。Visio 为用户内置了便于理解和操作的建筑图类型模板文档，用户只需将相应的形状添加到的绘图页中，排列并组合形状，便可以轻松快速地绘制各种类型的建筑图。

15.1.1 构建"墙"

建筑图中的重要组成元素是"墙"，它是一般建筑物的外围。在 Visio 中，用户可以使用模具中的"墙"形状来构建不同类型的外墙或内墙，使用该形状可以轻松地链接墙的行为。

"墙"形状主要包含在办公室布局、家居规划、工厂布局、平面布置图等模板文档中的"墙壁、外壳和结构"与"墙壁和门窗"模具中，用户只需执行【文件】|【新建】命令，在【类别】列表中选择【地图和平面布置图】选项，在其展开的列表中选择相应的模板文档即可。

1. 创建墙

在【墙壁、外壳和结构】或【墙壁或门窗】模具中，将【外墙】形状拖到绘图页中，调整并排列形状。同时，将【墙壁】与【弯曲墙】形状拖到绘图页中，并拖动【弯曲墙】与【墙壁】形状，使其粘贴在【外墙】形状上。

将墙壁粘贴在一起时，Visio 会自动整理墙角与交接面。用户可通过下列几种方法，将形状粘附到参考线上，从而确保墙壁的粘贴状态。

- **现有参考线**　将形状拖动到参考线上，或将形状的一个端点拖到参考线即可。
- **使用【转换为墙壁】对话框创建参考线**　在【转换为墙壁】对话框中，启用【添加参考线】复选框。
- **右击【墙壁】形状创建参考线**　右击形状并执行【添加一个参考线】命令即可。

> **注意**
>
> 将形状粘附到参考线之后，移动参考线即可移动形状。此时，任何与该形状相连的【墙壁】形状都会随着该形状的移动而拉伸或收缩。

2. 转换墙

在 Visio 中，可以使用"转换为墙壁"命令快速将空间形状转换为墙壁形状。在模板文档中，将【空间】形状拖到绘图页中，并执行【计划】|【转换为背景墙】命令，弹出【转换为墙壁】对话框，设置各选项即可。

该对话框中主要包括下列几种选项。

- **墙壁形状**　用来显示模具中的墙壁形状。
- **添加尺寸**　启用该复选框，可以将尺寸添加到新墙壁上。其中，所添加的尺寸将作

为单独形状粘附在墙壁或墙壁的参考
线上。

❏ **添加参考线** 启用该复选框，可以将参考
线添加到新墙壁上。其中，墙壁端点和尺
寸端点将粘附到墙壁参考线的交叉点上。

❏ **删除** 选择该单选按钮，可在转换时删除
原始形状。

❏ **保留** 选择该单选按钮，可在转换时保留
原始形状，并自动计算墙壁占用的面积。

❏ **转换为空间形状** 选择该单选按钮，可在
待转换为墙壁的形状区域中创建空间形
状，并删除原始形状。

> **注意**
>
> 在绘图页中，右击形状并执行【转换为墙壁】
> 命令，可打开【转换为墙壁】对话框。

3. 设置形状数据

创建"墙"之后，为了适应整个绘图的尺寸，
需要设置墙壁的厚度、长度、高度等属性。

在绘图页中选择【墙壁】形状，执行【数据】
|【显示/隐藏】|【形状数据窗口】命令，弹出【形
状数据】窗格，设置各项数据值即可。

在【形状数据-墙壁】窗格中，主要包括下列
选项。

❏ **墙长** 用于设置墙壁的长度，可以在下拉
列表中选择或在文本框中直接输入长度
值。

❏ **墙壁厚度** 用来设置墙壁的厚度，可以在

下拉列表中选择或在文本框中直接输入
厚度值。

❏ **墙高** 用来设置墙壁的高度。

❏ **墙壁对齐方式** 用来设置墙壁形状的排
列方式，其中"边缘"表示根据选择手柄
排列形状，而"居中"表示可以根据形状
的中心点排列形状。

❏ **墙段** 用来设置墙壁形状的弯曲程度，其
中"直线形"表示形状以直线的方式进行
显示，而"曲线形"表示形状以弯曲墙的
方式显示。

❏ **基本标高** 用来设置墙壁形状底部的海
拔高度。

❏ **防火等级** 用来设置墙壁形状的防火等
级，该数据一般用在材料报告中。

> **注意**
>
> 在选择"弯曲墙"形状时，【形状数据】窗
> 格中将会增加【墙半径】选项。

4. 设置显示方式

除了通过设置形状数据来完善形状功能之外，
还需要通过设置形状的显示方式，来增加形状的美
观性。

在绘图页中，执行【计划】|【计划】|【显示
选项】命令，弹出【设置显示选项】对话框。激活
【墙】选项卡，在【墙壁显示为】选项组中设置相
应的选项。

在【抢】选项卡中，主要包括下列 3 种选项。

❏ **双线** 选择该单选按钮，可以将所有墙壁
显示为双线墙壁。

- **双线和参考线**　选择该单选按钮，可以将所有墙壁显示为双线墙壁，同时还显示墙壁参考线。
- **单线**　选择该单选按钮，可以将所有墙壁显示为单线墙壁，而且所显示的线为墙壁参考线。

15.1.2　构建门与窗

创建墙壁之后，还需要为墙壁添加出口，即为墙壁添加门、窗或其他通道。除此之外，还可以设置门或窗的开口方向、位置及显示状态。

1．创建门与窗

创建门与窗的方法与创建墙的方法大体一致，即将【墙壁、外壳和结构】或【墙壁或门窗】模具中的"门""窗"或"开口"类形状拖到绘图页中，调整并排列形状即可。

创建门与窗之后，可通过下列几种操作方法，轻松地改变开口形状的方向、尺寸等属性。

- **改变形状方向**　右击形状并执行【向里打开/向外打开】命令，或者拖动控制手柄。
- **改变形状转向**　右击形状并执行【向左打开/向右打开】命令即可。
- **调整形状位置**　直接拖动形状即可。
- **更改形状尺寸**　拖动形状中的选择手柄即可。
- **设置形状属性**　选择形状，执行【数据】|【显示/隐藏】|【形状数据窗口】命令，在【形状数据】窗格中设置形状属性值即可。

2．设置门的显示方式

在绘图页中选择"门"形状，执行【计划】|【计划】|【显示选项】命令，弹出【设置显示选项】对话框，激活【门】选项卡，设置相应的选项即可。

在该选项卡中，用户可通过启用或禁用【显示组件】选项组中的各项复选框，来显示或隐藏门框、门楣、门板等门组件。另外，用户可通过单击【属性】按钮，在弹出的【设置门组件属性】对话框中设置门组件的默认属性。

3．设置窗的显示方式

在绘图页中选择"窗"形状，执行【计划】|【计划】|【显示选项】命令，弹出【设置显示选项】对话框。激活【窗户】选项卡，设置相应的选项即可。

在该选项卡中，用户可通过启用或禁用【显示组件】选项组中的各项复选框，来显示或隐藏窗框、窗楣、窗扇与窗台组件。另外，还可以单击【属性】按钮，在弹出的【设置窗户组件属性】对话框中设置窗户组件的默认属性。

> **注意**
>
> 用户可通过为绘图页添加【门的明细资料】与【窗户的明细资料】形状的方法，来创建门与窗户的明细资料。

15.1.3 构建隔间与家具

一个完整的建筑图不仅包含墙、门与窗等外围设施，还应包含一些隔间与家具。Visio 中的隔间与家具形状主要包括【办公室家具】、【办公室设备】与【隔间】等模具。

1. 构建家具

在模板文档中的【办公室家具】模具中，将相应的形状拖到绘图页中即可，例如将电话、传真机等办公室设备拖到绘图页中。

另外，用户也可以单击【形状】任务窗格中的【更多形状】下拉按钮，执行【地面和平面布置图】|【建筑设计图】|【家具】命令，在【家具】模具中，将相应的形状添加到绘图页中。

2. 构建隔间

对于大型办公室来讲，需要添加隔间来设置办公室的布局。在绘图页中，将【隔间】模具中相应的形状添加到绘图页中即可，例如将"平直工作台""L 工作台""议事工作台""立方工作台""L 形工作台"或"U 形工作台"形状拖到绘图页中。

另外，如果【隔间】模具中的形状无法满足绘图的需求，可以使用【隔间】模具中的"嵌板"与"嵌板支柱"形状来自定义办公室隔间。首先，将"嵌板"或"曲线型嵌板"形状拖到绘图页中。然后，将"嵌板支柱"形状添加到绘图页中，并与"嵌板"形状相粘连。最后，将家具与设备形状添加到隔间中。

注意

用户可以使用 Ctrl+D 快捷键来复制绘图页
中的形状。

15.2 构建建筑附属图

在建筑图中，除了墙壁、门与窗户等基本元素之外，还需要绘制通风、管道、空调等服务设施元素，以及道路、停车场等现场与景观元素。另外，为了使客户能准确找到公司或厂房地址，还需要绘制包含公司附近道路、交通线路以及地标的方向图。

15.2.1 构建服务设施平面图

建筑图中的电气、管道及安全系统等维持建筑运转的设备与服务设施，与门、窗、墙壁元素一样具有重要的地位。

1. 构建 HVAC 规划图

"HVAC 规划图"主要包括显示管道系统、设备系统和排气扩散器等形状，用于创建加热、通风、空气调节和分布的批注图，以及用于自动楼宇控制、环境控制和能源系统的制冷系统批注图。

执行【文件】|【新建】命令，在【类别】列表中选择【地面和平面布置图】选项，同时选择【HVAC 规划】选项，并双击【创建】选项，创建模板文档。

在"HVAC 规划图"模板中，将模具中的形状拖到绘图页中即可创建服务设置图。该模板中主要包括下列几种模具。

- □ **HVAC 设备**　主要包含了泵、冷凝器、风扇等 HVAC 设备。
- □ **HVAC 管道**　主要包括管道、接合、过渡等 HVAC 管道。
- □ **通风装置格栅和扩散器**　主要包括回风、送风、线性扩散器与格栅等服务设施。
- □ **绘图工具形状**　主要包含了测量工具、直角、反切线等构建管道系统所用的构造集合形状。
- □ **建筑物核心**　主要包括楼梯、水池、马桶等附属设施。

2．构建 HVAC 控制逻辑图

"HVAC 控制逻辑图"主要包括传感器、测定数量与空气温度的控制设备，用于创建采暖、通风、空调和配电、制冷、自动建筑控制、环境控制和能源系统的 HVAC 系统和控制图。

执行【文件】|【新建】命令，在【类别】列表中选择【地面和平面布置图】选项，同时选择【HVAC 控制逻辑图】选项，单击【创建】按钮，即可创建控制逻辑图模板。在该模板中，主要包括"HVAC 控制"与"HVAC 控制设备"模具。用户直接将模具中相应的形状拖到绘图页中即可。

选择绘图页中的控制形状，右击执行【数据】|【形状数据】命令，在弹出的【形状数据】窗格中设置形状的属性。

形状数据 - 湿度	✕
控制	传感器
类型	管道
限制开关	无
复位开关	无
B-O-M 标记	
部件号	

该对话框中主要包括下列几种选项。

- ❑ **控制** 用来设置形状的控制种类。"传感器"表示所选形状代表的是测量 HVAC 系统中的设备，而"控制器"表示形状代表

的是控制 HVAC 系统功能的设备。

- ❑ **类型** 用来设置形状在不同状态下的显示样式，该选项中的显示样式会跟随形状的改变而改变。
- ❑ **限制开关** 用来设置形状的关闭开关的显示或隐藏状态。
- ❑ **复位开关** 用来设置具有复位开关形状的显示或隐藏状态。
- ❑ **B-O-M 标记** 用来设置控制设备的 ID。
- ❑ **部件号** 用于设置部件的编号，便于跟踪部件。

3．构建天花板反向图

执行【文件】|【新建】命令，在【类别】列表中选择【地面和平面布置图】选项，同时选择【天花板反向图】选项，单击【创建】按钮，即可创建天花板反向图模板。创建模板之后，用户会发现在该模板中并未包含任何创建反向天花板设计图的工具。此时，可以使用绘制工具或"排列形状"命令来制作天花板反向图。

首先，在绘图页中绘制"矩形"形状，复制形状并在形状上添加【电气和电信】与【通风装置格

栅和扩散器】模具中的形状。然后，选择所有形状，执行【视图】|【宏】|【加载项】|【其他 Visio 方案】|【排列形状】命令，在弹出的【排列形状】对话框中，设置相应的选项即可。

4．构建电气和电信规划图

执行【文件】|【新建】命令，在【模板类别】列表中选择【地面和平面布置图】选项，同时选择【电气和电信规划】选项，单击【创建】按钮，创建模板文档。

然后，将【电气和电信】模具中代表灯光设施、电气开关、插座等的电气设备形状拖到绘图页中，即可创建电气和电信设施图。

添加完形状之后，用户可以使用"电线连接线"形状链接绘图中的电气形状。另外，还可以通过执行【开始】|【工具】|【绘图工具】命令中的"线条""弧形""任意多边形"或"铅笔"工具来连接形状。

> **注意**
> 用户可以通过拖动形状中的选择手柄来旋转形状，还可以使用 Ctrl+L 与 Ctrl+R 快捷键将形状向左或向右旋转 90°。

5．构建管线和管道平面图

执行【文件】|【新建】命令，在【类别】列表中选择【地面和平面布置图】选项，同时选择【管线和管道平面图】选项，单击【创建】按钮。将相关模具中代表阀门、供水设施与锅炉设施等的形状拖到绘图页中，即可创建管道设施图。

【管线和管道平面图】模板中主要包括下列几

种模具。

- ❏ **管道和阀门-管道 1 和管道 2** 在【管道和阀门-管道 1】与【管道和阀门-管道 2】两个模具中，主要包含了代表管线和管道设施的线性形状。

- ❏ **管道和阀门-阀门 1 和阀门 2** 在【管道和阀门-阀门 1】与【管道和阀门-阀门 2】两个模具中，主要包含了用于粘附管线形状的所有类型的阀门。

- ❏ **水管设备** 该模具中主要包含了锅炉、散热板等标准类型的水暖设备形状。

6．构建安全和门禁平面图

执行【文件】|【新建】命令，在【类别】列表中选择【地面和平面布置图】选项，同时选择【安全和门禁平面图】选项，单击【创建】按钮，创建模板文档。

然后，将相关模具中代表刷卡器、键盘、打印机与探测器等的形状拖到绘图页中，即可创建安全与门禁设施。

"安全和门禁平面图"模板中主要包括下列几种模具。

□ **警报和出入控制** 主要包含了代表刷卡器、摄像机、探测器等形状的门禁设施。

□ **启动和通知** 主要包含了对讲机、打印机、面板等形状。

□ **视频监视** 主要包含了探测器、传感器、摄像机等视频设备形状。

15.2.2 构建现场平面图

现场平面图主要用来显示花园、停车场等现场设施中的元素。在绘图页中，执行【文件】|【新建】命令，在【类别】任务窗格中选择【地面和平面布置图】选项，同时选择【现场平面图】选项，单击【创建】按钮，即可创建现场平面图模板。

1. 添加景观元素

景观元素是在绘图页中添加的代表植物与结构图景观特性的形状，通过上述形状可以美化商业景观与院落花园。

在【现场平面图】模板中，可以利用下列几种模具来创建景观平面图。

□ **庭院附属设施** 主要包含了代表通道、围墙、门、天井等形状。

□ **灌溉** 主要包括代表灌溉管道、喷头、阀门等灌溉形状，该类型的形状包含用户设置形状属性的形状数据。

□ **植物** 主要包括了代表不同类型的树木、灌木、绿化带、盆栽植物等形状，可以使用"植物标注"形状来描述植物。

□ **运动场和娱乐场** 主要包括了代表游泳

池、秋千、篮球场等形状。

> **注意**
>
> 对于以固定间距摆放的形状，可以使用"排列形状"命令来快速创建多个相同的形状。

2. 添加道路与停车场

用户可以使用【停车场和道路】与【机动车】模具中的形状，来绘制道路或停车场平面图。一般情况下，可使用下列操作方法来创建道路和停车场。

□ **添加"路缘"与"车道"形状** 将形状拖到绘图页中，并使用"连接线"工具连接形状。

□ **添加"停车带""停车"与"安全岛"形状** 将形状拖到绘图页中，将形状的端点粘附到参考线中，便于重新定位形状。

□ **添加附属形状** 将【机动车】、【现场附属设施】与【植物】模具中代表机动车、停车场、室外设施与植物等的形状拖到绘图页中。

对于【停车场和道路】模具中的停车带与隔栏形状，用户可以通过拖动选择手柄来调整形状的大小，还可以通过右击形状并执行【密闭环绕】命令，来改停车带的环绕形式。另外，右击形状执行【数据】|【形状数据】命令，在弹出的【形状数据】窗格中可以设置形状属性。

该窗格中主要包括下列 3 种选项。

□ **隔栏宽度** 用来设置形状隔栏的宽度。

□ **隔栏长度** 用来设置形状隔栏的长度。

□ **隔栏角度** 用来设置形状隔栏的角度，其默认值为 70 deg。

15.2.3　构建方向图

方向图主要用来显示道路地图、地铁路线图等面积较大的现场平面图。在 Visio 中，方向图分为平面方向图与三维方向图。

1．构建平面方向图

平面方向图在 Visio 中简称为方向图，主要用于创建高速公路、交叉路口、道路和街道标志、路线、铁路轨道、交通终点站等一些运输和公共交通形状。

在 Visio 中，执行【文件】|【新建】命令，在【类别】列表中选择【地面和平面布置图】选项，同时选择【方向图】选项，单击【创建】按钮，即可创建方向图模板。在该模板中，用户可以通过下列操作来绘制方向图。

- 添加道路　在【道路形状】模具中，将"方端道路""圆端道路"等形状拖到绘图页中，并拖动形状的端点来改变形状的长度。另外，可以使用【绘图】工具栏中的"铅笔"工具，拖动路的顶点来改变道路的弯曲程度，或按住 Ctrl 键为道路添加顶点。

- 设置道路的厚度　选择道路形状，右击执行【数据】|【形状数据】命令，在【路宽】文本框中输入数值。或者右击形状并执行【狭窄道路】、【宽阔道路】或【自定义】命令。

- 添加岔路口　将"三向""四向"或"菱形立交桥"形状拖到绘图页中，并将"道路"形状粘附在岔路口的形状的连接点上。

- 绘制地铁线路　在【地铁形状】模具中，将代表地铁线路、站或换乘站的形状拖到绘图页中，并拖动形状的端点来改变形状的大小。

- 添加河流、机场等地标　在【路标形状】模具中，将代表房屋、购物中心、机场等

地标的形状拖到绘图页中，并拖动选择手柄调整形状的大小。

- 添加交通标志　在【交通形状】模具中，将代表红绿灯、城市点、高速公路等交通标志的形状拖到绘图页中，并拖动选择手柄调整形状的大小与方向。

- 添加娱乐区域标志　在【娱乐形状】模具中，将代表滑冰、码头、骑马等娱乐标注的形状拖到绘图页中，并拖动选择手柄调整形状的大小。

2．构建三维方向图

三维方向图用于创建道路、机动车、交叉路口和标志建筑物等图形。

在 Visio 中，执行【文件】|【新建】命令，在【类别】列表中选择【地面和平面布置图】选项，同时选择【三维方向图】选项，单击【创建】按钮，即可创建【三维方向图】模板。在该模板中，只包含【三维方向图形状】模具，将该模具中的形状安装绘图顺序拖到绘图页中即可创建三维方向图。

用户可通过下列操作来编辑三维方向图。

- 改变形状大小　可以通过拖动形状上的选择手柄来改变形状的大小。

- 复制形状　可以使用 Ctrl+D 快捷键来快速复制形状。

- 旋转形状　可以通过形状上的旋转手柄来旋转形状。

- 组合形状　选择需要组合的形状，右击并执行【组合】|【组合】命令。

15.3 构建空间设计图

空间设计图主要用来安排建筑中的空间，从而帮助用户合理分配建筑空间。另外，利用 Visio 创建的空间设计图，还可以帮助用户记录空间的使用，标识资源以及分派资源等空间情况。

15.3.1 创建空间设计图

在 Visio 中用户可以利用"空间规划启动向导"构建空间设计图，也可以使用"导入数据向导"或直接为绘图添加空间形状的方法，来构建空间设计图。

1. 使用向导创建

空间规划启动向导是基于 Excel 中的房间编号来创建空间的，它只是简化了创建空间的步骤，并不能按照用户的设计需要创建功能齐全的空间设计图。

在 Visio 中，执行【文件】|【新建】命令，在【类别】列表中选择【地面和平面布置图】选项，同时选择【空间规划】选项，并单击【创建】按钮。此时，系统会自动弹出【空间规划启动向导】对话框，选择【无】单选按钮，并单击【下一步】按钮。

然后，在【获取房间列表】列表中，选择数据来源，并单击【下一步】按钮。

在【获取房间号码】列表中，单击【浏览】按钮，在弹出的【打开】对话框中，选择数据源文件。然后，在【选择工作表或范围】下拉列表中选择相应的选项，在【选择包含房间号码的列】下拉列表中选择相应的选项，并单击【下一步】按钮。

在【正在完成"空间规划启动向导"】列表中，单击【完成】按钮即可完成整个向导的规划。

如果向导没有将空间放置在绘图页中，用户可以在【空间资源管理器】窗口中，将【未定位的数据】文件夹下面的空间拖到绘图页中。

2. 手动创建

　　首先,创建模板文档并将【资源】模具中的"边界"形状拖到绘图页中,拖动选择手柄调整形状的大小。然后,将"空间"形状拖到绘图页中,调整形状大小,并使用【绘图工具】中的"线条"工具,根据边界线条绘制空间的轮廓。

　　最后,选择所有"直线"形状,右击形状并执行【组合】|【组合】命令。选择组合后的形状,执行【计划】|【形状】|【分配类别】命令,在【类别】下拉列表中选择【空间】选项即可。

> **注意**
>
> 在绘图页中,只可以将代表部门的空间形状放置在边界形状中,不能把人员或资源指派给边界形状。

15.3.2　分派资源

　　创建空间设计图之后,只有将人员、设备、家具等项目指派给类别,并指派给空间规划中的空间,才可以记录与管理空间资源。

1. 手动添加资源

　　用户可以手动添加资源,也可以通过导入源数据来添加资源。其中,手动添加资源即是将【资源】模具中的资源形状拖到绘图页中,右击形状并执行【属性】命令,在弹出的【形状数据】对话框中,输入资源的名称或标识符即可。

2. 导入资源数据

　　执行【计划】|【数据】|【导入数据】命令,在弹出的【导入数据向导】对话框中,选择存放导入数据的位置。

　　【要在何处存放数据】列表中主要包括下列两种选项。

　　❑ **存入我将要手动放置的形状**　选择该选项组中的单选按钮,可以将数据存放在需要创建的形状中,主要包括存放在层叠的页面上,或存放在【类别资源管理器】窗口中的【未定位的数据】文件夹中。

　　❑ **存入我的绘图中已有的形状**　选择该选项组中的单选按钮,可以将数据存放在绘图中已存在的形状中，主要包括存放在形状数据中，或作为新形状存放在现有的形状上面。

单击【下一步】按钮，在【您要使用什么数据源】列表的【类型】下拉列表中选择数据类型。单击【浏览】按钮，在弹出的【打开】对话框中选择相应的文件，并单击【下一步】按钮。

在【您要导入哪些数据】列表中，选择工作表名称，并设置列字段与行记录，单击【下一步】按钮。

在【您要向绘图添加哪种形状】列表的【模具】下拉列表中选择模具类型，并在列表中选择具体选项。或者，单击【浏览】按钮，在弹出的【打开模具】对话框中选择自定义模具。

在【是否要为您的形状添加标签】列表中，选择需要添加的标签项，并单击【下一步】按钮。在【数据中的哪一列包含唯一标识符】列表中选择唯一标识，并单击【下一步】按钮。

最后，在【正在完成"导入数据向导"】列表中，单击【完成】按钮即可。

3．为资源指派类别

在绘图页中选择需要指派给同一类别的所有资源，执行【计划】|【形状】|【分配类别】命令，弹出【指派类别】对话框，在【类别】下拉列表中选择相应的选项，并单击【属性】按钮。

然后，在弹出的【属性】对话框的【属性】列表框中选择相应的选项，然后在【类别属性】列表框中选择相应的选项，单击【添加】按钮即可。

> **注意**
>
> 在【属性】对话框的【结果】列表框中选择相应的选项，单击【删除】按钮即可删除已选的结果选项。

15.3.3　管理设施

创建空间设计图并指派资源之后，用户还需要通过标注形状、产生报告等方法来管理绘图中的设施，从而帮助用户准确地记录资源。

1．刷新规划数据

确保源数据没有被删除或移动到绘图页中，执行【计划】|【数据】|【刷新】命令，系统会自动刷新数据并弹出【刷新数据】对话框。在对话框中查看"绘图更新摘要"情况。

2．标注形状

选择需要标注的形状，执行【计划】|【形状】|【标签形状】命令，弹出【给形状加标签】对话框，设置相应选项即可。

该对话框中主要包括下列几种选项。

- ❑ **形状类型**　用来设置需要添加标签的形状类型。
- ❑ **选择要在每个形状中显示的属性**　用来设置显示形状标签的形状数据，最多可以设置 4 个标签。
- ❑ **导入数据**　单击该按钮，可在弹出的【导入数据向导】对话框中导入外部数据。

3．查找与移动资源

由于各类资源在绘图中的频繁变动，空间规划也会随之变动。为了能轻松而快速地管理与规划资源，用户需要查找与移动绘图规划中的资源。

用户可以通过下列几种方法来查找资源。

- ❑ **使用"资源管理器"窗口**　在【空间或类别资源管理器】窗口中，右击需要定位的资源名称，执行【显示】命令。在绘图页中，定位所显示的形状即可。
- ❑ **使用"查找"命令**　执行【开始】|【编辑】|【查找】命令，在【查找内容】文本框中输入需要查找的文本，在【搜索范围】选项组中选择相应的选项，并单击【查找下一个】按钮即可。

另外，用户也可以通过下列几种方法来移动

资源。

□ **使用"资源管理器"窗口** 在【空间或类别资源管理器】窗口中，将文件夹中的资

源拖到绘图页中即可。

□ **直接移动** 在绘图页中直接拖动需要移动的资源即可。

Visio 15.4 练习：制作小区建筑规划图

开发商在建造小区之前，往往需要通过规划部门将小区的整体规划设计为图纸或模型，以便可以直观地反映给建设者与客户。在本实例中，将运用"三维方向图"模板创建一份小区建筑规划图。

练习要点
● 创建模板文档
● 设置页面方向
● 设置背景
● 添加形状
● 设置形状大小
● 设置背景颜色

操作步骤 》》》

STEP|01 创建模板文档。执行【文件】|【新建】命令，在展开的列表中选择【类别】选项，同时选择【地图和平面布置图】选项。

STEP|02 然后，在展开的【地图和平面布置图】列表中，双击【三维方向图】选项，创建模板文档。

STEP|03 添加模具。将页面方向设置为横向，在

【形状】任务窗格中单击【更多形状】下拉按钮，添加【路标形状】和【基本形状】模具。

STEP|04 美化绘图页。执行【设计】|【背景】|【背景】|【实心】命令，为绘图页添加背景效果。

STEP|05 然后，执行【背景】|【背景色】|【橄榄色，着色 2，淡色 40%】命令，设置背景颜色。

STEP|06 添加形状。将【路标形状】模具中的"指北针"形状添加到绘图页的左下角，并添加方向文字。

STEP|07 将【基本形状】模具中的"六边形"形状添加到绘图页中，使用【铅笔工具】调整其形状，并自定义填充颜色。

STEP|08 将【三维方向图形状】模具中的"道路 4"形状添加到绘图页中，并调整其位置。

STEP|09 将【路标形状】模具中的"针叶树"形状添加到绘图页中，调整大小并复制形状。

STEP|10 将"体育场""旅馆""便利店"和"仓库"形状添加到绘图页内部的顶端位置，并设置其大小。

STEP|11 将【路标形状】模具中的"落叶树"形状添加到"体育场"形状的下方，并调整其宽度。

STEP|12 在绘图页的右侧添加"学校"和"公寓"形状，并调整其位置与大小。

STEP|13 在"落叶树"形状的右下方添加 4 个"郊外住宅"形状和 1 个"落叶树"形状，并水平翻转"郊外住宅"形状。

STEP|14 在"公寓"形状的周围添加"便利店""仓库"和"落叶树"形状。

STEP|15 在绘图页的左下方添加"市政厅""摩天大楼""建筑物 2""建筑物 1"和"户外购物中心"形状，调整形状的大小并排列形状的位置。

STEP|16 在绘图页的底部添加 4 个 "市内住宅" 形状，并调整形状之间的距离。

STEP|17 使用 "方端道路" "可变道路" 与 "圆形" 形状制作 "小区" 内的道路，以及环形道路，并在道路两侧添加 "针叶树" 形状。

STEP|18 将 "小轿车 1" 与 "小轿车 2" 形状添加到 "道路" 上，并调整形状的位置和大小。

STEP|19 在绘图页的右上方添加标题文本框，并设置文本的字体格式。

Visio 15.5 练习：制作办公室布局设计图

办公室的布局体现了一个公司的整体面貌，因此对办公室布局的设计显得尤为重要。在设计办公室布局时，需要通过运用各种形状来调整不同的布局结构，以期可以设计出环境协调、舒适的办公室。在本练习中，将运用 Visio 中的"办公室布局"模板，来制作一个办公室布局设计图。

练习要点

- 创建模板文档
- 转换为墙壁
- 添加形状
- 调整墙壁
- 页面设置
- 使用文本框
- 设置文本格式
- 设置绘图背景

操作步骤 >>>>

STEP|01 创建模板文档。执行【文件】|【新建】命令，选择【类别】选项，同时选择【地面和平面布置图】选项。

STEP|02 然后，在展开的列表中双击【办公室布局】选项，创建模板文档。

STEP|03 页面设置。在【设计】选项卡的【页面设置】选项组中，单击【对话框启动器】按钮。激活【绘图缩放比例】选项卡，选中【预定义缩放比例】选项，并设置缩放比例参数。

STEP|04 设置空间形状。将【墙壁和门窗】模具中的"空间"形状添加到绘图页中，拖动形状调整形状的大小，直至形状面积达到"132 平方米"大小。

STEP|05 选中"空间"形状，执行【计划】|【计划】|【转换为背景墙】命令。

STEP|06 在弹出的【转换为背景墙】对话框中，选择【外墙】选项，同时启用【添加尺寸】复选框，并选中【转换为空间形状】选项。

STEP|07 添加墙壁。将【墙壁和门窗】模具中的"墙壁"形状添加到绘图页中，在【大小和位置】窗格中将【角度】设置为 90°。

STEP|08 将【墙壁和门窗】模具中的"弯曲墙"形状添加到绘图页中，并调整其大小和弧度。

STEP|09 然后，将【墙壁和门窗】模具中的"墙壁"形状添加到绘图页中，使其连接弯曲墙和外墙。

STEP|10 添加门窗。将【墙壁和门窗】模具中的"窗户"形状添加到绘图页中的外墙上面，在【形

状数据】窗格中将【窗宽】设置为2600mm。同样
方法，添加其他窗户。

其大小和位置。

STEP|11 将【墙壁和门窗】模具中的"开口"形
状添加到绘图页中的内墙上面，在【形状数据】窗
格中将【窗宽】设置为1400mm。

STEP|14 将【办公室家具】模具中的"书桌椅"
"专用办公椅"形状添加到绘图页中，调整其大小
和位置。

STEP|12 将【墙壁和门窗】模具中的"双门"形
状添加到绘图页中的外墙上面。同样方法，添加其
他门。

STEP|15 将【办公室家具】模具中的"贮藏单元"
形状添加到绘图页中，调整其大小和方向。同时，
复制3个该形状，并调整其位置。使用同样方法，
添加其他办公家具。

STEP|13 添加办公室家具。将【办公室家具】模
具中的"专用办公桌"形状添加到绘图页中，调整

STEP|16 添加办公室设备。将【办公室设备】模
具中的"电话""笔记本电脑"形状添加到"专用

办公桌"形状上面，并调整形状大小、方向和位置。

STEP|17 添加办公室附属设施。将【办公室附属设施】模具中的"咖啡机"和"台灯"形状添加到绘图页中，调整其大小、方向和位置。

STEP|18 将【办公室附属设施】模具中的"叶子""开花""圆形垃圾桶""桌灯"形状添加到绘图页中，调整其大小、方向和位置。

STEP|19 添加隔间设施。将【隔间】模具中的"议事工作台"形状添加到绘图页中，并调整其方向、大小和位置。

STEP|20 将【办公室附属设施】模具中的"站立的男人""正在工作的女人"和"正在等待的男士"形状添加到绘图页中，分别调整其大小和位置。

STEP|21 添加说明性文本。执行【开始】|【工具】|【文本】命令，在绘图页中输入说明性文本并设置文本格式。

STEP|22 设置背景效果。执行【设计】|【背景】|【背景】|【世界】命令，设置绘图页的背景效果。

Visio 15.6 新手训练营

练习 1：制作办公室布局图

downloads\15\新手训练营\办公室布局图

　　提示：本练习中，首先创建【办公室布局】模板文档，将【主题】效果设置为"无效果"。执行【设计】|【背景】和【边框和标题】命令，设置绘图页的边框和标题及背景效果。然后，在绘图页中添加"放假""窗户"和"门""双门"形状，并调整形状的大小。最后，添加【家具】模具，将相应模具中的形状添加到绘图页中，并调整形状的大小、位置和方向。同时，执行【文本框】|【横排文本】命令，绘制文本框，输入说明性文本并设置文本的字体格式，以及文本框的边框样式。

练习 2：制作城市道路规划图

downloads\15\新手训练营\城市道路规划图

　　提示：本练习中，首先创建【方向图】模板文档，执行【设计】|【主题】命令，设置主题效果。同时，执行【设计】|【背景】和【边框和标题】命令，设置

绘图页的边框和标题，以及背景效果。然后，将"弯曲道路 2"和"弯曲道路 3"形状添加到绘图页中，并调整形状的弯曲度和长度。同时，将【路标形状】模具中的相应形状添加到绘图页中，并调整其大小和方向。最后，添加标题文本块、路标和交叉口编号形状，设置形状的填充颜色和线条样式，输入文本并设置文本的字体格式。

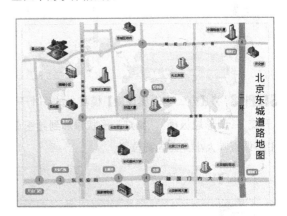

练习 3：制作服饰品展区分布图

downloads\15\新手训练营\服饰品展区分布图

　　提示：本练习中，首先创建【平面布置图】模板文档，并自定义页面尺寸和缩放比例。然后，添加"空间"形状，并将该形状转换为外墙。同时，添加"外墙"形状，并在外墙上面添加"双门"形状。使用【文本块】工具输入标题文本，并设置文本的字体格式。最后，布置空间形状，添加服务类形状。同时，添加【基本形状】模具，并将该模具中的相应形状添加到绘图页中，设置形状格式，排列形状即可。

练习 5：制作城市公园规划图

⬤downloads\15\新手训练营\城市公园规划图

提示：本练习中，首先创建【现场平面图】模板文档，设置页面大小，添加背景效果并自定义背景颜色。然后，添加 Visio 现场平面图中的各模具，并将模具中的相应形状添加到绘图页中。

练习 4：制作京城地铁示意图

⬤downloads\15\新手训练营\京城地铁示意图

提示：本练习中，首先新建空白文档，设置页面大小并添加【地铁形状】模具。然后，添加"地铁线路""地铁弯道 1"和"站"形状，组成地铁线路线图。同时，根据线路分类自定义形状的填充颜色。最后，使用【文本】工具添加线路编号和站名，并设置其字体格式。使用【矩形】工具绘制"图例"，并设置图例内容的填充颜色。

第 16 章

构建工程图

　　Visio 为用户提供了用于构建工程图的工程类模板，以帮助用户构建机械、电气和工艺流程图图表。在工程类模板中，可以通过数百个可配置的形状轻松实现用户想要的各类工程图表，还可以以部件和组件图所要求的精度摆放这些形状，并用连接线来定义工艺流程图所表达的关系。除此之外，在工艺流程图模板中还包含了一些构建模型的工具，以帮助用户在参见组件的情况下记录模型中的元素，并在 Visio 绘图中或以纲要形式查看你的模型。在本章中，将详细介绍构建机械图、电气图和工艺流程图的基础知识和使用技巧，以及如何使用组件向工程绘图中的形状添加数据、标记和编号组件，产生组件列表和物料清单等。

16.1 构建机械工程图

Visio 中的机械工程图模板包括"流体动力"与"部件和组件绘图"两个模板，用户不仅可以使用"部件和组件绘图"模板来构建包含详细部件说明和设备工具的复杂机械绘图，还可以使用"流体动力"模板来创建用于记录水力或风力发电系统、流体动力图表和装备等图表。

16.1.1 绘制部件和组件

在 Visio 中，运用"部件和组件绘图"模板，可以绘制一份具有详细说明部件尺寸、边缘、位面和弯曲度，以及明确显示组件组合方法的机械工程技术图、图表、设计图、示意图、设计机械工具和机械装置等图表。

执行【文件】|【新建】命令，在【类别】列表中选择【工程】选项，同时选择【部件和组件绘图】选项，单击【创建】按钮，创建模板文档。在该模板中，主要包括下列 9 种模具。

- ❑ **紧固件 1** 该模具中主要存放代表螺母和螺钉的形状。
- ❑ **紧固件 2** 该模具中主要存放代表铆钉、螺钉和垫圈的形状。
- ❑ **弹簧和轴承** 该模具中主要存放弹簧和不同类型的轴承形状。
- ❑ **焊接符号** 该模具中主要存放了代表不同类型焊接的标准形状。
- ❑ **几何尺寸度量和公差** 该模具中主要存放了代表显示尺度度量原点和公差符号的形状。
- ❑ **标题块** 该模具中主要存放了边框、表格、标题块和修订区域形状。
- ❑ **绘图工具形状** 该模具中主要存放了用于部件和组件的几何形状，包括圆切线、垂线和圆角矩形等。
- ❑ **尺寸度量-工程** 该模具中主要存放了对直线和射线度量使用标注工程尺寸度量

模式的尺寸度量形状。

- ❑ **批注** 该模具中主要存放了标注、文本块、向北箭头和引用等标注形状，以及绘图缩放比例形状。

1. 绘制几何形状

"绘图工具形状"模具中的形状不同于 Visio 其他模具中的形状，该模具中的形状简化了绘制几何形状的工作，无需使用"形状操作"工具，便可以独立绘制机械类部件。用户只需将该模具中的形状添加到绘图页中，调整并排列形状即可。

"绘图工具形状"模具使用了 4 种不同的数据集和 4 种不同类型的矩形来绘制圆形状。该模具中一些常用形状的介绍和说明如下所述。

- ❑ **尺寸度量** 尺寸度量形状类似于测量带，包括测量工具、水平测量和垂直测量 3 种形状，可通过拖动形状端点来调整度量距离。
- ❑ **圆切线和弧线切线** 该类型的形状适用于绘制由传送带和轮子组成的系统。其中，"弧线切线"形状中的黄色控制手柄，可以调整切线的长度和端点的位置。
- ❑ **圆角矩形** 使用该类型的形状可以绘制过程存储池，还可以拖动控制手柄来改变圆角的弧度。

❑ **扇形-图形和弧线-图形** 模具中的"扇形-图形"形状是一种饼状切块，具有选择手柄和控制手柄，其选择手柄可以调整半径、原点和切块的旋转，而控制手柄则可以改变扇形的角度。"弧线-图形"形状与"扇形-图形"形状具有同样的行为。

❑ **扇形-数据和弧线-数值** 该类型的形状类似于"扇形-图形"和"弧线-图形"形状，唯一不同的是该类型的形状必须依靠输入的角度值来更改其角度。

❑ **三角形状** 该类型的形状主要用于绘制各种不同的三角形，以及通过控制手柄调整三角形中的高度、直角边和角度。

❑ **多边形形状** 该类形状包括"正多边形边"和"正多边形中心"两种形状，将该形状添加到绘图页中，右击形状可更改多边形，最多为八边形。

2．绘制弹簧、轴承和扣件

在"弹簧和轴承"模具中，包含了一些常用的弹簧、轴承和扣件形状。该模具中的形状除了可以配置其形状数据之外，还可以通过右击鼠标，执行相应命令的方法，来调整形状的尺寸、阴影线和替代符号等。由于每种形状所涉及的数据类型不同，所以下面将介绍一些形状常用数据的设置方法。

❑ **设置尺寸** 右击形状执行【设置尺寸】命令，可在弹出的【形状数据】对话框中，设置形状的尺寸大小。

❑ **使用手柄调整大小** 右击形状执行【使用手柄调整大小】命令，可解除形状的锁定状态，通过拖动手柄即可调整形状的大小。

❑ **标阴影线** 右击执行【标阴影线】命令，即可为形状添加交叉影线。

❑ **取消阴影线** 右击执行【取消阴影线】命令，即可取消形状的交叉影线。

❑ **简化** 简化是指删除形状中的一些线条，显示形状的简化版本，右击形状执行【简化】命令即可。

❑ **设置维度** 右击形状执行【设置维度】命令，可在弹出的【形状数据】对话框中，设置形状的维度值。

除了上述常用数据之外，用户还可以右击形状，设置形状的直径、孔切角、切角角度等数值。

3．绘制焊接符号

"焊接符号"模具中显示了一些表示焊接类型和位置的形状，用户只需将表示"箭头"的形状添加到绘图页中，右击形状执行相应命令即可。例如，将"带弯头的箭头"形状添加到绘图页中，右击形状执行【显示所有圆环】和【显示尾部】命令，显示形状尾部和圆环。

注意

显示形状的圆环和尾部之后，右击形状执行【隐藏所有圆环】和【隐藏尾部】命令，即可隐藏形状中的圆环和尾部形状。

另外，右击形状执行【插入符号】命令，在展开的窗格中，添加相应的焊点符号即可。

16.1.2　构建流体动力图

Visio 中的流体动力图主要用于创建带有批注的液压和气体系统、流体流量组件、流量控制装置、流动线路、阀和阀组件以及流体动力设备等图表。

在绘图页中，执行【文件】|【新建】命令，在【类别】列表中选择【工程】选项，同时选择【流体动力】选项，并单击【创建】按钮，创建模板文档。

1．组建流体动力图

在该模板中一共包含了"流体动力-设备""流体动力-阀装组件""流体动力-阀""连接符"和"批注"5 种模具。用户可将不同模具中的形状添加到绘图页中，并排列连接形状来构建流体动力图。

2．调整流体动力形状

在绘图页中添加流体动力形状之后，除了通过拖动形状手柄的方法来调整形状的大小和方向之外，还可以右击形状，通过执行相应命令的方法，来调整流体动力形状的类型和外观。

例如，选择绘图页中的"泵"类形状，右击执行【气压】命令，即可将该形状的液压状态更改为气压。

同样道理，用户还可以右击执行相应命令，来更改"泵"的类型和外观；或者拖动形状中间的黄色控制手柄，调整其具体显示位置。

Visio 16.2　构建电气工程图

Visio 为用户提供了基本电气、工业控制系统、电路和逻辑电路，以及系统图等 4 种类型构建电气工程图的模板，以方便用户构建各种类型的电路板图、集成电路示意图、单线连接图和设计图等专业图表。

16.2.1　构建基本电气图

基本电气图主要用于创建示意性的单线连线图和设计图，该模板中包含开关、继电器、传输路径、半导体、电路和电子管等形状。

1．创建基本电气图

在绘图页中，执行【文件】|【新建】命令，在【类别】列表中选择【工程】选项，同时选择【基本电气】选项，并单击【创建】按钮，创建基本电

气模板文档。该模板为用户提供了"基本项""限定符号""半导体和电子管""开关和继电器"以及"传输路径"模具。用户只需要将相应模具中的形状添加到绘图页中，并排列和连接形状即可构建基本电气图。

2．设置基本电气图形状

在 Visio 中，用户可通过右击基本电气形状的方法，来设置基本电气图的形状数据、类型和外观样式。

例如，右击"电阻器"形状，执行【可变】命令，即可设置该形状的使用类型。

除了更改基本电气图中某些形状的使用类型之外，还可以在【形状数据】对话框中，设置形状的具体类型。右击"继电器"形状，执行【设置继电器类型】命令，在弹出的【形状数据】对话框中，单击【继电器类型】下拉按钮，选择相应选项即可。

注意

在【形状数据】对话框中，还可以设置其他基本电气图形状的线数、标签等形状数据。

16.2.2 构建电路和逻辑电路图

电路和逻辑电路图主要用于创建带批注的电路和印刷电路板图、集成电路示意图和数字、模拟逻辑设计等图标，其模板中包含终端、连接器和传输路径等形状。

1．创建电路和逻辑电路图

在绘图页中，执行【文件】|【新建】命令，

在【类别】列表中选择【工程】选项，同时选择【电路和逻辑电路】选项，并单击【创建】按钮，创建电路和逻辑电路模板文档。该模板为用户提供了"模拟和数字逻辑""集成电路组件""端子和连接器"，以及"传输路径"模具。用户只需要将相应模具中的形状添加到绘图页中，并排列和连接形状，即可构建电路和逻辑电路图。

2．配置芯片和逻辑门

创建电路和逻辑电路图之后，还需要根据图表类型，设置电路板的芯片和逻辑门的类型，以使形状适合整体图表的布局所需。

在绘图页中，右击电路板形状，例如，右击"4X 组块全部"形状，执行【配置芯片】命令，在弹出的【形状数据】对话框中，设置各项选项即可。

然后，右击绘图页中的逻辑门形状，执行【配置逻辑门】命令，设置各项选项即可。

16.2.3　构建工业控制系统图

工业控制系统图主要用于创建带批注的工业电力系统图，包含旋转电机、半导体、固态设备、开关、继电器和变压器等形状。

在绘图页中，执行【文件】|【新建】命令，在【类别】列表中选择【工程】选项，同时选择【工业控制系统】选项，并单击【创建】按钮，创建工业控制系统模板文档。

该模板为用户提供了"基本项""旋转设备和机械功能""开关和继电器""端子和连接器""变压器和线组"，以及"传输路径"模具。用户只需要将相应模具中的形状添加到绘图页中，并排列和连接形状即可构建工业控制系统图。

在绘图页中，右击"旋转机器"形状，执行【设置机器类型】命令，可在弹出的【形状数据】对话框中，设置旋转机器的类型和限定符。

使用同样的方法，用户可以设置其他形状的芯、可调整性、抽头等形状数据。

16.3　构建工艺流程图

Visio 为用户提供了用于创建管道和仪器图和工艺流程图的工艺流程图模板，该类型模板主要用于创建管线工程系统（工业、炼制、真空、流体、水力和气体）、管线工程支持、材料配送和液体输送系统等方面的图表。

16.3.1　创建 PFD 或 P&ID 图

在实际操作中，管道和仪器图又称为 P&ID 图，而工艺流程图又称为 PFD 图。用户只需在绘图页中，执行【文件】|【新建】命令，在【类别】列表中选择【工程】选项，然后选择【工艺流程图】或【管道和仪表设备图】选项，单击【创建】按钮即可。

Visio 中的"工艺流程图"和"管道和仪表设备图"模板中具有相同的模具，用户只需要创建一个模板文档，将不同模具中的形状按照设计要求添加到绘图页中，便可以制作各种类型的工艺流程图图表。

1．重新编排

重新编排是根据定义的标记格式将编号应用到组件形状。当用户创建图表之后，系统会根据形状类别自动为形状添加编号。此时，执行【工艺工程】|【组件】|【重新编排】命令，在弹出的【重新对组件编号】对话框中，可以为绘图页中的形状进行重新编号。

在【重新对组件编号】对话框中，主要包括下列选项：

- ❏ **文档**　表示对当前绘图文档中的所有组件重新编号。
- ❏ **页面**　表示对当前绘图页中所有组件重新编号。
- ❏ **所选内容**　表示只对所选组件重新编号。
- ❏ **包含标记格式**　在该列表框中显示了绘图文档中所有类型的组件信息，可通过启用或禁用来选中或取消组件重新编号。
- ❏ **起始值**　表示编号的开始数值。
- ❏ **间隔**　表示两个编号之间的增量值。
- ❏ **编辑格式**　单击该按钮，可在弹出的【编辑标记格式】对话框中，自定义标记格式。

> **注意**
>
> 对组件进行重新编号后，新添加组件的标记将从最后一个被编号组件的结束值开始编号。

2．应用标记格式

Visio 使用标记来标识工艺流程图中的形状，默认情况下标记出现在形状下方的文本块中。当用户不满足于系统自带的标记样式时，可以使用标记格式将组件属性和数字计数器嵌入到各个形状的组件标记中。

在绘图页中，执行【工艺工程】|【组件】|【应用标记格式】命令，在弹出的【应用标记格式】对话框中，设置【标记格式】选项，并设置应用范围。

当用户选中【应用于绘图中所选的形状】选项时，可以将标记格式应用到用户所选择的形状中；而选中【应用于模具中的形状】选项时，则表示将标记格式应用到主控形状中。

> **注意**
>
> 选中【应用于模具中的形状】选项，单击【选择形状】按钮，可在弹出的【选择形状】对话框中，选择所需应用的形状类型。

3．形状转换

当 Visio 提供的工艺流程图形状无法满足用户需求时，可以使用"形状转换"功能，将其他源中的形状或对象转换成自定义 Visio 形状或 CAD 符号，以便用作工艺程序组件。

在绘图页中，执行【工艺工程】|【管理】|【形状转换】命令，在弹出的【形状转换】对话框中设置各项选项即可。

在【形状转换】对话框中，主要包括下列一些选项：

- ❏ **所选形状**　表示转换用户选中的形状。
- ❏ **Visio 模具中的形状**　表示转换 Visio 模具中的主控形状，单击【选择形状】按钮，可选择形状类型。
- ❏ **CAD 文件中的符号**　表示转换 CAD 文件中的符号，单击【浏览】按钮可以选择需要转换符号的 CAD 文件。如需设置绘图缩放比例，可以设置【一个 CAD 单位】

选项。

- ❑ **类别**　用来设置将其分派给转换形状的类别名称。
- ❑ **标记格式**　用来设置将其分派给转换形状的标记格式。

16.3.2　设置管道

在工艺流程图中，管道是连接设备的必备组件。在连接过程中，Visio 默认将"管道"形状拆分为多个独立的形状，其各个独立的形状共享"管道"相同的标记和数据。

当用户需要更改管道的某些行为时，可执行【工艺工程】|【管理】|【图表选项】命令，在弹出的【图表选项】对话框中，设置管道布局选项即可。

在【图表选项】对话框中，包括下列 4 种选项。

- ❑ **拆分组件周围的管道**　该选项表示将形状添加到"管道"形状上时，系统将自动拆分"管道"形状。
- ❑ **创建分支时拆分管道**　该选项表示将其

他"管道"形状添加到"管道"形状上时，系统将自动拆分"管道"形状；可单击【在管道分支处使用此形状】下拉按钮来设置插入作为分支的形状。

- ❑ **修复拆分的管道**　该选项表示当删除组件或其他"管道"形状时，系统会自动恢复"管道"形状的最初状态。
- ❑ **将组件添加到绘图中时对其进行编号**　该选项表示 Visio 将自动对组件添加编号。

16.4　练习：制作生产设备图

生产设备图是描述化工产品生产过程的一种设备装配示意图，相比工艺流程图，生产设备图的内容更加具体化，它通常以符号的形式标注各种设备和管路中的流体，从而辅助化工工艺设计。本例将使用 Visio 的"管道和仪表设备图"模板，构建一个简要的三氧化硫膜式磺化过程图。

练习要点
- 创建模板文档
- 自定义页面大小
- 应用图例
- 添加边框和标题
- 添加形状
- 设置字体格式

操作步骤 ▶▶▶▶

STEP|01 创建模板文档。执行【文件】|【新建】命令，在展开的列表中选择【类别】选项，同时选择【工程】选项。

STEP|02 然后，在展开的【工程】列表中，双击【管道和仪表设备图】选项，创建模板文档。

STEP|03 设置页面设置。在【设计】选项卡【页面设置】选项组中，单击【对话框启动器】按钮，设置打印机纸张的大小与纸张方向。

STEP|04 激活【页面尺寸】选项卡，选中【预定义的大小】选项，并设置相应参数。

STEP|05 美化绘图。执行【设计】|【主题】|【离子】命令，设置绘图页的主题效果。

STEP|06 执行【设计】|【背景】|【边框和标题】|【霓虹灯】命令，添加边框和标题样式，并在"背景-1"页中输入标题文本。

STEP|07 添加模具形状。切换到"页-1"页中，

将【设备-容器】模具中的"流体接触塔"形状添加到绘图页中。

STEP|08 执行【视图】|【显示】|【任务窗格】|【大小和位置】命令，设置形状的大小和位置。

STEP|09 使用同样方法，分别添加 1 个"容器"、3 个"离心泵"、1 个"反应塔"、2 个"流体接触塔"、1 个"配量泵"、2 个"塔"、1 个"热交换器"和"封闭箱"形状，并设置其大小与位置。

STEP|10 使用【管道】模具中的"主管道 R"形状连接各个形状，并设置标注文本的字体大小。

STEP|11 添加形状列表。将【工序批注】模具中的"管道列表"形状添加到绘图页中，双击形状输入管道信息。

STEP|12 将【工序批注】模具中的"设备列表"形状添加到绘图页汇总，双击形状输入设备信息。

16.5 练习：制作工艺流程图

工艺流程图是描述通用化学工业生产工艺流程的一种示意图，它可以展示化工生产时所需用的设备及配套工艺之间的关系，及操作过程等，可以帮助用户了解某种加工工艺的大体过程。在本练习中，将使用 Visio 的"工艺流程图"模板，来构建一份"精馏操作流程"的工艺流程图。

练习要点

- 创建模板文档
- 应用主题效果
- 应用背景
- 添加边框和标题
- 插入页
- 重命名页
- 添加形状
- 设置字体格式

操作步骤 ▶▶▶▶

STEP|01 创建模板文档。执行【文件】|【新建】命令，在展开的列表中选择【类别】选项，同时选择【工程】选项。

STEP|02 然后，在展开的【工程】列表中，双击【工艺流程图】选项，创建模板文档。

STEP|03 设置页面。在【页面设置】选项组中，单击【对话框启动器】按钮。激活【页面尺寸】选项卡，设置【预定义的大小】选项，并选中【纵向】选项。

STEP|04 单击状态栏中的【插入页】按钮，插入新页。然后，分别双击"页-1"和"页-2"标签，重命名页标签。

STEP|07 执行【设计】|【背景】|【边框和标题】|【凸窗】命令，为图表添加边框和标题样式，并切换到"背景-1"页面中修改标题文本。

STEP|05 美化图表。选择"间歇精馏操作流程图"绘图页，执行【设计】|【主题】|【环保】命令，设置绘图页的主题效果。

STEP|08 选择"连续精馏操作流程图"绘图页，重复步骤（5）～（7），美化绘图页。

STEP|06 同时，执行【设计】|【背景】|【背景】|【活力】命令，设置背景效果。

STEP|09 构建间歇精馏操作流程图。选择"间歇精馏操作流程图"绘图页，将【设备-容器】模具中的"多层塔"形状添加到绘图页中，并设置其大小。

STEP|10 将"储料球"形状添加到绘图页中，并设置其大小和位置。使用同样方法，添加其他形状。

STEP|11 将【管道】模具中的"主管道 R"形状添加到绘图页中，分别拖曳其两个连接点，连接"储料球"和"燃烧式加热器"等两个设备。

STEP|12 将"副管道 R"形状添加到绘图页中，分别拖曳其两个连接点，连接"离心泵"和"多层塔"的形状。

STEP|13 使用同样的方法，分别使用"主管道 R"和"副管道 R"形状连接各个形状。

STEP|14 分别双击形状修改其标记，选中所有形状，在【字体】选项组中，将字号设置为"12pt"。

STEP|15 构建连续精馏操作流程图。选择"连续精馏操作流程图"绘图页，将【设备-容器】模具中的"多层塔"形状添加到绘图页中，调整其大小并修改名称。

STEP|16 分别将其他模具中的形状添加到绘图页中，调整并排列形状。然后，使用"管道"类形状

连接各个形状。

Visio **16.6** 新手训练营

练习 1：制作半立柱式洗脸盆

downloads\16\新手训练营\半立柱式洗脸盆

提示：本练习中，首先创建【部件和组建绘图】模板文档，并设置页面属性。然后，使用【文本块】工具输入标题文本和说明性文本，并设置其字体格式。添加相应的模具工具，绘制基础图表。同时，使用【椭圆】工具和【线条】工具绘制基本形状。

练习 2：制作啤酒生产工艺图

downloads\16\新手训练营\啤酒生产工艺图

提示：本练习中，首先创建【管道和仪表设备图】模板文档，设置文档属性。然后，添加相应的模具形状，调整形状大小，自定义形状的填充颜色，双击形状输入形状文本。同时，使用【连接线】形状连接各

个模具形状，并设置连接线的线条样式。最后，执行【设计】|【背景】|【背景】和【边框和标题】命令，设置绘图页的背景和标题样式。

练习 3：制作水处理流程图

downloads\16\新手训练营\水处理流程图

提示：本练习中，首先创建【管道和仪表设备图】模板文档，设置文档属性。然后，添加相应的模具形状，调整形状大小，自定义形状的填充颜色，双击形状输入形状文本。同时，使用【线条】工具绘制线条，设置线条样式并修建和组合形状。最后，执行【设计】|【背景】|【背景】和【边框和标题】命令，设置绘图页的背景和标题样式。

练习 4：制作 CPU 时钟模块
downloads\16\新手训练营\ CPU 时钟模块

提示：本练习中，首先创建【电路和逻辑电路】模板文档，自定义绘图页大小。然后，使用【线条】工具绘制线路，并将相应的模具形状添加到绘图页中。同时，在【形状】窗格中激活【搜索】选项卡，搜索 Visio 形状，将其添加到绘图页中，并调整其大小和位置。使用【文本块】工具，输入说明性文本，并设置文本的字体格式。最后，执行【设计】|【背景】|【背景】和【边框和标题】命令，设置绘图页的背景和标题样式。

练习 5：制作差动仪表放大器
downloads\16\新手训练营\差动仪表放大器

提示：本练习中，首先创建【系统】模板文档，并自定义绘图页的大小。然后，在【形状】窗格中，搜索 Visio 模具形状，并将其添加到绘图页中。同时，

将当前模具中的形状添加到绘图页中，并调整形状的大小和位置。使用【文本块】工具，输入说明性文本，并设置文本的字体格式。最后，执行【设计】|【背景】|【背景】和【边框和标题】命令，设置绘图页的背景和标题样式。

练习 6：制作双控开关示意图
downloads\16\新手训练营\双控开关示意图

提示：本练习中，首先创建【基本电气】模板文档，并设置纸张方向。然后，在【形状】窗格中，激活【搜索】选项卡，搜索 Visio 中的电气模具形状，将其添加到绘图页中，并调整其大小和位置。同时，将当前模具中的相应形状添加到绘图页中，并使用【文本块】工具输入说明性文本。最后，执行【插入】|【文本】|【对象】命令，选择【Microsoft 公式 3.0】选项，在绘图页中输入公式文本。

第 17 章

构建软件和数据库图

　　Visio 为用户提供了强大的软件和数据库模板，用于规划网站的结构与导航、维护和刷新现有网站的状态，以及查看当前网站内容、组织及断链情况。同时，还用于创建不同类型的用于记录软件系统的 UML 类图表，以及数据流图表、程序结构图、COM 和 OLE 等图表。在本章中，将详细介绍使用 Visio 创建网站图、软件开发图，以及界面图等软件和数据库图表的基础知识和实用技巧。

17.1 构建网站图

Visio 中的网站图，不仅具备维护网站、搜索与显示网站中元素的功能，而且还具备发现与显示网站中的修改、断链等功能，以帮助用户分析与维护已有的网站。

17.1.1 创建网站总体设计图

在构建网站图之前，需先创建一个网站总体设计图，以便可以形象地显示网站中各元素的组织结构。

启动 Visio 组件，在【类别】列表中选择【软件和数据库】选项，然后选择【网站总体设计】选项，双击【创建】按钮，创建模板文档。

将【网站总体设计形状】模具中的相应形状拖到绘图页中，调整形状大小与位置，并使用将"动态连接线"或"曲线连接线"形状连接形状。

另外，用户还可以利用【主题】或【填充】等命令，设置形状的颜色与效果。

> **注意**
> "网站总体设计图"模板中的"网站图形状"模具适用于创建单个网页中的详细布局。

17.1.2 创建并配置网站图

在绘图页中，执行【文件】|【新建】命令，在【类别】列表中选择【软件和数据库】选项，同时选择【网站图】选项，并单击【创建】按钮，创建模板文档。此时，系统会自动弹出【生成站点图】对话框。在【地址】文本框中输入网站地址，或单击【浏览】按钮，在弹出的【打开】对话框中选择网页文件，单击【确定】按钮即可。

在【生成站点图】对话框中单击【设置】按钮，即可在弹出的【网站图设置】对话框中修改网站图设置。其中主要包括布局、扩展名、协议、属性与高级 5 种设置。

1. 设置布局

在【网站图设置】对话框中，激活【布局】选项卡，设置网站的搜索级数、布局样式、形状大小等选项即可。

【布局】选项卡中各选项的功能，如下表所示。

选项组	选项	功能
搜索	最大级别数	用于设置要搜索的级别数，取值介于 1～12 之间
	最大链接数	用于设置要搜索的 Web 链接的最大数量，其最大值为 5000
	搜索到最大链接数后完成当前级别	启用该复选框，可以完成对网站某一级的搜索
布局样式	放置	用于显示网站图初始布局中的形状放置样式
	传送	用于显示网站图初始布局中的连接线样式
	修改布局	可以在【排放形状】对话框中更改网站图的初始布局
形状文本	默认形状文本	用于设置形状文本的显示样式。其中，"绝对 URL"表示以根开头显示每个链接的完整 URL。"相对 URL"表示显示每个链接相对于其父级的 URL。"仅文件名"表示显示每个链接的文件名。"HTML 标题"表示显示每个链接的<TITLE>标记内的文本。"无文本"表示在每个链接上不显示文本

续表

选项组	选项	功能
形状大小	形状大小随级别变化	该复选框表示链接形状的大小随级别的改变而改变
	根	用来设置根链接的大小
	第 1 级	用来设置链接的第一级的大小
	第 2 级	用来设置链接的第二级的大小
	更深级别	用来设置链接的其余级别的大小

2．设置扩展名

在【网站图设置】对话框中，激活【扩展名】选项卡，设置网站图的文件类型，以及用于表示这些类型的形状。

在【扩展名】选项卡中，主要包括下列选项。

❑ **名称**　用于显示文件类型的名称。启用该复选框，即可将该文件类型纳入生成的网站图。

❑ **扩展名**　用来显示该文件类型的扩展名。

❑ **形状**　用来显示在生成的网站图中表示该文件类型的形状，每个形状只能用于一种文件类型。

❑ **添加**　单击该按钮，可在【添加扩展名】对话框中设置扩展名的名称、形状等属性，单击【确定】按钮即可将新设置的扩展名添加到"扩展名"列表中。

❑ **修改**　单击该按钮，可在【修改扩展名】

对话框中编辑所选文件类型的属性。

❑ **删除**　单击该按钮，可以删除"扩展名"列表中所选的文件类型。

❑ **默认**　单击该按钮，将恢复"扩展名"列表中的默认文件类型（包括已经删除的类型），并且撤销所做的任何修改。

❑ **全部启用**　单击该按钮，可选择"扩展名"列表中的所有文件类型。

❑ **全部禁用**　单击该按钮，可以清除"扩展名"列表中的所有文件类型。

> **注意**
>
> 用户也可以通过禁用名称复选框的方法，删除"扩展名"列表中的文件类型。

3．设置协议

在【网站图设置】对话框中激活【协议】选项卡，设置要纳入网站图的协议，以及用于表示它们的形状。

在【协议】选项卡中，主要包括下列选项。

❑ **名称**　用于显示协议类型的名称。启用该复选框，即可将该协议类型纳入生成的网站图。

❑ **协议**　用来显示每种协议类型中的协议。

❑ **形状**　用来显示在生成的网站图中表示该协议类型的形状，每个形状只能用于一种文件类型。

❑ **添加**　单击该按钮，可在【添加协议】对话框中设置扩展名的名称、形状等属性，单击【确定】按钮即可将新设置的协议添

加到"协议"列表中。

❑ **修改**　单击该按钮，可在【修改协议】对话框中编辑所选协议的属性。

❑ **删除**　单击该按钮，可以删除"协议"列表中所选的协议类型。

❑ **默认**　单击该按钮，将恢复"协议"列表中的默认协议类型（包括已经删除的类型），并且撤销所做的任何修改。

❑ **全部启用**　单击该按钮，可选择"协议"列表中的所有文件类型。

❑ **全部禁用**　单击该按钮，可以清除"协议"列表中的所有文件类型。

> **注意**
>
> 由于无法删除或禁用 HTTP 协议，所以该协议列在了【协议】选项卡中。

4．设置属性

在【网站图设置】对话框中，激活【属性】选项卡，设置"网站图"模板要搜索的 HTML 属性。

在【属性】选项卡中，主要包括下列选项。

❑ **属性**　用来显示 HTML 属性列表。启用属性旁边的复选框，即可在搜索过程中搜索该属性以查找链接，并在生成的网站图上显示这些链接。

❑ **添加**　单击该按钮，可在【添加属性】对话框中设置属性名称。

❑ **修改**　单击该按钮，可在【修改属性】对话框中编辑所选属性的名称。

❑ **删除**　单击该按钮，可以删除"属性"列

表中所选的协议类型。

- ❑ **默认**　单击该按钮，将恢复"属性"列表中的默认属性（包括已经删除的属性），并且撤销所做的任何修改。
- ❑ **全部启用**　单击该按钮，可选择"属性"列表中的所有文件类型。
- ❑ **全部禁用**　单击该按钮，可以清除"属性"列表中的所有文件类型。

5．高级设置

在【网站图设置】对话框中，激活【高级】选项卡，限制网站搜索的范围、选择要显示的链接，以及为需要 HTTP 验证的网站设置验证名称与密码。

【高级】选项卡中各选项的功能，如下表所示。

选项组	选　项	功　能
搜索条件	分析搜索到的所有文件	表示可以搜索能找到的所有链接。该选项搜索范围最广
	分析指定域中的文件	表示只搜索位于指定域中的链接
	分析指定目录中的文件	表示只搜索位于指定文件夹中的文件
	包含与搜索条件之外的文件的链接	表示包含与上述所选搜索条件以外的文件的链接
	将重复链接显示为可展开链接	表示将重复链接显示为可展开的形状

续表

选项组	选　项	功　能
搜索条件	搜索 VBScript 和 JavaScript 中的链接	表示尝试搜索 HTML 嵌入式脚本内的链接
合并	合并不可展开的链接	表示将不可展开的链接合并为一个形状
	忽略片段标识符	表示将带有片断标识符的链接合并为一个形状。这样的链接在地址后面有一个"#"符号
	忽略查询组件	表示将带有查询组件的链接合并为一个形状。这样的链接在地址后面有一个"?"。其中，查询组件通常用于服务器端脚本
Internet 属性	Internet 属性	可以在【Internet 属性】对话框中编辑用于 Web 搜索的内容或安全筛选器
HTTP 验证	名称	表示在要搜索的网站输入 HTTP 验证名称
	密码	表示在要搜索的网站输入 HTTP 验证密码

17.1.3　设置网站图

生成站点之后，用户可通过模板提供的"筛选器窗口"与"列表窗口"窗格查看概括与详细的网站图。另外，还可以通过"网站图"选项卡中的各项命令，来编辑和管理网站图。

1．交互网站

创建网站图之后，网站中的某些区域未被填充。此时，为了保证网站的搜索进展，需要对网站本身进行交互，也就是对网站图中受保护的区域进行映射。

首先，在网站图中选择包含链接的形状，右击该形状并执行【交互式超链接选择】命令，弹出【交互式搜索】对话框。

在该对话框中，用户可以直接选择【相关搜索】下面的链接，也可以在【搜索】文本框中输入搜索内容，单击【搜索】按钮即可。最后，单击【关闭】

按钮，选择的链接便会自动添加到网站图中。

2．编辑网站图

用户可通过下列操作来编辑网站图。

- ❑ **展开超链接**　右击形状，执行【展开超链接】命令，或者在【列表窗口】与【筛选器窗口】中单击元素左边的加号。
- ❑ **展开所有链接**　右击形状，执行【选择其下所有超链接】命令。
- ❑ **叠平链接**　在【列表窗口】与【筛选器窗口】中单击元素左边的减号。
- ❑ **集中元素**　右击【列表窗口】与【筛选器窗口】中的元素，执行【在页面上显示】命令。
- ❑ **添加超链接**　右击【列表窗口】与【筛选器窗口】中的元素，执行【配置】命令。
- ❑ **删除元素**　右击【列表窗口】与【筛选器窗口】中的元素，执行【删除】命令。
- ❑ **修改形状文本**　右击形状，执行【修改形状文本】命令，在弹出的【修改形状文本】对话框中设置文本的显示方法。

3．显示网站图

在 Visio 中，大型网站图为了划分类别，需要将不同的类别分布到多个页面上。为了便于查看网站图的结构，需要导航放置不同类型网站图的绘图页。

首先，右击子链接形状，执行【创建子页】命令，系统会自动添加新页，并在网站图中添加【离

页链接】形状。

创建子页之后，双击【离页链接】形状，或右击该形状并执行【页-2】命令，即可导航到新页中。

17.1.4　解决断链问题

在 Visio 中，网站图将以红色的 X 显示链接或元素的断链情况。用户可通过【列表窗口】或【筛选器窗口】，或右击链接并执行【在页面上显示】命令来查找断链。查找到断链之后，可以通过下列方法来修复网站中的断链。

- ❑ **检查网站地址**　仔细检查网站地址，确保正确地输入地址中的每一个字符。如果输入的地址为 HTML 文件的路径，应该确保HTML 文件位于该路径中。
- ❑ **刷新链接**　可以通过使用【交互式搜索】对话框，来解决某个链接到网站图中需要验证身份的问题。
- ❑ **修复链接**　如果无法解决断链问题，可以在网站中修复超链接。修复链接后需要右击链接并执行【刷新父链接】命令，系统

会再次生成父 HTML 页与该页的超链接。

另外，用户还可以使用网址链接报告，来查看或解决断链问题。在绘图页中，执行【网站图】|【管理】|创建报表】命令，弹出【报告】对话框。在列表框中选择"网站图所有链接"选项，并单击【运行】按钮。

在弹出的【运行报告】对话框中选择报告格式，并单击【浏览】按钮，在弹出的对话框中选择保存位置。最后，单击【确定】按钮即可。

17.2　构建 UML 模型

UML 是面向对象开发中一种通用的图形化建模语言，具有定义良好、易于表达及功能强大等优点。而 UML 建模则是使用模型元素来组建系统模型，主要分为结构建模、动态建模和模型管理建模 3 个方面。

17.2.1　构建用例图

用例图主要用于显示参与者在系统中的交互和产生事件，它并非单个步骤，而是强调了过程之间的交互。

Visio 将 UML 模型图拆分成各个独立的图表类型，用户只需在【新建】页面中选择【类别】选项，同时选择【软件和数据库】选项，双击【UML 用例】选项即可。在该模板中的【UML 用例】模具中，将相应形状添加到绘图页中即可。

在【UML 用例】模具中，主要包括下列 6 类形状。

❑ **子系统**　该形状用于包含多个用例的系

统组件，可拖动边框调整其大小。

❑ **参与者**　表示系统或类提供的一致的功能单位。

❑ **用例**　表示与系统进行交互的用户或外部系统。

❑ **扩展**　表示用例行为的扩展，一般用来连接两个用例。

❑ **包含**　用于显示一个用例使用另一个用例的行为。

❑ **通信**　该类型的形状用于链接用例或参与者，包括关联、依赖关系和归纳形状。

17.2.2　构建活动图

UML 活动图可以对业务和软件过程进行建模，并能够描述复杂业务规则和操作逻辑。

在 Visio 中，执行【文件】|【新建】命令，选择【类别】选项，同时选择【软件和数据库】选项，双击【UML 活动】选项，创建 UML 活动模板文档。然后，将【UML 活动】模具中相应的形状添加到绘图页中，并排列和连接形状。

在构建活动图时，用户还需要遵循以下操作方法。

❑ **显示活动响应**　可使用模具中的"泳道"形状来显示每一个要求的类、人或组织单位。

❑ **表示状态**　可以使用模具中的"动作"形状来表示每个状态，并使用"初始节点""最后一个节点"等形状来表示状态中的节点。

❑ **状态转换**　可以使用模具中的"分叉节点"或"连接节点"形状显示多个并行或同步的状态。

17.2.3　构建类图

在 Visio 中，可以使用"UML 类"模板来创建 UML 类图表，用于显示阐明系统中上下文和类环境中的操作、特性和关联术语。

在 Visio 中，执行【文件】|【新建】命令，选择【类别】选项，同时选择【软件和数据库】选项，双击【UML 类】选项，创建 UML 类模板文档。然后，将【UML 类】模具中相应的形状添加到绘图页中，并排列和连接形状。

创建 UML 类图表之后，还需要对图表中的对象进行如下编辑操作，以使图表形状符合整体布局以增加图表的美观性。

1．设置连接线类型

Visio 为 UML 图表提供了多种类型的连接线，用户只需右击连接线，执行【设置连接线类型】命令，在其级联菜单中选择相应的选项即可。

2．添加成员

当用户将【UML 类】模具中的"类""接口"或"枚举"形状添加到绘图页中时，为了满足多名称显示的需求，还需要为其添加"成员"形状。此时，用户只需将【UML 类】模具中的"成员"形状拖动到"类""接口"或"枚举"形状中即可。

将无法分辨某个标签所应用的形状。此时，右击"关
联"形状，执行【显示 ShapeSheet】命令，在展开
的窗口中的【Protection】列表中，修改
【LockTextEdit】单元格值即可。

3. 设置关联形状的标签

当多条"关联"形状连接到同一个形状中时，

Visio 17.3 构建软件开发图

Visio 具有强大的绘图功能，不仅可以绘制网
站图和 UML 模型图，还可以根据设计需求利用不
同的软件开发模板，创建多类型的软件图。

17.3.1 构建 COM 和 OLE 图

COM 和 OLE 图在面向对象的程序设计中创
建系统图、COM 和 OLE 图表，或公共接口图表、
COM 接口图表和 OLE 接口图表。

在 Visio 中，执行【文件】|【新建】命令，在
【类别】列表中选择【软件和数据库】选项，并双
击【COM 和 OLE】选项，创建模板文档。然后，
将【COM 和 OLE】模具中的形状拖到绘图页中，
调整形状大小与位置，并连接形状。

创建 COM 和 OLE 图表之后，可通过下列操
作来设置 COM 和 OLE 图表。

❑ **操作 IDnkown 接口** 该接口为 COM 对象
默认的接口，可以通过拖动控制手柄的方
法，调整接口的位置。

❑ **为 COM 形状添加接口** 将形状中央的控

制手柄拖到 COM 对象的接口处即可。

❑ **设置 COM 形状的外观** 右击形状，执行
【COM 样式 1】或【COM 样式 2】命令。

❑ **设置 Vtable 形状显示的数目** 右击形状，
执行【设置单元格的数目】命令，在弹出
的【形状数据】对话框中重新设置单元格
的数目。

❑ **创建 COM、Vtable 与接口之间的连接**
将模具中的"引用"或"弱引用"形状拖
到绘图页中，连接形状即可。

> **注意**
>
> 可以将 Vtable 形状添加到 COM 形状中,还可以在 COM 形状中拖动 Vtable 形状。

17.3.2 构建数据流模型图

数据流模型图可以显示数据存储、数据转换的过程与数据流。在绘图页中,执行【文件】|【新建】命令,在【类别】列表中选择【软件和数据库】选项,双击【数据流模型图】选项。然后,将 Gane-Sarson 模具中的形状拖到绘图页中,调整并连接形状即可。

Gane-Sarson 模具中主要包括下列 4 种形状。

- ❏ **流程** 该形状表示操作数据中的过程。
- ❏ **接口** 该形状表示流程图中实体的接口。
- ❏ **数据存储** 该形状表示数据存储器。
- ❏ **数据流** 该形状表示数据流方向。

> **注意**
>
> 用户可使用"数据流图表"模板中的形状来丰富数据流模型图表。

17.3.3 构建界面图

一般情况下,开发人员通过使用专业的原型构建工具,以及 Visual Basic 来开发软件界面图。对于普通用户来讲,利用 Visio 中的"线框图表"模板,一样可以创建软件应用界面图。

执行【文件】|【新建】命令,在【类别】列表中选择【软件和数据库】选项。然后,选择【线框图表】选项,并单击【创建】按钮。将【对话框】模具中的"对话框窗体"形状拖到绘图页中,调整形状大小及位置。然后,将相应的形状拖到"对话框窗体"形状中即可。

用户可通过下列操作来添加窗体内的主要形状。

- ❏ **在标题栏上添加按钮** 将【对话框】模具中的"对话框按钮"形状拖到窗体中的右上角,在弹出的【形状数据】对话框中选择按钮类型即可。
- ❏ **添加状态栏** 将【对话框】模具中的"状态栏图标"形状拖到"对话框窗体"形状中,并将【状态栏拆分器】形状拖到"状态栏"形状中。
- ❏ **添加上/下选项卡** 将【对话框】模具中的"上选项卡项目"或"下选项卡项目"形状拖到"对话框窗体"形状中即可。
- ❏ **添加滚动条** 将【对话框】模具中的"滚动条"形状拖到"对话框窗体"形状中。
- ❏ **添加按钮** 将【控件】模具中的"按钮"形状拖到"对话框窗体"形状中,并双击按钮形状添加按钮文本。

Visio 17.4 练习:制作网站访问数据流程图

随着网络技术的不断发展,数据流模型已引起了广泛的关注,并被应用到各种数据类型中。在本实例中,将运用"数据流图表"

模板来制作一个网站访问数据流程图。

操作步骤

STEP|01 创建模板文档。执行【文件】|【新建】命令，选择【类别】选项，同时选择【软件和数据库】选项。

STEP|02 然后，在展开的【软件和数据库】列表中，双击【数据流图表】选项，创建模板文档。

STEP|03 美化图表。设置纸张的横向方向，执行【设计】|【背景】|【背景】|【实心】命令，设置绘图页的背景效果。

STEP|04 切换到背景页中，选择背景形状，执行【开始】|【形状样式】|【填充】|【其他颜色】命令。在【自定义】选项卡中，设置填充颜色值。

STEP|05 切换到"页-1"页中，执行【设计】|【主题】|【丝状】命令，为绘图页添加主题效果。

STEP|06 设置图表标题。执行【开始】|【工具】|【文本】命令，输入标题文本并设置文本字体样式和效果。

STEP|07 选择标题文本，执行【开始】|【段落】

|【文字方向】命令，更改文本的显示方向。

STEP|08 同时，执行【开始】|【字体】|【字体颜色】|【其他颜色】命令，在【自定义】选项卡中自定义文本的填充颜色。

STEP|09 添加形状。将【数据流程图形状】模具中的"实体 1"形状拖到绘图页中，双击形状输入文本。

STEP|10 选择"实体 1"形状，执行【开始】|【形状样式】|【快速样式】|【平衡效果-橙色，变体着色 7】命令，设置形状样式。使用同样方法添加其他"实体 1"形状。

STEP|11 将多个"数据流程"形状添加到绘图页中，调整形状大小和位置，并双击形状添加说明文本。

STEP|12 将【数据流图表形状】模具中的"数据存储"形状拖到绘图页中，并输入相关文本。

STEP|13 连接形状。使用【动态连接线】形状，连接"用户"与"处理密码"形状。

STEP|14 双击连接线形状，输入"用户 ID 密码"文字，并设置文本的字体格式。使用同样方法，分别连接其他形状。

Visio **17.5** 练习：即时通信软件 UI 界面图

　　在软件正式发布之前，通常都会为软件设计 UI 界面，即人机交互的操作界面。一个好的 UI 设计不仅让软件变得有个性、有品味，而且让软件的操作变得舒适、简单、自由，并且可以体现软件的定位和特点。在本练习中，将运用 Visio 中的"线框图表"模板，来设计一款即时通信软件的 UI 界面。

练习要点

- 创建模板文档
- 设置页面大小
- 插入图片
- 添加形状
- 设置主题
- 设置背景
- 设置形状格式

操作步骤 >>>>

STEP|01 创建模板文档。执行【文件】|【新建】命令，选择【类别】选项，同时选择【软件和数据库】选项。

STEP|02 然后，在展开的列表中双击【线框图表】选项，创建模板文档。

STEP|03 设置页面大小。执行【设计】|【页面设置】|【大小】|【其他页面大小】命令，选中【自定义大小】选项，自定义页面大小。

STEP|04 设置背景。执行【设计】|【背景】|【背景】|【世界】命令，设置绘图页背景样式。

STEP|05 设置主题。执行【设计】|【主题】|【主题】|【丝状】命令，设置绘图页的主题效果。

STEP|06 制作标题。添加【基本形状】模具，将"圆角矩形"形状添加到绘图页中，并调整形状的大小和圆角弧度。

STEP|07 双击形状，输入标题文本，并在【开始】

选项卡的【字体】选项组中，设置文本的字体格式。

STEP|08 制作登录窗口。将【对话框】模具中的"对话框窗体"形状添加到绘图页中，并调整其大小和位置。

STEP|09 双击形状，输入标题文本并在【开始】选项卡【字体】选项组中，设置文本的字体格式。

STEP|10 添加【装饰】模具，将"棋盘方格饰段"形状添加到"对话框窗体"形状上方，并调整其大

小和位置。

STEP|11 执行【开始】|【工具】|【文本】命令，在窗体中输入相应的文本，并设置其字体和字号。

STEP|12 将【对话框】模具中的"面板"形状添加到窗体中，并调整其大小和位置。

STEP|13 将【控件】模具中的"复选框"形状添加到窗体中，并在该形状右侧输入相应的文本。

STEP|14 将【控件】模具中的"按钮"形状添加到窗体中，双击形状输入形状文本并设置文本的字体格式。

STEP|15 将【对话框】模具中的"对话框按钮"形状添加到窗体中，在弹出的【形状数据】对话框中，将【类型】选项设置为"关闭"。用同样方法，添加"最大化"和"最小化"按钮。

STEP|16 制作主界面窗口。将【对话框】模具中

的"对话框窗体"形状添加到绘图页中，调整大小和位置，输入标题文本并添加 Logo 图标和对话框按钮。

STEP|17 将【Web 和媒体图标】模具中的"用户"形状添加到窗体中，并调整其大小和位置。

STEP|18 依次将"邮件""刷新""音乐""联系人"和"RSS"形状添加到窗体中。

STEP|19 将【对话框】模具中的"面板"形状添加到窗体中，调整其大小和位置，并在其中添加"搜索"形状。

STEP|20 将【对话框】模具中的"选项卡"形状添加到窗体中，双击形状文本更改文本内容。

STEP|21 将"状态栏项目"形状添加到窗体中，调整其大小和位置，双击形状输入标题文本并将"聊天"图表添加到文本前面。用同样方式，制作"最近联系人"状态栏。

STEP|22 将【控件】模具中的"树控件"形状添加到窗体中，调整其位置并更改其中的文本。

STEP|23 将【Web 和媒体图标】模具中的"查找""主页""收藏夹""购物车"等形状添加到窗体中，并调整其大小和位置。

STEP|24 制作聊天窗口。将【对话框】模具中的"对话框窗体"形状添加到绘图页中，调整其大小和位置，输入标题文本并添加 Logo 图标和对话框按钮。

STEP|25 将两个"面板"形状添加到窗体中，并调整其大小和位置。

STEP|26 在窗体的顶部添加 3 个"状态栏项目"

形状，更改形状文本并在文本前面依次添加相应的小图标。

STEP|27 执行【开始】|【工具】|【文本】命令，在两个"面板"形状之间输入相应的文本，并插入外部的图标素材。

STEP|28 将【控件】模具中的"按钮"形状添加到窗体中，并更改形状文本。

STEP|29 在窗体右侧添加两个"面板"形状，调

整其大小和位置，并添加图片和图标形状。

STEP|30 同时选择右侧的两个"面板"形状，执

行【开始】|【形状样式】|【填充】|【橄榄色，着色 5，淡色 60%】命令，设置其填充颜色。

Visio 17.6 新手训练营

练习 1：制作发票申请用例分析图
downloads\17\新手训练营\发票申请用例分析图

提示：本练习中，首先创建【UML 用例】模板文档，并执行【设计】|【主题】命令，设置绘图页的主题效果；同时执行【设计】|【背景】|【边框和标题】命令，添加绘图页的边框和标题效果，并切换到背景页中输入标题文本。然后，执行【插入】|【图像】|【图片】命令，插入背景图片，调整图片大小和叠放层次。同时，根据分析图的排列顺序依次添加"用例"和"参与者"形状，并设置形状的大小和格式。最后，使用【线条】工具和"扩展"形状连接各个形状，并双击形状添加说明性文本。

练习 2：制作分数记录系统用例图
downloads\17\新手训练营\分数记录系统用例图

提示：本练习中，首先创建【UML 用例】模板文档，并执行【设计】|【主题】命令，设置绘图页的主题效果。然后，执行【设计】|【背景】|【边框和标题】和【背景】命令，添加绘图页的边框和标题及背景效果。最后，根据用例图的排列顺序依次添加"参与者"与"用例"形状，调整大小，输入形状文本并设置文本的字体格式。同时，使用"关联"和"包含"形状连接各个形状，并双击形状输入说明文本。

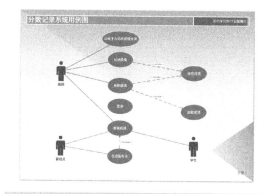

练习 3：制作网站结构图
downloads\17\新手训练营\网站结构图

提示：本练习中，首先创建【网站总体设计】模

板文档，然后执行【设计】|【背景】和【边框和标题】命令，设置绘图页的背景和边框样式，并输入标题文本。然后，根据网站结果图依次添加相应的形状，设置形状格式。最后，使用【连接线】工具连接各个形状，并设置连接线的形状样式。

练习 4：制作三层交换数据流模型图
downloads\17\新手训练营\三层交换数据流模型图

提示：本练习中，首先创建【数据路模型图】模板文档，并执行【设计】|【背景】|【背景】命令，设置绘图页的背景。然后，添加【基本形状】和【方块】模具，并将相应模具中的形状添加到绘图页中。

调整形状大小和位置，并自定义形状的渐变填充格式。最后，使用【线条】工具连接各个形状，双击"线条"形状输入说明性文本。同时，选择相同类型的线条，设置线条的箭头形状、虚线样式、粗细、颜色和阴影效果。使用【文本块】工具输入标题文本，并设置标题文本的字体格式和阴影效果。

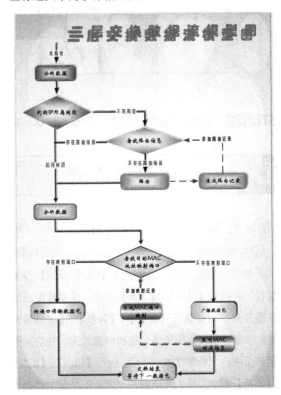

第 **18** 章

Visio 协同办公

    Visio 除了拥有强大的形状绘制与数据结合功能外，还可以与多种软件协同办公，包括 Office 系列软件、Autodesk AutoCAD，以及 Adobe Illustrator 等。用户既可以将 Visio 绘图文档插入到这些软件的编辑文档中，也可以在这些软件中编辑相应的文档，并将其方便地导入到 Visio 绘图文档中，丰富 Visio 绘图文档的应用。在本章中，将详细讲解 Visio 与其他组件或软件进行协同办公，以及发布、共享数据的操作方法与基础知识。

Visio 18.1 发布绘图

在 Visio 中，可以通过将绘图另存为 Web 网页，或另存为适用于 Web 网页的图片文件与 Visio XML 文件的方法，让没有安装 Visio 组件而安装了 Web 浏览器的用户，观看 Visio 图表与形状数据。

18.1.1 保存 Web 网页

在 Visio 中，除了导入或导出数据之外，还可以将绘图保存为 Web 网页。在保存 Web 网页之前，还需要了解一下网页的输出格式。

1．了解输出格式

在将数据发布到 Web 之前，需要根据所发布的内容来设置数据的输出格式。当用户希望达到如下 Web 显示效果时，可以选择"Web 网页"输出格式：

❑ 将形状发布到 Web 网页中。

❑ 将数据报告发布到 Web 网页中。

❑ 一次性发布多页绘图页中的绘图。

当用户希望达到如下 Web 显示效果时，可以选择"JPG、GIF、PNG 或 SVG"输出格式：

❑ 为 HTML 网页插入 Visio 绘图。

❑ 发布部分绘图。

2．另存为 Web 网页

在绘图页中，执行【文件】|【另存为】命令，在展开的【另存为】列表中选择【浏览】选项。

然后，在弹出的【另存为】对话框中，将【保存类型】设置为"Web 页"选项。同时，单击【更改标题】按钮，在弹出的【设置页标题】对话框中输入标题名称。

最后，单击【保存】按钮，即可将绘图保存为 Web 网页，并在浏览器中自动打开绘图网页。

18.1.2 设置发布选项

在将绘图数据发布到网页时，需要根据发布的具体要求设置发布选项。在【另存为】对话框中，单击【发布】按钮，弹出【另存为网页】对话框，设置需要发布的常规选项与高级选项即可。

1．设置常规选项

在【另存为网页】对话框中，激活【常规】选项卡，设置需要发布的绘图页、发布选项等选项。

【另存为网页】对话框中各选项的功能如下表所示。

选项组	选 项	功 能
要发布的页	全部	保存 Visio 绘图文件中的所有页
	页码范围	只保存指定的页
发布选项	详细信息（形状数据）	启用该选项，可显示形状的数据，用户可以按住 Ctrl 并单击网页上的形状来查看这些数据。该选项对 SVG 输出不可用

续表

选项组	选 项	功 能
发布选项	转到页面（导航数据）	选中可显示在绘图中的页和报告之间移动的"转到页面"导航控件
	搜索页	启用该选项，可显示一个"搜索页"控件，使用该控件可以根据形状名称、形状文本或形状数据来搜索形状
	扫视和缩放	启用该选项，可显示"扫视和缩放"窗口，使用该窗口可在浏览器窗口中迅速放大绘图的各个部分
附加选项	在浏览器中自动打开网页	启用该选项，可在保存网页后立即在默认浏览器中打开保存的网页
	组织文件夹中的支持文件	启用该选项，可创建一个子文件夹，其名称包含存储网页支持文件的根 HTML 文件的文件夹名称
	页标题	指定出现在 Internet 浏览器标题栏中的网页标题

2．设置高级选项

在【另存为网页】对话框中，激活【高级】选项卡，设置输出格式、目标监视器分辨率、样式表或用于嵌入网页的主文件。

在【高级】该选项卡中，主要包括下列几种选项：

- ❏ **输出格式**　为网页指定 SVG、JPG、GIF、PNG 或 VML 输出格式。其中，SVG 与 VML 格式是可缩放的图形格式，当调整浏览器窗口的大小时，也会调整网页输出的大小。

- ❏ **提供旧版浏览器的替代格式**　指定在旧版浏览器中显示页面时的替代格式（GIF、JPG 或 PNG）。

- ❏ **目标监视器**　根据用户查看网页时使用的监视器或设备的屏幕分辨率，指定为网页创建的图形的大小，使网页图形的大小适合目标屏幕分辨率的浏览器窗口。

- ❏ **网页中的主页面**　指定要在其中嵌入已保存的 Visio 网页的网页。

- ❏ **样式表**　表示为 Visio 网页文件中的左侧框架和报告页面指定具有配色方案样式（与 Visio 中可用的配色方案匹配）的样式表。

Visio **18.2** # 共享绘图

为了达到协同工作的目的，可以将 Visio 绘图通过电子邮件发送给同事，或使用公共文件夹共享 Visio 绘图。

18.2.1　分发绘图

分发绘图是指利用电子邮件，将绘图发送给同事或审阅者。另外，对于需要发送多个同事或审阅者的绘图来讲，可以将绘图按接收者的顺序分发。

1. 作为附件发送

在绘图页中，执行【文件】|【共享】命令，在列表中选择【电子邮件】选项，同时选择【作为附件发送】选项。

此时，系统会自动弹出 Outlook 窗口。在【收件人】文本框中输入电子邮件地址，并在正文区域输入正文，执行【发送】选项即可。

2. 发送链接

如果用户将演示文稿上传至微软的 MSN Live 共享空间，则可通过【发送链接】选项，将演示文稿的网页 URL 地址发送到其他用户的电子邮箱中。

3. 以 PDF 格式发送

执行【文件】|【共享】命令，在展开的【共享】列表中，选择【电子邮件】选项，同时选择【以 PDF 形式发送】选项。

选中该选项，Visio 将把 Visio 文档转换为 PDF 文档，并通过 Microsoft Outlook 发送到收件人的电子邮箱中。

4. 以 XPS 格式发送

执行【文件】|【共享】命令，在展开的【共享】列表中选择【电子邮件】选项，同时选择【以 XPS 形式发送】选项。

选中该选项，Visio 将把 Visio 文档转换为 XPS 文档，并通过 Microsoft Outlook 发送到收件人的电子邮箱中。

18.2.2　导出视图

使用 Visio，用户可以将演示文稿转换为可移植文档格式，也可以将其内容保存为图片或 CAD 等其他格式。

1. 创建 PDF/XPS 文档

执行【文件】|【导出】命令，选择【创建 PDF/XPS 文档】选项，并单击【创建 PDF/XPS 文档】按钮。

在弹出的【发布为 PDF 或 XPS】对话框中，设置文件名和保存类型，并单击【选项】按钮。

然后，在弹出的【选项】对话框中，设置发布选项，并单击【确定】按钮。

最后，单击【确定】按钮后，返回【发布为 PDF 或 XPS】对话框，设置优化的属性，单击【发布】按钮，即可将演示文稿发布为 PDF 文档或 XPS

文档。

2. 更改文件类型

使用 Visio，用户可将演示文稿存储为多种类型，既包括 Visio 绘图格式，也包括其他各种格式。执行【文件】|【导出】命令，在展开的【导出】列表中选择【更改文件类型】选项，在【更改文件类型】列表中选择一种文件类型，单击【另存为】按钮。

18.3　Visio 协同其他软件

在 Visio 中，不仅可以利用电子邮件与公共文件夹共享绘图，还可以与 Word、Excel、PowerPoint 等 Office 组件进行协同工作。另外，用户还可以通过 Visio 与 AutoCAD、Internet 的相互整合，来制作专业的工程图纸，以及生动形象的高水准网页。

18.3.1 Visio 整合 Word

用户可通过嵌入、链接与转换格式 3 种方法，将绘制好的图表放入到 Word 文档中。

1. 将 Visio 嵌入到 Word 中

打开 Visio 绘图文档，选择所有形状并右击鼠标，执行【复制】命令，复制这些形状。

然后，切换到 Word 组件中，创建一个新的空白文档，右击鼠标，在弹出的菜单中执行【粘贴】命令，将其粘贴到该文档中即可。

注意

将 Visio 图表嵌入到 Word 文档中后，可以双击嵌入的图表，在弹出的 Visio 窗口中编辑图表。

2. 链接 Word

在 Word 文档中，执行【插入】|【文本】|【对象】命令，弹出【对象】对话框。在【由文件创建】选项卡中单击【浏览】按钮，在弹出的【浏览】对

话框中选择要添加的 Visio 图表。然后，启用【链接到文件】与【显示为图标】复选框即可。

3. 将 Word 嵌入到 Visio 中

在使用 Visio 绘制形状时，用户还可以为其插入由 Word 编辑的媒体文本内容。在 Word 程序中选中文本，执行【开始】|【剪贴板】|【复制】命令，将其复制到剪贴板中。

然后，切换到 Visio 软件中，执行【开始】|【剪贴板】|【粘贴】命令，将其粘贴到绘图文档中。

18.3.2　Visio 整合 Excel

用户不仅可以将 Excel 表格插入到 Visio 图表中，还可以将 Visio 图形的数据导出，生成数据报告。

1. 将 Excel 嵌入或链接到 Visio 中

在 Visio 窗口中，执行【插入】|【文本】|【对象】命令，弹出【插入对象】对话框。选中【根据文件创建】选项，并单击【浏览】选项，在弹出的【浏览】对话框中选择需要插入的 Excel 表格即可。

另外，在【插入对象】对话框中，启用【链接到文件】复选框，即可将 Excel 表格链接到 Visio 图表中。

2. 导出组织结构图

在绘图页中，执行【文件】|【新建】命令，在【模板类别】列表中选择【类别】选项，同时选择【商务】选项，并双击【组织结构图】选项，创建模板文档。

将【组织结构图形状】模具中的形状添加到绘图页中，输入相应的文字，并为其添加连接线和设置格式。执行【组织结构图】|【组织数据】|【导出】命令，在弹出的【导出组织结构数据】对话框中，选择要保存的位置，输入文件名，并将【保存类型】设置为"Microsoft Excel 工作簿"。

在该对话框中，单击【保存】按钮，在弹出的【组织结构图】对话框中单击【确定】按钮，即可完成导出组织结构图数据的操作。

3. 网站链接报告

在绘图页中，执行【文件】|【新建】命令，在【模板类别】列表中双击【软件和数据库】类别中的【网站图】选项，创建该模板文档。然后，在弹出的【生产站点图】对话框的【地址】文本框中输入地址，并单击【确定】按钮。

执行【网站图】|【管理】|【创建报表】命令，在弹出的【报告】对话框中，选择【网站图所有链

接】选项，单击【运行】按钮。

然后，在弹出【运行报告】对话框中，选择【Excel】选项，单击【确定】按钮即可生成相关的报告。

18.3.3　Visio 整合 PowerPoint

将 Visio 图表应用到 PowerPoint 演示文稿中，既可以增强演示文稿的美观，也可以使演示文稿更具有说服力。

1．插入图表

在 Visio 窗口中，执行【开始】|【剪贴板】|【复制】命令，复制需要插入到幻灯片中的图表。在 PowerPoint 窗口中，执行【开始】|【剪贴板】|【粘贴】命令，将 Visio 图表放入到幻灯片中。

2．嵌入图表

在 PowerPoint 窗口中，执行【插入】|【文本】|【对象】命令，在弹出的【插入对象】对话框中，选择【由文件创建】选项。单击【浏览】按钮，在弹出的【浏览】对话框中选择目标文件，同时启用【显示为图标】复选框即可。

18.3.4　Visio 整合 AutoCAD

Visio 图表与 AutoCAD 的结合，可以使用户在两者之间方便、快捷地进行数据转换。

1．在 Visio 中使用 AutoCAD

在绘图页中，执行【插入】|【插图】|【CAD绘图】命令，弹出【插入 AutoCAD 绘图】对话框。选择要插入的文件，并单击【打开】按钮，弹出【CAD绘图属性】对话框。

在该对话框中，主要包括【常规】与【图层】两个选项卡。激活【常规】选项卡，设置 CAD 的比例与保护格式。

【常规】选项卡中各选项的功能，如下所述：

❑ **预定义比例**　主要用来设置 CAD 绘图的类别与尺寸。其中，类别主要包括结构、土木工程、公制、机械工程、页面比例 5 种类型，而每种类型中又分别包含了不同的大小尺寸。

❑ **自定义比例**　表示用来指定 CAD 绘图的高度、宽度及绘图单位。

❑ **锁定大小和位置**　启用该选项，可以固定 CAD 绘图的大小和位置，使其变成不可调整的状态。

❑ **锁定以防删除**　启用该选项，可以锁定 CAD 绘图，防止用户删除或编辑。

❑ **查看范围**　启用该选项，将在绘图中无法查看绘图范围。

另外，激活【图层】选项卡，设置图形的可见性、颜色与线条粗细。

【图层】选项卡中各选项的功能，如下所述：

❑ **设置可见性**　启用该选项，可以将绘图设置为可见或隐藏状态。

❑ **设置颜色**　启用该选项，可以在【颜色】对话框中设置绘图的颜色。

❑ **设置线条粗细**　启用该选项，可以在【自定义线条粗细】对话框中输入线条的粗细值。

2．保存为 AutoCAD 格式

在绘图页中，执行【文件】|【另存为】命令，在弹出的【另存为】对话框中，单击【保存类型】按钮，在打开的下拉列表中选择"AutoCAD 绘图"或"AutoCAD 交换格式"选项。最后，单击【保存】按钮即可。

Visio 18.4　打印绘图文档

Visio 与 Office 其他组件一样，也可以将绘图页打印到纸张中，便于用户查看与研究绘图与模型数据。在打印绘图之前为了版面的整齐，需要设置打印颜色和打印范围等打印效果。同时，为了记录绘图页中的各项信息，还需要使用页眉和页脚。

18.4.1　设置页眉和页脚

页眉和页脚分别显示在绘图文档的顶部与底部，主要用来显示绘图页中的文件名、页码、日期、时间等信息。另外，页眉和页脚只会出现在打印的

绘图上和打印预览模式下的屏幕上，不会出现在绘图页上。

1．设置页眉

执行【文件】|【打印】命令，选择【编辑页眉和页脚】选项，在弹出的【页眉和页脚】对话框中的【页眉】选项组中设置页眉的显示内容。

在【页眉】选项组中，主要包括下列各选项：

❑ **左**　表示在页面左上方显示文本信息，用户可通过单击右侧的按钮来选择页码、页面名称等9种显示信息。文本的长度为128

个字符之内。

❏ **中** 表示在页面顶部居中部分显示文本信息，通过单击右侧的按钮来选择显示信息。

❏ **右** 表示在页面右上角显示文本信息，通过单击右侧的按钮来选择显示信息。

❏ **边距** 表示从文本到页面边缘的距离，即从页眉文本的顶部到页面的上边缘之间的距离。

2．设置页脚

在【页面和页脚】对话框中的【页脚】选项组中，设置相应的显示内容即可。【页脚】选项组各选项的具体含义如下所述：

❏ **左** 表示在页面左下角显示文本信息，用户可通过单击右侧的按钮来选择页码、页面名称等9种显示信息。文本的长度为128个字符之内。

❏ **中** 表示在页面底部居中部分显示文本信息，通过单击右侧的按钮来选择显示信息。

❏ **右** 表示在页面右下角显示文本信息，通过单击右侧的按钮来选择显示信息。

❏ **边距** 表示从文本到页面边缘的距离，即从页脚文本的底部到页面的下边缘之间的距离。

3．设置格式

格式主要用来设置页眉和页脚中的字体格式，

单击【选择字体】按钮，在弹出的【选择字体】对话框中，可以设置字体样式、字形、大小与颜色等参数。

18.4.2 设置打印效果

对于大型的图表来讲，一般都具有多个绘图页，因此，在打印绘图时还需要设置其打印范围，以方便用户按照次要点查看不同的绘图内容。另外，为了节省打印费用或打印多彩的图表，还需要设置打印颜色。

1．设置打印范围

执行【文件】|【打印】命令，在【设置】列表中单击【打印所有页】下拉按钮，从下拉列表中选择打印页。

> **注意**
> 用户还可以在【打印所有页】选项下面，通过输入打印页码的方法来设置打印范围。

2. 设置打印颜色

　　Visio 为用户提供了颜色和黑白模式两种打印颜色，执行【文件】|【打印】命令，在【设置】列表中单击【颜色】下拉按钮，选择相应的选项即可。

18.4.3　预览并打印绘图

　　设置绘图页的页面设置和页眉、页脚元素之后，便可以预览绘图页的页面效果，并打印绘图页了。

1. 预览打印效果

　　执行【文件】|【打印】命令，在展开的页面右侧，查看绘图页的最终打印效果。

　　在该页面下方底部的左侧显示了当前页数和总页数，帮助用户查看绘图页的总页数。用户可通过单击【缩放到页面】按钮和缩放比例按钮，来缩放预览页面，以详细查看绘图内容。另外，还可以通过单击【显示/隐藏分页符】按钮来显示或隐藏分页符。

2. 打印绘图页

　　执行【文件】|【打印】命令，在预览页面预览整个绘图页的打印效果。然后，设置【分数】选项，并单击【打印】按钮，开始打印绘图页。

18.5 练习：制作平面零件图

　　在机械设计中，用户可使用 Visio 设计和绘制各种零件图，并通过 Visio 内置的标注功能，标记零件图中各种加工面的尺寸。在本练习中，将使用 Visio 的"部件和组件绘图"模板来绘制一个立钻钻孔的平面图。

练习要点

- 创建模板文档
- 设置页面属性
- 绘制形状
- 设置形状格式
- 设置字体格式
- 应用背景
- 应用边框和标题

操作步骤 ▶▶▶▶

STEP|01 创建模板文档。执行【文件】|【新建】命令，选择【类别】选项，在展开的列表中选择【工程】选项。

STEP|02 然后，在展开的【工程】列表中，双击【部件和组件绘图】选项，创建模板文档。

STEP|03 设置页面方向。在【设计】选项卡的【页面设置】选项组中，单击【对话框启动器】按钮。在【打印设置】选项卡中设置打印纸张选项。

STEP|04 激活【页面尺寸】选项卡，设置纸张的预定义大小，并单击【确定】按钮。

STEP|05 绘制辅助线。执行【开始】|【工具】|【线条】命令，在【绘图页】中绘制交叉的两条直线。

STEP|06 选择直线，执行【开始】|【形状样式】|【线条】|【红色】命令，同时执行【虚线】命令，在级联菜单中选择一种线条样式。

STEP|10 绘制同心圆。在绘图页中，添加两个"圆，椭圆"形状，并调整其大小和位置。

STEP|07 绘制辅助圆。将【绘图工具形状】模具中的"圆，椭圆"形状添加到绘图页中，并调整其大小和位置。

STEP|11 同时选择新添加的两个圆形状，执行【开始】|【形状样式】|【填充】|【无填充】命令，取消形状的填充颜色。

STEP|08 选择形状，执行【开始】|【形状样式】|【填充】|【无填充】命令，取消形状的填充颜色。

STEP|09 同时，执行【开始】|【形状样式】|【线条】|【红色】命令，并执行【虚线】命令，在级联菜单中选择一种线条样式。

STEP|12 绘制圆-半径。将【绘图工具形状】模具中的"圆-半径"形状添加到绘图页中，复制形状并调整其大小和位置。

STEP|13 选择所有的"圆-半径"形状，执行【开始】|【形状样式】|【填充】|【无填充】命令。

STEP|14 绘制直径。将【尺寸度量-工程】模具中的"直径"形状添加到辅助圆形中，拖动控制手柄调整形状的长度和位置。

STEP|15 使用同样的方法，分别为其他圆形绘制直径，同时为"圆-半径"形状绘制半径，并设置标注文本的字体大小。

STEP|16 添加标题块。将【标题块】模具中的"小标题块"形状添加到绘图页中，调整形状大小，输入说明性文本并设置文本的字体格式。

STEP|17 美化绘图。执行【设计】|【背景】|【背景】|【货币】命令，为绘图页添加背景效果。

STEP|18 执行【设计】|【背景】|【边框和标题】|【凸窗】命令，为绘图页添加边框和标题样式，并修改标题文本。

18.6 练习：制作品牌动力学模型

品牌是企业资产的重要组成部分，通过品牌动力学模型，企业能够迅速找出品牌发展所需的条件，了解自身品牌的发展状况，并随时制订或调整相应的品牌策略。在本练习中，将运用 Visio 中的基本功能来制作一个"品牌动力学模型"图表。

练习要点
- 创建模板文档
- 设置页面大小
- 添加形状
- 设置主题
- 设置边框和标题
- 绘制直线
- 设置形状格式
- 设置字体格式
- 设置绘图背景

操作步骤

STEP|01 创建模板文档。执行【文件】|【新建】命令，选择【类别】选项，同时选择【常规】选项。

STEP|02 在展开的列表中，双击【框图】选项，创建模板文档。

STEP|03 设置页面大小。执行【设计】|【页面设置】|【大小】|【其他页面大小】命令，选中【自定义大小】选项，自定义页面大小。

STEP|04 美化绘图。执行【设计】|【主题】|【主题】|【丝状】命令，设置绘图页的主题效果。

STEP|05 同时，执行【设计】|【背景】|【背景】|【活力】命令，设置绘图页的背景效果。

STEP|06 执行【设计】|【背景】|【边框和标题】|【平铺】命令，切换到"背景-1"页中，输入标题文本。

STEP|07 制作箭头形状。将【具有凸起效果的块】模具中的"下箭头"形状添加到绘图页中，调整其大小和位置。

STEP|08 执行【开始】|【排列】|【位置】|【旋转形状】|【垂直翻转】命令，翻转形状。

STEP|09 复制3个"下箭头"形状，分别调整其大小和位置。

STEP|10 选择所有的"下箭头"形状，执行【开始】|【排列】|【位置】|【横向分布】命令，排列形状。

STEP|11 制作阴影框图。将【方块】模具中的"框"形状添加到绘图页中，并调整其大小和位置。

STEP|12 双击形状，输入形状文本，并在【开始】选项卡的【字体】选项组中，设置文本的字体格式。

STEP|13 右击形状，执行【设置形状格式】命令。激活【效果】选项卡，展开【阴影】选项组，设置阴影参数值和颜色。

STEP|14 同时，激活【填充与线条】选项卡，展开【线条】选项组，选中【无线条】选项。使用同样的方法，制作其他框图。

STEP|15 绘制直线。执行【开始】|【工具】|【线条】命令，在"下箭头"和"框"形状之间绘制 5 条直线，并分别调整其长度和位置。

STEP|16 同时选择上面的4条直线，执行【开始】|【形状样式】|【线条】|【箭头】命令，在其级联菜单中选择一种箭头样式。

STEP|17 执行【开始】|【形状样式】|【线条】|【虚线】命令，在其级联菜单中选择一种虚线样式。

STEP|18 然后，执行【开始】|【工具】|【线条】命令，沿着"下箭头"形状绘制两条斜线。

STEP|19 选择右侧的斜线，执行【开始】|【形状

样式】|【线条】|【红色】命令，同时执行【箭头】命令，设置箭头样式。

STEP|20 选择左侧的斜线，执行【开始】|【形状样式】|【线条】|【黑色，黑色】命令，同时执行【箭头】命令，设置箭头样式。

STEP|21 添加说明文本。执行【开始】|【工具】|【文本】命令，输入多个说明性文本并分别设置其字体格式。

18.7 新手训练营

练习 1：制作产品销售数据透视图表

⊙ downloads\18\新手训练营\产品销售数据透视
图表

提示：本练习中，首先创建【商务】类别中的【数据透视图表】命令，在弹出的导入数据向导对话框中，根据提示导入 Excel 数据。然后，在【数据透视表关系图】窗格中，添加类别和汇总数据，并调整数据形状的显示位置。最后，设置绘图页的主题、背景和标题样式。

练习 2：制作购买信息用例图

⊙ downloads\18\新手训练营\购买信息用例图

提示：本练习中，首先创建【软件和数据库】类别中的【UML 用例】模板文档。然后，将"参与者"和"用例"形状添加到绘图页中，调整形状大小和位置，输入形状文本并设置文本的字体格式。同时，将"包含"等形状添加到绘图页中，连接各个"用例"形状。最后，设置绘图页的主题、背景和标题样式。

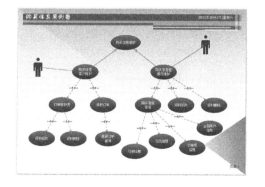

练习 3：制作货品延误因果分析图

⊙ downloads\18\新手训练营\货品延误因果分析图

提示：本练习中，首先创建【商务】类别中的【因果图】模板文档，并执行【设计】|【主题】命令，设置绘图页的主题效果。然后，将因果图形状添加到绘图页中，调整形状位置，输入说明性文本并设置文本的字体格式。最后，设置绘图页的主题、背景和标题样式。

练习 4：制作制作图书馆平面图

⊙ downloads\18\新手训练营\制作图书馆平面图

提示：本练习中，首先创建【地图和平面布置图】类别中的【平面布置图】模板文档，并自定义绘图页的大小和缩放比例。然后，将"外墙""空间""门"等形状添加到绘图页中，设置其大小和位置，以及填充颜色和线条样式。同时，使用【线条】工具绘制多边形形状，并设置形状的填充颜色。最后，为绘图页添加标注，使用【文本块】输入说明性文本和标题文本，并设置文本的字体格式。同时，设置绘图页的背景样式。

第 19 章

创建与管理站点

在了解了 Visio 的各种设计应用后，用户还可以掌握 Visio 的一些高级应用技巧，对 Visio 应用程序进行个性化定制，包括自定义 Visio 软件界面，使用自定义 Visio 菜单和模具等内容，以提高工作的效率。例如，用户可以根据工作习惯自定义菜单选项与工具栏，还可以自定义键盘快捷键、模板、模具与形状。

19.1　自定义快速访问工具栏

Visio【快速访问工具栏】功能，提供各种直观的按钮，帮助用户快速实现相应的功能。除了可以使用【快速访问工具栏】中内置的命令外，用户还可以根据工作习惯自定义【快速访问工具栏】中的命令。

> **注意**
>
> 用户也可以通过右击选项卡空白处，执行【在功能区下方显示快速访问工具栏】命令，来调整快速访问工具栏的显示位置。

19.1.1　自定义显示位置

用户可以修改【快速访问】工具栏的显示位置，将其定位于功能区的下方或上方。在【快速访问】工具栏中单击【自定义快速访问工具栏】按钮，然后执行【在功能区下方显示】命令，即可更改其位置。此时，【快速访问】工具栏就会显示于【工具选项卡】栏的下方。

另外，用户也可以再次单击【自定义快速访问工具栏】按钮，执行【在功能区上方显示】命令，重新将其定位于【工具选项卡】栏的上方。

19.1.2　添加命令

在默认状态下，仅显示其中的【保存】、【撤销】和【恢复】三种。一般情况下，用户可通过下列两种方法，来为【快速访问工具栏】添加命令。

1．添加预设命令

Visio 为【快速访问】工具栏预设了 8 种快速访问工具。在【快速访问】工具栏中单击【自定义快速访问工具栏】按钮。然后，在弹出的菜单中选择【打开】等命令，即可将这些命令添加到【快速访问】工具栏中。

另外，用户也可以直接右击某选项卡中某选项组中的命令，执行【添加到快速访问工具栏】命令，将该命令添加到快速访问工具栏。

2．添加自定义命令

除添加预设的工具外，用户还可以将 Visio 中任意的命令添加到【快速访问】工具栏中。单击【自定义快速访问工具栏】按钮，执行【其他命令】命令。

在弹出的【Visio 选项】对话框中，用户可单击【从下列位置选择命令】的下拉列表，在弹出的菜单中选择要添加的自定义命令所属的选项卡。

然后，在下方的列表中选择相应的命令，单击【添加】按钮，将其添加到【自定义快速访问工具栏】的列表中。

> **注意**
>
> 在添加自定义命令时，用户还可以在命令列表上方单击【用于所有文档（默认）】下拉列表，选择该命令仅在当前打开的文档中显示。

Visio 19.2 自定义功能区

当系统自带的功能区无法满足用户的需求时，可以通过自定义功能区来解决上述问题。自定义功能区的作用是对 Visio 的【工具选项卡】栏进行个性化设置，添加自定义的选项卡、组和工具。

19.2.1 创建自定义选项卡

执行【文件】|【选项】命令，激活【自定义功能区】选项卡。在【主选项卡】列表框中选择一个选项卡，然后单击【新建组】按钮。

然后，选择新建组，单击【重命名】按钮，在弹出的【重命名】对话框中，输入新组名称，选择组符号，单击【确定】按钮即可。

在【自定义功能区】选项卡中，将【从下列位置选择命令】选项设置为"所有命令"。然后，在列表中选择【样式】选项，单击【添加】按钮即可。

使用同样的方式，插入其他工具和组，然后单击【确定】按钮，完成自定义选项卡的创建。

19.2.2　重置与导出自定义设置

Visio 提供了重置、导入和导出自定义设置功能，不仅允许用户重置自定义设置以便将自定义的快速工具栏和功能区等恢复为默认状态，还允许用户将【自定义工具选项卡】栏和【快速访问】工具栏的设置存储为文件，以利于快速部署和备份。

1．重置自定义设置

执行【文件】|【选项】命令，激活【自定义功能区】或【快速访问工具栏】选项卡，单击【重置】按钮，选择【重置所有自定义】选项。然后，在弹出的【Microsoft Office】对话框中单击【是(Y)】按钮。

2．导出自定义设置

在【Visio 选项】对话框中激活【自定义功能区】或【快速访问工具栏】选项卡，单击【自定义】|【导入/导出】按钮，选择【导出所有自定义设置】选项。

然后，在弹出的【保存文件】对话框中，选择保存设置文件的路径以及文件的名称，单击【保存】按钮，将其进行保存。

3．导入自定义设置

在【Visio 选项】对话框中选择【自定义功能区】或【快速访问工具栏】选项卡，单击【自定义】|【导入/导出】按钮，选择【导入自定义文件】选项。

然后，在弹出的【打开】对话框中，选择保存的 Visio 自定义文件，单击【打开】按钮即可。

19.3 自定义模板

模板是包含模具、主题等一系列预设内容的文档。使用 Visio 模板，可以创建具有统一风格的绘图文档。除此之外，用户还可以根据使用需要自定义模板，以便于日后的重复使用。

19.3.1 创建模板

创建模板是使用模具、设置与内容创建绘图，并将绘图文档另存为模板文档，以方便重复使用。

1．新建模板

启动 Visio 组件，新建空白绘图文档，在【形状】任务窗格中单击【更多形状】下拉按钮，添加新模板中所需的相关模具。

执行【文件】|【另存为】命令，选择【浏览】选项。在弹出的【另存为】对话框中，将【保存类型】设置为"Visio 模板"，在【文件名】文本框内输入模板名称，并单击【保存】按钮。

另外，通过执行【文件】|【打开】命令，选择【浏览】选项，在弹出的【打开】对话框中，选择新创建的模板文件，即可在弹出的 Visio 绘图页内修改该模板文件。

2．设置模板属性

创建模板之后，还可以根据需要设置模板内绘图页的尺寸大小、缩放比例等属性。一般情况下，用户可设置下列几种模板属性：

❏ **增减模具**　在模板中单击【更多形状】按钮，即可为模板添加模具。另外，右击模具执行【关闭】选项，即可减少模具。

❏ **设置绘图页**　右击绘图页标签执行【插入】选项，即可添加绘图页。然后，根据工作需要设置绘图页的属性。

❏ **设置图层**　可以通过为每一页创建图层的方法，来使用标准图层集。

❏ **设置形状**　通过模具为绘图页添加形状。

❏ **设置页面属性**　单击【设计】选项卡的【页

面设置】选项组中的【对话框启动器】按
钮，设置打印设置、页面尺寸、缩放比例
等属性。

- **设置对齐和粘贴属性**　单击【视图】选项
  卡的【视觉帮助】选项组中的【对话框启
  动器】按钮，在弹出的【对齐和粘贴】对
  话框中设置相应的选项即可。

- **设置主题与样式**　执行【设计】|【主题】
  命令，或执行【设计】|【变体】命令，设
  置模板应用的主题颜色、主题效果与
  样式。

3．使用自定义模板

在 Visio 中执行【文件】|【新建】命令，在展
开的列表中选择【类别】选项，同时选择【根据现
有内容新建】选项。

然后，在弹出的【根据现有内容新建】对话框
中选择已创建的模板，单击【新建】按钮，即可创
建新的绘图文档。

19.3.2　访问自定义模板

为了便于查找自定义模板，也为了保护自定义
模板不会在软件升级时被删除，用户需要将自定义
模板与内置模板分开保存。

另外，用户还可以指定模板所在的文件路径。
即执行【文件】|【选项】命令，在弹出的【Visio 选
项】对话框中，激活【高级】选项卡，单击【文件
位置】按钮。

然后，在弹出的【文件位置】对话框中，设置
自定义模板的访问位置即可。例如，单击【我的形
状】选项右侧的按钮。

然后，在弹出的【选择文件】对话框中，选择
新的文件夹，单击【选择】按钮即可。

Visio 19.4 自定义模具

模具是一种特殊的库，其中包含了多个可重用的形状。自定义模具是由第三方或用户自行绘制的 Visio 模具。相比软件预置的模具，自定义模具内容更丰富。

19.4.1 创建模具

在 Visio 中，用户可以创建、编辑或保存任意自定义模具。其中，创建模具包括使用现有模具创建和创建空白模具两种方法。

1. 创建空白模具

在绘图文档中，单击【形状】任务窗格中的【更多形状】命令，执行【新建模具（公制）】或【新建模板（美制单位）】命令，即可在【形状】任务窗格内创建一个可编辑的模具。

右击新建模具的标题栏，执行【属性】命令，弹出【模具 2 属性】对话框。在【摘要】选项卡中，对该模具的标题、作者、语言等内容进行设置即可。

2. 使用现有模具创建

在绘图页中，单击【形状】任务窗格中的【更多形状】下拉按钮，执行【打开模具】命令，弹出【打开模具】对话框。选择模具文件，单击【打开】选项旁边的下三角按钮，选择【以副本方式打开】选项。

新打开的模具会以默认名称显示在【形状】任务窗格中，此时模具标题栏的图标中包含星号，表示该模板处于编辑状态，用户可以添加、删除或排列模具中的形状。编辑完之后，单击模具标题右侧的【保存】按钮，保存新建的模具。

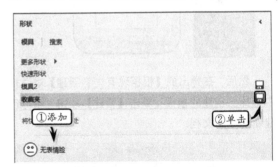

> **注意**
>
> 用户还可以利用搜索形状结果来创建模具，即将搜索结果模具保存为自定义模具。

19.4.2 添加模具形状

自定义模具的主要作用是存放用户经常使用的主控形状，无论是绘图页中的形状，还是其他模具中的形状，都可以将其添加到自定义模具中。另外，用户还可以在自定义模具中创建主控形状。

1. 创建模具形状

右击自定义模具的空白处，执行【新建主控形状】命令，弹出【新建主控形状】对话框，设置相应的选项即可。

在该对话框中，主要包括下列选项：

- **名称** 用于指定在模具窗口中主控形状图标下显示的名称。
- **提示** 用于指定在指向模具窗口中的主控形状图标时显示的文本。
- **图标大小** 用于设置图标的显示大小。包括正常、高、宽与双倍4种选项，系统默认图标大小为"正常"。"高"的宽度与"正常"相同，其高度是后者的两倍；"宽"的高度与"正常"相同，其宽度是后者的两倍；"双倍"的宽度和高度都是"正常"的两倍。
- **主控形状名称对齐方式** 用于指定主控形状名称在图标下的对齐方式。
- **关键字** 列出了在"形状"窗口中搜索形状时使用的关键字。
- **放下时按名称匹配主控形状** 用于保留自定义模具中主控形状的格式。
- **在"形状"窗口中显示实时预览** 表示在

每次编辑主控形状的绘图时都在"形状"窗口中显示预览。

在模具中右击新建的主控形状，执行【编辑主控形状】|【编辑主控形状】命令，在弹出的形状编辑窗口中绘制形状，单击窗口右上角的【关闭】按钮，在弹出的对话框内，单击【是】按钮，即可在模具内保存该形状。

最后，单击自定义模具栏上的【保存】按钮，即可保存自定义模具。

> **注意**
> 在模具中双击新绘制的形状图标，也可以弹出形状的编辑窗口。

2. 添加绘图页中的形状

打开模具，在绘图页中选择需要添加的形状，执行下列操作即可添加绘图页中的形状：

- **向模具中复制形状** 按下Ctrl键的同时向模具中拖动形状。
- **向模具中移动形状** 直接将形状拖动到模具中。
- **更改形状名称** 在模具中右击形状图标，执行【重命名主控形状】命令，输入形状名称即可。

3. 添加其他模具中的形状

同时打开两个模具，在源模具中右击形状，执行【添加到我的形状】命令，在级联菜单中选择相应的模具即可。

- **收藏夹** 表示将主控形状添加到收藏夹模具中。
- **添加到新模具** 表示系统自动创建一个新模具，并将形状添加到该模具中。

用面积。

❏ **仅名称** 在模具中只显示形状的名称。使用该选项，需要用户熟悉每个形状的具体信息。

❏ **图标和详细信息** 在模具中显示形状的图标、名称与描述文字。使用该选项可以快速查看形状的简短提示，但需要占有较大的屏幕面积。

> **注意**
>
> 右击模具标题栏，执行【搜索选项】命令，即可在弹出的【Visio 选项】对话框中，设置搜索选项。

❏ **添加到现有模具** 执行该选项，在弹出的【打开模具】对话框中，选择需要添加的模具即可。

❏ **组织我的形状** 执行该选项，在弹出的【打开模具】对话框中，管理或添加模具。

19.4.3 设置模具外观

在 Visio 中为了满足屏幕尺寸或绘图窗口的紧凑状态，可以设置模具形状的显示格式、排列位置、形状间隔，以及模具颜色等模具外观。

1. 设置形状的显示样式

形状的显示格式是指形状在模具中显示的信息数量，在绘图页中右击【形状】任务窗格的标题栏，执行相应的选项即可。

其中，形状的显示格式主要包括下列几种：

❏ **图标和名称** 在模具中只显示形状的图标与名称，其名称与图标并排显示。

❏ **名称在图标下方** 在模具中只显示形状的图标与名称，其名称位于图标的下方。

❏ **仅图标** 在模具中只显示形状的图标。使用该选项，需要用户熟悉每个形状的名称及应用信息，但该选项可以节省屏幕的占

2. 设置模具间距

设置形状间隔是指定形状文本的字符数及形状之间的行数。执行【文件】|【选项】命令，弹出的【Visio 选项】对话框。在【高级】选项卡【显示】选项组中，设置【每行字符数】与【每个主控形状行数】的值即可。

3. 调整模具位置

在【形状】任务窗格中，右击模具标题栏执行【顺序】|【上移】或【下移】命令，即可调整墨迹的排列位置。

Visio **19.5** 练习：Active Directory 同步原理图

Active Directory 可以使用一种结构化的存储方式，并以此为基础对目录信息进行合乎逻辑的分层组织。在本实例中，将使用"Active Directory"创建 Active Directory 同步时间原理图。

练习要点
- 创建模板文档
- 应用背景
- 应用边框和标题
- 应用主题
- 设置形状格式
- 设置字体格式
- 连接形状

操作步骤 ▶▶▶

STEP|01 创建模板文档。启动 Visio 组件，在【类别列表中选择【网络】选项，同时双击【Active Directory】选项。

STEP|02 美化绘图。单击【设计】选项卡的【页面设置】选项组中的【对话框启动器】按钮，在【打印设置】选项卡中，设置页面大小。

STEP|03 执行【设计】|【背景】|【背景】|【世界】命令，为绘图页添加背景效果。

STEP|04 执行【设计】|【背景】|【边框和标题】|【都市】命令，选择"背景-1"页标签，输入标题文本并设置文本的字体格式。

STEP|05 切换到"页=1"页中，执行【设计】|【主题】|【线性】命令，设置绘图页的主题样式。

STEP|06 同时，执行【设计】|【变体】|【线性，变量 3】命令，设置变体效果。

STEP|07 添加图表形状。将【Active Directory 站点和服务器】模具中的"域二维图"形状添加到绘图页中，输入文本并设置其填充颜色。

STEP|08 复制形状，设置形状的位置，输入形状文本并设置文本的字体格式。

STEP|09 将【Active Directory 对象】模具中的"服务器"形状添加到"父域"形状中，并输入文本。

STEP|10 将【Active Directory 站点和服务器】模具中的"域控制器三维图"添加到"父域"形状中。

STEP|11 将【Active Directory 对象】模具中的"计算机"与"服务器"形状添加到"父域"形状中，并输入文本。

STEP|12 将【Active Directory 站点和服务器】模具中的"WAN"形状添加到绘图页中，并输入文本。

STEP|13 在绘图页中插入横排文本框，并在文本框中输入说明性文本。

STEP|14 将"服务器"、"域控制器三维图"与"计算机"形状分别添加到两个"子域"形状中，调整位置并输入相应的文本。

STEP|15 连接形状。执行【开始】|【工具】|【连接线】命令，连接绘图页中的各个形状。

Visio 19.6 练习：制作麦肯锡/GE 矩阵

麦肯锡/GE 矩阵主要用来根据企业在市场上的实力和所在市场的吸引力来对企业进行一系列的评估，以判断企业的强项和弱点。除此之外，当用户需要对企业的吸引力和业务实力进行预测时，也可以以麦肯锡/GE 矩阵为基础进行战略规划。在本练习中，将运用 Visio 中的"框图"模板来制作一个麦肯锡/GE 矩阵图。

练习要点
- 创建模板文档
- 设置主题
- 设置背景
- 设置边框和标题
- 添加形状
- 设置形状格式
- 设置字体格式

操作步骤 >>>>

STEP|01 创建模板文档。执行【文件】|【新建】命令，选择【类别】选项，同时选择【常规】选项。

STEP|02 在展开的列表中，双击【框图】选项，创建模板文档。

STEP|03 设置页面大小。执行【设计】|【页面设置】|【大小】|【其他页面大小】命令，选中【自定义大小】选项，自定义页面大小。

STEP|04 美化绘图。执行【设计】|【背景】|【背景】|【活力】命令，设置绘图页的背景效果。

STEP|05 执行【设计】|【主题】|【主题】|【线性】命令，设置绘图页的主题效果。

STEP|08 添加形状。将【具有凸起效果的块】模具中的"水平条"形状添加到绘图页中，并调整其大小和位置。

STEP|06 执行【设计】|【背景】|【边框和标题】|【都市】命令，添加边框和标题。

STEP|07 选择"背景-1"页标签，切换到背景页中，双击标题文本区域，输入标题文本。在【开始】选项卡【字体】选项组中，设置文本的字体格式。

STEP|09 双击形状，输入形状文本，并在【开始】选项卡的【字体】选项组中，设置文本的字体格式。

STEP|10 执行【开始】|【形状样式】|【快速样式】|【绿色，变量2】命令，设置形状样式。

STEP|11 同时，执行【开始】|【形状样式】|【线条】|【无线条】命令，取消形状的线条样式。使用同样的方法添加其他"水平条"形状。

STEP|12 将【具有凸起效果的块】模具中的"右箭头"形状添加到"水平条"形状的上方，调整其大小和位置，输入文本并设置文本的字体格式。

STEP|13 然后，执行【开始】|【形状样式】|【填充】|【橙色，着色4】命令，设置形状的填充颜色。

STEP|14 执行【开始】|【形状样式】|【线条】|【无线条】命令，设置形状的线条样式。使用同样方法，分别添加箭头形状。

STEP|15 将【方块】模具中的"框"形状添加到绘图页中，调整其大小和位置，输入文本并设置文本的字体格式。

STEP|16 右击形状，执行【设置形状格式】命令。选中【渐变填充】选项，单击【预设渐变】下拉按钮，选择【中等渐变，个性色 2】选项。

STEP|17 展开【线条】选项组，选中【无线条】选项，设置形状的线条样式。

STEP|18 激活【效果】选项卡，展开【阴影】选项组，设置阴影效果的参数值和阴影颜色。同样方法，制作其他"框"形状。

STEP|19 设置文本。执行【开始】|【工具】|【文本】命令，在绘图页空白处单击输入文本，并设置文本的字体格式。

STEP|20 执行【开始】|【段落】|【文字方向】命令，更改文字方向并调整文本块的大小和位置。

STEP|21 选择除"框"形状之外的所有形状，执行【开始】|【形状样式】|【效果】|【棱台】|【圆】命令，设置形状的棱台效果。

STEP|22 选择最下面的"水平条"形状,执行【开始】|【形状样式】|【效果】|【三维旋转】|【适度宽松透视】命令,设置形状的三维旋转效果。

练习 1:制作高考巡视系统网络拓朴图

downloads\19\新手训练营\高考巡视系统网络拓朴图

提示:本练习中,首先创建【网络】类别中的【详细网络图-3D】模板文档,并取消绘图页的主题样式。然后,将相应的模具形状添加到绘图页中,调整形状大小和位置,输入形状说明性文本并设置文本的字体格式。同时,使用"动态连接线"形状连接各个形状,并设置连接线的线条样式。最后,使用【文本块】工具输入标题文本并设置文本的字体格式。

练习 2:制作商家家电部库存情况

downloads\19\新手训练营\商家家电部库存情况

提示:本练习中,首先创建【基本框图】模板文档,并自定义绘图页的大小。然后,执行【插入】|

【插图】|【图表】命令,插入默认图表,输入图表数据并更改图表类型。同时,设置图表区域、图例和数据标签的格式。接下来,添加"圆角矩形"形状,调整形状大小,设置形状的渐变填充效果,输入文本并设置文本的字体格式,最后,为绘图页设置【世界】背景样式。

练习 3:制作通用 gis 系统结构分析图

downloads\19 新手训练营\通用 gis 系统结构分析图

提示:本练习中,首先创建空白文档,自定义绘图页的大小,并在【形状】窗格中添加相应的模具。然后,将模具形状添加到绘图页中,调整其大小和位置,自定义填充颜色,输入文本并设置文本的字体格式。接下来,使用【文本块】工具输入标题文本,并设置文本的字体格式。最后,设置绘图页的背景样式。

练习 4：制作小孔成像图

downloads\19 新手训练营\小孔成像图

提示：本练习中，首先创建【基本框图】模板文档，使用【矩形】和【椭圆】工具绘制一个蜡烛主体形状，并设置形状的填充、线条和阴影效果。同时，添加"圆角矩形"和"圆形"形状，并设置形状的填充颜色和线条样式。最后，使用【线条】工具绘制直线，并设置直线的线条样式。同时，设置绘图页的背景和标题样式。

练习 5：制作实验室制乙烯

downloads\19 新手训练营\实验室制乙烯

提示：本练习中，首先创建【流程图】类别中的【基本流程图】模板文档，并添加【基本形状】模具。然后，使用绘图工具和模具形状，绘制组合形状，设

置形状的位置并调整其大小。同时，将相应的模具形状添加到绘图页中，并使用绘图工具连接形状。接下来，为绘图页添加公式对象，使用【文本块】工具输入说明性文本，并设置文本的字体格式。最后，为绘图页设置背景和标题样式。

练习 6：制作实验室制乙炔

downloads\19\新手训练营\实验室制乙炔

提示：本练习中，首先创建【流程图】类别中的【基本流程图】模板文档，并添加【基本形状】模具。然后，使用绘图工具和模具形状，绘制组合形状，设置形状的位置并调整其大小。同时，将相应的模具形状添加到绘图页中，并使用绘图工具连接形状。接下来，为绘图页添加公式对象，使用【文本块】工具输入说明性文本，并设置文本的字体格式。最后，为绘图页设置背景和标题样式。